그린행정실무

저탄소 그린시티구축
방법과 사례

그린행정실무

저탄소 그린시티구축
방법과 사례

초판인쇄 2012년 8월 20일
초판발행 2012년 8월 20일

지은이 이순영 · 신범석
기 획 녹색교육원
펴낸이 채종준
펴낸곳 한국학술정보(주)
주소 경기도 파주시 문발동 파주출판문화정보산업단지 513-5
전화 031-908-3181 (대표)
팩스 031-908-3189
홈페이지 http://ebook.kstudy.com
E-mail 출판사업부 publish@kstudy.com
등록 제일산-115호(2000. 6. 19)

ISBN 978-89-268-3632-3 13530 (Paper book)
        978-89-268-3633-0 15530 (e-book)

이담 books 는 한국학술정보(주)의 지식실용서 브랜드입니다.

그린행정실무

저탄소 그린시티구축 방법과 사례

이순영 · 신범석 지음
녹색교육원 기획

Application for a Green City

이담
Books

인간은 만물의 영장이라는 오만으로 과학문명의 이기에 취해 지구자연을 파괴하고 병들게 하였습니다. 숭고한 대자연의 섭리를 거스르다 생존의 위기를 자초한 것입니다. 다행히 이제 스스로의 어리석음을 조금씩 깨닫기 시작했으니 숭고한 대자연의 섭리에 감사해야 할 일입니다. 이러한 깨달음과 자연에 대한 감사의 마음이 바로 녹색사고의 시작입니다.

자연은 우리가 스스로 깨닫게 되는 날까지 훼손과 파괴의 아픔을 참고 기다려 주었습니다. 인간의 오만까지도 섭리의 품으로 안아 주었습니다. 자연이 인간에게 베풀어 준 크나큰 축복이 아닐 수 없습니다. 이제는 우리가 자연에게 진 빚을 갚아야 할 차례입니다. 우리가 병들게 한 지구를 치유해야 합니다. 자연이 무너진 세계의 인간존재는 상상할 수 없을 것입니다. 인간이 바로 자연이며, 자연이 곧 우주의 생명이기 때문입니다.

생명에 우선하는 가치는 없습니다. 녹색이 곧 생명입니다. 녹색 위에서, 녹색 속에서, 녹색과 함께하는 삶이야말로 21세기 지구 인류가 추구해야 할 지고한 가치임을 확신합니다. 이제는 생활 속에서 단 한순간도 멈출 수 없는 호흡처럼 녹색 삶을 실천해야 할 때입니다. 우리 몸과 마음을 건강하게 관리하고, 우리 사회를 건강하게 연대하고, 우리 지구자연을 건강하게 살아 움직이도록 가꾸어 나가야 합니다.

어제와 오늘과 내일의 삶은 결코 단절되어 있지 않습니다. 역사는 문화유전자로 지금 우리 속에 살아 숨 쉬고 있으며, 오늘 우리의 호흡 또한 미래의 생명으로 끊임없이 이어질 것입니다. 과거, 현재 그리고 미래의 인류와 대자연은 우주의 경이로운 섭리 속에서 생명으로 하나 되는 것입니다.

녹색사고를 나누는 우리 모두는 그동안 인간중심주의적 세계관으로 훼손해 온 지구자연을 치유하고 자연과의 관계를 회복시켜 우주섭리에 순응하겠다는 깨달음과 각오로 녹색의 가치와 삶을 함께할 수 있게 될 것입니다. 따라서 내일의 아름다운 지구공동체가 추구하는 인류의 행복을 위해 녹색 삶과 가치를 숭고하게 이어가는 노력을 아끼지 않아야 할 것입니다.

오늘날 우리가 진정 감사해야 할 또 하나는, 모두가 자신의 배부름만 추구하며 자연을 훼손하고 있던 한편에서 지구자연을 살리기 위해 자신들의 삶 전부를 내던진 모든 선각자들의 숭고한 정신과 헌신입니다. 그들의 소중한 희생의 낱알들이 차곡차곡 모이고 쌓여 오늘 우리에게 녹색의 가치와 녹색 삶의 지혜라는 선물을 남겨주신 것입니다.

대한민국이 진정한 생명의 가치를 구현하는 지구촌의 선도국가가 되고, 나아가 지구와 사람이 병들지 않고 함께 건강한 어울림을 할 수 있도록, 우리 함께 통섭(統攝)의 시각으로 '녹색사고로의 진화'에 동참합시다.

지구와 이웃의 아픔과 행복을 함께 생각해 보는 기회를 나누고 싶습니다. 부족하나마 진정을 담은 생각과 소박한 지혜들을 모아 이 책을 출간하고자 용기 내었습니다. 필자들은 함께 나누는 적덕(積德)의 작은 실천들이 쌓여 나가길 소망합니다. 자연과 사람, 사람과 사람의 아름다운 어울림으로 가득한 세상을 소망합니다.

출판 기획과 예산을 지원해 주신 녹색교육원 최윤호 원장과 홍재용 이사, 안화영 팀장의 노고에 깊은 감사의 마음을 전합니다. 아름답게 편집하고 디자인하여 부족한 내용을 감싸주신 한국학술정보(주) 채종준 대표님과 이담북스의 모든 가족들에게도 큰 감사를 드립니다.

이순영 · 신범석

CONTENTS

Part 3

저탄소 그린행정 추진,
정부의 노력과 지자체의 역할

Part 4
저탄소 그린시티 우수사례 분석

Part 5
지자체 현황 조사 및 주민의견 수렴

Part 6
온실가스 배출량 및 감축잠재량 분석

Part 7
저탄소 그린시티 구축 방향 및 전략

Part 8
저탄소 그린시티 구축 추진 프로세스

Part 9
그린행정, 지속가능 발전방안

Application
for a Green City

Part 1

녹색사고로의 진화

학 습 목 표

1. 인간과 대자연의 관계에 대하여 지속적으로 탐색한다. 인간은 무엇인가? 대자연과는 어떤 관계인가? 그리고 우주만상의 섭리를 어떻게 이해할 것인가? 우리가 인생에서 한번쯤은 가져봐야 할 의문들이다.

2. 인간의 건강한 진화에 대하여 탐구한다. 인간은 결코 지구와 인류의 종말을 원하지 않는다. 지속적인 존재로의 건강한 진화를 원한다. 가능한 방법은 무엇일까?

3. 지구와 인류의 지속가능한 성장을 위한 실편방안을 강구한다. 지구와 인류의 건강한 진화, 지속가능한 성장을 위한 우리의 책임과 구체적 실천방안은 무엇일까?

1. 녹색사고

가. 우주와 섭리

우주의 사전적 의미는, '무한한 시간과 만물을 포함하고 있는 끝없는 공간의 총체'이다. 물리적·천문학적 관점에서는 '물질과 복사(輻射, Radiation)가 존재하는 모든 공간'과 '모든 천체(天體)를 포함하는 공간'으로 설명한다.

현대과학에서는 팽창우주론 또는 대폭발설의 관점에서 우주를 바라본다. 스티븐 호킹 박사는 『위대한 설계(Grand Design)』에서, "우주는 창조주의 뜻이 아니라, 무(無)의 상태에서 중력의 법칙과 양자이론에 따라 자연적으로 발생했다."고 밝힌 바 있다. 인류가 속한 우주는 수십억 년 전 대폭발의 여파로 지금까지도 팽창을 계속하고 있다. 팽창하고 있는 이 거대한 계(系)의 한계는 아직 찾아내지 못하고 있기에, 우주를 하나의 유한한 크기를 가진 전제로 이해하는 것은 적절치 않을 것이다.

최소한 우리가 과학적으로 인식하고 있는 우주는 천억 개 이상의 은하를 포함하는 백억 광년의 공간적 범위를 가지며, 과거 백억 년간에 걸친 시간의 범위 내에서는 팽창을 계속하고 있다. 우주의 지속적 팽창으로 천체 간의 거리가 확대되고 천체 간의 상호작용이 제로가 되는 순간, 더 이상 우주로서의 진화는 없다. 그것은 곧 우주의 죽음을 뜻한다.

따라서 우주 진화가 지속가능하기 위해서는 천체 간, 물질 간, 시공(時空) 간의 상호작용이 지속되어야 한다. 생성과 소멸, 융합과 분리, 건설과 파괴의 반복과정에는 진화를 위한 다양한 질서가 존재한다. 이 질서 또한 진화하며 진화 속에서 재편성을 거듭하는 것이다.

우주의 만상과 시공의 상호작용 질서 및 그 진화, 그리고 재편성과정의 총체를 '섭리'로 이해하는 것은 무리가 없다. 인간의 자유의지와 행위 간의 상호작용 또한 우주 진화를 위한 다양한 질서 속에서 섭리의 부분으로 기능하고 있다.

섭리에 대한 해석과 표현의 방법은 종교적 관점마다 다소 다르다. 기독교의 관점에서는 우주진화론을 부정하며 창조주 하나님의 섭리로 천지가 창조되고 주관된다고 설명한다. 불교에서는 부처님의 섭리와 하나님의 섭리가 둘이 아니며(不二), 부처의 경지가 섭리요, 섭리를 깨달은 경지가 곧 부처이자 하나님이라 한다. 유교사상의 주된 이론은 우주론이며 우주진화의 질서 총체를 섭리로 해석한다. 현대과학은 이 우주론과 우주진화의 과정과 질서를 하나하나 구체적으로 분석하며 입증해 가고 있는 것이다. 이 모든 섭리는 결국 그 어떠한 섭리와 다르지 않다.

나. 인간과 자연

"인간은 자연 가운데서 가장 약한 하나의 갈대에 불과하다. 그러나 그것은 생각하는 갈대이다."

프랑스 사상가 파스칼은 성서의 '상한 갈대'라는 말을 빌려 인간존재를 '생각하는 갈대'라 표현하였다. 이 말은, 인간은 무변광대(無邊廣大)한 대자연 가운데 너무나 연약한 존재에 불과하지만, 동시에 우주를 가슴에 품을 수 있는 위대한 존재임을 뜻한다. 동양사상에서 인간을 소우주로 설명하고, 불교에서 '겨자씨 속에 우주를 품는다'고 한 표현이 모두 일맥상통한다.

서양의 환원주의적 시각에서 인간은 만물의 영장이었다. 인간 이외의 모든 피조물을 인간에 의해 다스려지는 종속관계의 존재로 규정하고, 과학적 분석과 논리로 이를 설명해 왔다. 그러나 동양의 우주론적 시각에서 인간은 모든 피조물 가운데 가장 진화된 생명체일 따름이다. 결고 여타 피조물의 생사여탈권을 가진 수직적 종속관계의 존재가 아니며, 개개의 모든 피조물과 가치대등한 공생의 수평적 존재로 설명되어 왔다.

우주만상의 그 어떤 개체도 상호관계를 벗어나 존재할 수 없다. 자연의 일부인 인간 역시 자연과 더불어 순기능과 역기능의 영향관계 속에서 상호의존적 '먹이사슬의 구조(Food Web)'를 형성하는 것이다. 우주에 존재하는 크고 작은 모든 개체는 각기 그 나름의 구실과 쓰임새를 지니고 있어, 어느 것 하나 무심코 존재하는 것은 없다.

다음 그림에서 EGO는 인간중심주의(Anthropocentrism)적 가치관의 산물이며, 인간이 만물의 정점에서 계층구조를 형성하고 지배와 종속의 문화를 만든다. 인간중심으로 우주를 설정하는 이러한 문명은 결코 지속가능한 인간, 지구 자연과 우주의 건강한 진화를 기대할 수 없다. ECO는 관계와 순환의 세계관에 근거한다. 한 존재를 있게 한 것은 바로 그 곁에 있는 무수한 다른 존재들과의 상호관계들이다. ECO적 사고는 그간 인간중심주의적 세계관으로 파괴한 자연과의 관계를 회복시키는 녹색사고의 출발이다.

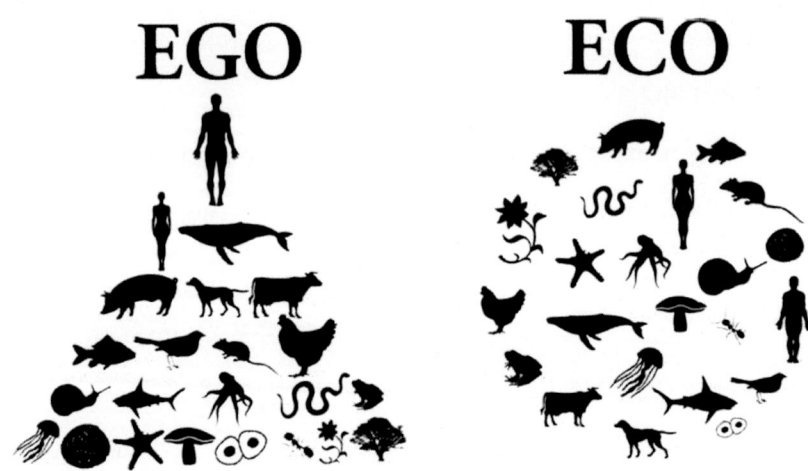

출처: Hector Luis Ramirez Lagos, Facebook, 2012.4.4.

2. 지속가능한 성장

가. 회색성장 사회

인간중심주의적 사고로 인해 오늘의 지구자연은 파괴되고 심각하게 병들어 있다. 지속가능한 인간, 지구 자연과 우주의 건강한 진화를 위협하고 있는 것이다. 과다한 화석연료의 사용으로 발생한 이산화탄소(CO_2), 메탄가스(CH_4), 아산화질소(N_2O), 오존(O_3) 등과 같은 온실기체가 급속히 늘어나 지구온난화를 야기하고 있기 때문이다.

지구온난화현상이란 인간활동에 의해 이산화탄소 등 온실효과를 야기하는 기체의 온도가 상승하여 온실효과가 강화됨으로써 점차 지구의 정상온도보다 기온이 상승하는 현상을 의미한다. 이미 남북 양극의 만년설이 녹아내리고 있다. 이러한 현상이 지속될 경우 지구생태계는 회복 불가능한 상태로 파괴되고 인류와 지구의 종말로 이어지게 될 것이 자명하다.

인류가 화석연료를 사용하기 시작한 것은 기원전 314년경이며 그리스 문헌에서 석탄을 사용한 기록이 발견된다. 그러나 문제의 시작은 농경중심의 전통사회가 기계공업 등 산업화의 발달로 대량생산이 보편화되면서부터이다. 특히 19세기 중반, 석유의 산업화로 인해 인류의 생활양식과 제도가 조직화·기계화·관료화된 사회로 진화되면서 도시의 팽창과 함께 과학기술의 발달과 조직의 비대화, 기능의 전문화 등으로 이어져 석유는 우리 생활의 모든 영역에 절대적 영향을 미쳐 왔다.

석유는 인류역사의 흐름을 거대하게 바꾸어 놓았다. 석유는 다양한 용도와 유용성으로 인해 가장 중요한 에너지로 각광을 받고 있나. 석유가 없으면 하루도 사회생활을 영위할 수 없다는 점에서 석유는 마치 현대사회의 혈액과 같게 되었다. 현대생활에 있어서 석유 없는 삶은 상상할 수 없게 된 것이다.

이처럼 석유가 근대산업사회의 발전에 밑거름이 되었고 지속적인 경제발전과 첨단과학문명의 원동력으로서 인류사회의 성장에 순기능의 역할을 하였지만, 이제 그 순기능의 역할은 종결의 국면에 이르렀다. 인간의 무분별한 사용으로 인해 석유야말로 지속가능한 성장을 저해하는 가장 위험한 물질이 되어버린 것이다. 지구온난화의 주범이 바로 석유이기 때문이다. 오늘에 이르는 인류 과학문명의 발전 또한 인간의 진화과정임에 틀림없으나, 인간중심주의 가치관에 근거한 화석문명의 이기는 결코 지속가능한 인간, 지구 자연과 우주의 건강한 진화에 더 이상 순기능을 하지 못한다. 따라서 필자는 지난 인류사에서 화석연료, 특히 석유를 원동력으로 발달하고 성장한 산업사회를 '회색성장 사회'로 규정한다.

오늘, 이 시대 인간의 자유의지는 이 '회색성장'을 조속히 종결시키고, 그간 인간중심주의적 세계관으로 파괴한 지구자연을 치유하고 자연과의 관계를 회복시키는 상호작용을 선택해야만 한다. 그것이 건강한 우주 진화의 질서, 섭리에 순응하는 것이기 때문이다.

나. 지속가능한 성장 사회

인간중심주의적 세계관으로 파괴한 지구자연을 치유하고 자연과의 관계를 회복시키는 상호작용을 선택하는 인간의 자유의지가 활발한 사회, 즉 인류와 지구자연·우주의 건강한 진화를 가능케 하는 사회를 필자는 '지속가능한 성장 사회' 또는 '녹색성장 사회'라 규정한다.

'회색성장'과 '녹색성장' 또는 '지속가능한 성장'의 구체적인 차이를 이해하기 위해서는 먼저 '성장'의 개념을 명확하게 정의할 필요가 있다. 그리고 '지속가능한 성장'은 어떻게 형성, 전개되는 것인지에 대한 관점도 중요하다.

인간은 태어나서 죽는 날까지 활동을 한다. 숨을 쉬는 것도 활동이다. 이렇게 숨 쉬는 행위에서부터 움직이는 모든 행위는 바로 '소비활동'이라 할 수 있다. 이 소비활동을 위해서는 '생산활동'이 필수적으로 따르게 된다. 이때 소비활동과 생산활동의 균형 있는 활성화가 바로 '성장'이다. 수요와 공급의 원활한 활동이 곧 성장으로 이어지기 때문이다.

이러한 소비와 생산의 활성화가 화석연료, 특히 석유를 원동력으로 추진될 경우, '회색소비'와 '회색생산'의 활성화, 즉 '회색성장'이 되며 결국 '회색성장 사회'를 형성하게 된다. 상대적으로 태양광·태양열·지열·풍력·해수력 등 자연친화 에너지를 원동력으로 한 '녹색소비'와 '녹색생산'의 활성화를 추구하는 것이 '녹색성장'이며 이 '녹색성장'을 통해 형성된 사회가 바로 '지속가능한 성장 사회'이다.

지난 20세기에 걸쳐 길들여져 온 '회색성장 사회'가, 오늘날 인간이 파괴한 자연을 치유하겠다는 의지를 가진다 하여 즉시 '지속가능한 성장 사회'로 전환되는 것은 아닐 것이다. 자연을 치유하겠다는 의지와 함께, 그간의 회색수요와 회색공급을 최대한 줄이면서 녹색수요와 녹색공급을 지속적으로 확대해가는 노력과 실천이 적극적으로 수반되어야 '지속가능한 성장 사회'로의 점진적인 전환이 가능하게 될 것이다.

그간의 '회색성장'에 대해 결코 간과할 수 없는 측면이 있다. 비록 인간중심주의적 관점에서 문명을 일으키는 과정에 지구를 병들게 한 역기능이 있지만, 인류사회의 지속가능한 성장에 최소한 두 가지의 커다란 순기능을 인정해야 할 것이다. 첫째, 과학문명을 발전시키고 우주의 신비와 섭리 현상을 구체적으로 입증해 가는 인간의 진화에 기여한 점이다. 둘째, 그간 인간중심주의적 세계관으로 훼손해 온 지구자연을 더 늦기 전에 치유하고 자연과의 관계를 회복시키는 상호작용으로 우주섭리에 순응하겠다는 깨달음에 이르도록 기여한 점이다.

3. 녹색 삶터와 녹색 생활실천

가. 녹색 삶터

삶터의 사전적 의미는 '사람이나 동물이 활동하며 살아가는 터전'이다. 필자는 '녹색 삶터'를 '지구자연과 우주의 건강한 진화환경에 인간이 어울림하며 지속가능한 문명을 이어가는 터전'으로 규정한다.

서양의 생태중심주의나 동양사상의 우주론에 근거한 자연관은 모두 인간이란 자연만물의 한 부분이라 본다는 것이다. 자연을 구성하는 모든 생물체와 무생물은 인간과 마찬가지로 각기 그 존재의미와 역할이 부여되어 있어 인간과 자연 간에는 일종의 윤리적 관계가 형성된다고 설명한다. 서양사상은 자연주의적 환경윤리로 설명하고 있으며, 동양사상은 그보다 포괄적인 풍수사상의 우주론적 환경윤리로 설명한다.

인간이 자연과 함께 어울림하며 문명을 이어가는 터전을 형성할 때 활용하는 풍수의 요소는 산(山)·화(火)·풍(風)·수(水)·방위(方位)이다. 풍수사상은 인간이 산과 들, 꽃과 나무, 불과 바람, 강과 바다, 그리고 사방팔방의 방위와 상호 및 전체 간의 가장 조화로운 상태를 추구한다. 특히 풍수사상이 추구하는 우주론적 환경윤리는 자연의 모든 생명을 이롭게 하는 삶의 행실인 적덕(積德)을 강조한다.

덕을 쌓는 것은 풍수의 사신사(四神砂), 즉 좌청룡(左靑龍)·우백호(右白虎)·전주작(前朱雀)·후현무(後玄武)와 혈(穴)의 조화 속에서 인간이 구현해야 할 덕성으로 인(仁)·의(義)·예(禮)·지(智)·신(信)으로 구체화된다. 혈(穴)이라 함은 태양과 달빛이 좌청룡과 우백호에 비추면 그 빛의 일부가 반사되어 한 지점에 초점을 이루고 그곳에 신비한 기운, 즉 생기(生氣)가 발생하는 공간을 말하며 이 공간의 주변을 소위 명당이라 한다.

이렇게 우리 조상들은 삶의 터전을 형성함에 있어 자연환경에 대한 지극한 존중과 조화로움에 더하여 인·의·예·지·신을 실천하는 적덕(積德)의 정성으로 대자연과의 어울림을 추구하며 지속가능한 문명을 이어가는 터전인 '녹색 삶터'를 가꾸어 왔다. 그러나 과학기술과 산업의 발달로 인류사회는 조직화·제도화·기계화·관료화 등의 회색성장으로 자연을 훼손하고 파괴하면서 현대 도시문명을 형성해 왔다. 대도시 문명의 총체적 형상 자체도 인류사회의 진화현상이기에 현대도시를 문명 이전의 상태로 되돌릴 수는 없지만, 지속가능한 문명으로 이어갈 수 있는 삶터로 다듬어가는 지혜가 절실히 요구되는 것이다.

프랑스의 철학자이자 역사학자인 미셸 드세르토(Michel de Certeau)는 오늘날 인류의 삶터가 된 현대도시는 두 가지 상반된 요소들의 역학관계로 형성된다고 보았다. 먼저 도시를 계획하고 그것을 건축하는 사람들과 인위적 권력에 의한 제도나 질서가 한 요소를 이루며, 그 도시질서 속에서 살아가는 구성원들과 그들의 일상생활이 상대요소이다. 이들 두 요소 간의 역학관계는 팽팽한 긴장을 유지한다. 단순한 지배와 피지배의 관계로 보는 시각도 있으나, 그보다는 지배권력의 체계적 전략에 일상인들은 유연하게 적응할 수 있는 전술적 대응지혜를 발휘한다는 것이다.

계획에 의한 체계적 현대도시의 개념 자체는 획일적이며 건조하다. 그곳에 생동하는 기운[生氣]를 불어넣고 삶터를 살아 숨 쉬게 하는 것은 일상생활에서 공간적 상상력의 교류와 실천을 통한 어울림이다. 계획되고 딱딱한 현대도시는 인간과 모든 자연 개체들을 동일한 개념의 공간과 틀 속으로 구속시키려는 경향을 보인다. 구속되는 공간은 생명이 유지될 수 없는 죽음의 공간이다.

현대 도시사회의 공간을 지속 불가능한 '죽음터'가 아닌 지속가능한 '녹색 삶터'로 다듬어가기 위해서는, 한 존재와 그 곁에 있는 무수한 다른 존재들 간의 미세한 일상생활의 다양한 조각들과 여러 겹, 여러 갈래로 어울림하는 생명의 이야기들을 끊임없이 창조해가야 한다.

나. 녹색 생활실천

일상생활에서의 공간적 상상력 교류와 실천을 통한 어울림이 우리의 삶터가 지속가능한 녹색 삶터로 이어갈 수 있도록 생명을 부여한다. 인간과 자연과 우주의 생명은 하나이다. 이에 인간은 끊임없이 대자연과의 어울림을 실천하면서 생명의 이야기들을 창조해가야 한다. 자연과 사람, 사람과 사람의 이 아름다운 어울림으로 우주문명의 건강한 진화를 이끌어야 하는 것이 우리 인간에게 주어진 사명이다.

그동안 우리 인간의 오만은 과학문명에 취하여 대자연의 숭고한 섭리를 거스르는 생존의 위기를 자초하였다. 대자연은 인간으로부터 훼손당하는 아픔을 인내하며 우리 스스로 깨달음에 이르도록 기다려 주었다. 대자연의 섭리는 우주의 생명을 잉태시키는 어머니이기 때문이다. 이제 우리는 자연이 베풀어준 은혜에 감사하며 자연의 상처를 치유하는 실천으로 빚을 갚아야 할 것이다. 우주의 경이로운 섭리 속에서 단 한순간도 멈출 수 없는 호흡처럼, 대자연과 어우러진 녹색 삶을 우리 일상의 숭고한 생활가치로 가꾸어나가야 한다.

따라서 필자는 다음과 같이 녹색 삶을 위한 생활실천 강령을 우리 사회에 제안하고자 한다.

하나, 우리는 우주 대자연과 인류생명의 존엄한 가치를 인식하고, 모든 생명체가 조화를 이루는 자연환경을 만들고 지켜내기 위해 성숙한 녹색 삶을 생활의 지표로 삼는다.

하나, 우리는 인류문화의 다양성을 존중하며, 인종과 이념 그리고 계층 간 차별 없는 녹색문화공동체를 만들기 위해 내가 먼저 마음을 열고 내가 먼저 실천한다.

하나, 우리는 과학문명과 산업의 발전으로 훼손된 자연에 대한 치유책임을 통감하고, 자연의 건강이 곧 우리의 건강이라는 신념으로 이산화탄소 저감 등 일상생활의 녹색화를 적극 실천한다.

하나, 우리는 수질 및 토양 오염과 과도한 농약 사용으로 인한 불량 농수축산물이 넘쳐나는 회색산업 환경으로부터 아이들과 지구자연에 존재하는 모든 생명체의 건강을 지키기 위해 친환경 기반의 녹색생산과 녹색소비 환경 조성을 실천에 옮긴다.

하나, 우리는 인간과 자연의 모든 생명체들에 대한 높은 도덕의식과 솔선하는 봉사 정신을 함양하여 병든 지구, 소외된 삶과 고통받는 이웃현장을 찾아, 나누고 보살피는 일상의 실천을 통해 아름다운 녹색인류공동체 실현을 완성한다.

Application
for a Green City

Part 2

그린행정 추진의 배경과 필요성

학 습 목 표

1. 기후변화의 심각성, 기후변화 대응 국제체제 형성 등 저탄소 녹색정책 추진의 배경을 설명할 수 있다.

2. 저탄소 녹색정책 추진 관련 우리 정부의 노력에 대하여 설명할 수 있다.

3. 지방정부를 통한 저탄소 녹색정책 추진의 필요성과 단위지자체의 저탄소 그린시티 구축의 필요성을 설명할 수 있다.

'그린행정'은 회색개발 위주에서 벗어나 진정한 반성과 성찰을 통해 인간과 자연이 조화를 이루는 도시의 생태계를 회복시키고자 하는 실천활동이다. 콘크리트 및 아스팔트로 대변되는 회색개발 위주로 발전해 온 도시개발정책, 화석연료 중심으로 발전해 온 에너지정책, 교통량 증가에 따른 도로건설 중심으로 펼쳐 온 교통정책, 폐기물의 매립 또는 소각 위주로 전개되어 온 폐자원정책, 시민은 배제된 채 행정 위주로 펼쳐 온 자연보호 및 친환경정책 등 '회색행정'은 한계에 봉착했다. 이제, 자연을 파괴하고 인간의 생명조차 위협하는 '회색행정'은 '그린행정'으로의 대대적이고 근본적인 변화를 요청받고 있다.

1. 기후변화의 심각성

현재 우리 인류는 기후변화의 위협에 직접적으로 노출되어 있다. 18세기에 시작된 산업혁명 이후 대기 중의 이산화탄소(CO_2) 양은 지속적으로 증가했으며, 그와 비례하여 지구의 평균온도도 동반 상승하였다. 당시 CO_2의 대기 중 농도가 280ppm이었으나, 현재는 거의 400ppm으로 증가하였고, 그에 따라 지구 평균온도도 섭씨 0.8도가량 상승했다. 온도의 상승 폭이 섭씨 1도가 되지는 않았지만 해수면 상승, 사막화 확대, 전염병 창궐, 수자원 부족, 식량 부족, 자연재해 증가, 화석연료의 공급 부족, 경제 불황 등으로 전 인류가 심각한 고통을 겪고 있는 실정이다. 2004년 유럽을 강타하여 수백 명의 목숨을 앗아간 이상 폭염, 2006년 허리케인 카트리나로 인한 미국 남동부 지역의 초토화, 2008년 미얀마에서 발생한 사이클론 니르기스로 인한 20여만 명의 희생 등이 그 예이다. 이러한 자연재해나 이상기후현상은 지구 곳곳에서 매년 대규모로 발생하고 있으며, 그로 인한 인명 피해와 천문학적인 경제적 피해가 발생하고 있다. 더 큰 문제는 이러한 피해가 해가 갈수록 점점 커지고 있다는 점이다.

UN의 기후변화 전문가들로 구성된 IPCC(Intergovernmental Panel on Climate Change)가 최근 발표한 보고서에 의하면, 21세기 말에는 지구의 온도가 최대 섭씨 6.4도가량 상승할 것으로 전망된다고 한다. 지구의 평균온도가 이렇게 상승하면 극지방의 빙하와 고산지대의 만년설이 녹을 뿐 아니라 그로 인해 해수면이 상승하고, 생태계의 교란 등으로 인류는 생존 불가능의 자연환경이 조성될 것이라고 경고하고 있다. 또한 2007년 영국의 스턴 경(Sir Nicolas Stern)이 작성한 Stern Review에서는 "현재 지구온난화를 완화시키기 위해 각국이 GNP의 1%를 투입하지 못한다면, 21세기 중반에는 전 세계 GNP의 20%에 이르는 경제적 손실을 입게 될 것이며, 이로 인해 1930년대의 경제공황이나 세계대전에 버금가는 피해가 발생하게 될 것"이라고 경고한 바 있다.

이제 지구온난화로 인해 발생하는 기상이변은 현재 인류 생존을 가장 심각하게 위협하는 위험요소이며, 국제사회의 핵심적인 이슈로 부상하였다. 2009년 12월 코펜하겐에서 개최되었던 "기후변화협약당사국 15차 회의"[COP(Conference of the Parties)15]에서 기후변화 대책회의가 논의되었다. COP15에서는 국가별 감축목표 설정과 저개발국을 지원하기 위한, 재원마련 방안 검토, 선진국이 온난화를 야기했다는 책임론, 선진국과 개도국을 포함한 모든 나라가 2050년까지 온실가스 배출량을 절반으로 저감해야 한다는 주장이 제기되었다. COP 15차 회의에서는 1997년에 합의한 교토의정서의 후속조처에 대한 기본적인 틀을 논의하는 데 목적이 있었다. 2012년에 종료되는 교토의정서에는 선진국 36개국만이 참여하여 미완의 국제협약이 되었다. 그러므로 기후변화 완화를 위한 교토의정서 후속체계는 선진국뿐만 아니라 세계 최대 이산화탄소 방출국인 중국과 인도, 브라질 등의 신흥공업국 그리고 여타 개도국들을 총망라한 지구촌 거의 모든 국가들이 머리를 맞대고 해결책을 모색해야 하는 절체절명의 지구촌 과업이 되었다. 2010년 우리나라에서 개최된 G20회의에서도 세계의 탄소 감축을 촉진할 방안을 강구하고 이를 위한 각국의 책임 있는 노력에 대해 대책을 논하고 대안을 제시하였다. 우리 정부에 의해 강력하게 추진되고 있는 저탄소 녹색정책은 이러한 지구촌 이슈에 부응하는 것뿐만 아니라 우리 경제의 새로운 성장동력으로 부상하고 있는 미래형 그린산업을 촉진시키기 위한 것이다.

2. 기상이변 대응을 위한 국제체제(Regime) 형성과 우리의 위상

　우리 정부는 기상이변에 대응하여 노무현 정부에서 친환경정책을 강력히 추진하고, 이명박 정부에서 저탄소 녹색성장정책을 강력히 추진함과 더불어 국가비전으로 제시한 바 있다. 이는 화석연료의 고갈, 에너지 위기, 기상이변이라는 국제적인 핵심 사안, 높은 에너지 수입의존도에 대응한 국가발전 전략의 일환으로 구상된 것이다.

　1992년 브라질 리우에서 개최된 UNCED(유엔환경개발회의)에서 참가 178개국의 정상들이 합의한 기후변화대응을 위한 국제협약이 발효된 이후 기후변화를 위한 국제적인 노력은 비단 환경문제뿐만 아니라 빈곤, 저발전, 에너지 문제와 통합되어 국제사회의 핵심이슈로 부상하였다.

　기상이변과 에너지문제 해결을 위해 1995년 베를린에서 제1차 "기후변화협약당사국회의"(이하 COP로 표기)가 개최된 이후 1997년 교토에서 개최된 COP 3차 회의에서 국제적인 기상이변에 대응하기 위한 구체적인 규모와 일정에 합의함으로써 강력한 기후변화대응 국제체제(Regime)가 형성되었다.

　2006년 2월 1차로 36개국이 교토의정서에 서명함으로써 기상이변 완화를 위한 국제적인 노력이 결실을 보게 되었으나, 정작 온실가스를 가장 많이 배출하는 미국과 중국, 그리고 신흥개발국, 한국 등은 이 의정서에 서명하지 않음으로써 불완전한, 혹은 미완의 국제협약이라는 비판이 제기되었다.

21세기로 접어들면서 기후변화가 지속적으로 악화되고 기상이변 현상이 광범위하게 확산되면서 이를 완화(mitigation)시키려는 국제적인 노력과 압력은 한층 강화되고 있는 상황이다. 게다가 교토의정서 서명에 비판적 입장이었던 미국도 2009년 오바마 정부가 집권하면서 기상이변 완화를 위한 국제질서에 동참하겠다는 의사를 지속적으로 표명하고 있는 실정이다.

1997년 교토의정서가 참가국들에 의해 합의될 당시 개발도상국으로 분류되었던 한국은 이제 화석연료 소비증가율 세계 1위, 이산화탄소 배출 세계 9위, 화석연료 소비 세계 6위, 세계 10위권의 경제대국이 되었다. 이제, Post 교토체제의 중심적인 역할을 담당해야 할 상황에 직면하게 되었다. 특히 한국은 2009년에 G8과 G15를 대신하여 1999년 이후 재활성화된 G20에 정식 회원국이 되었을 뿐만 아니라 2010년에 개최된 G20의 주최국이자 의장국으로서, 국제사회의 중심국으로서 이산화탄소 배출 감소에 보다 적극적인 노력이 필요하게 되었다. 이에 우리 정부는 2020년까지 이산화탄소 배출량을 2005년 기준 BAU 대비 30% 감축이라는 목표를 천명하였는데, 이는 실질적으로는 전체 이산화탄소 배출량의 4%를 감축하는 것이다.

특히 한국은 20세기 100년 동안 세계에서 가장 빈곤한 국가에서 경제적 · 정치적으로 발전한 대표적인 국가이며, 원조를 받는 국가에서 원조를 하는 나라로 발전한 지구상 유일한 국가이다. 그리고 UN 사무총장을 배출한 국가로서 개도국과 선진국 사이의 중재자 내지 매개자 역할을 할 수 있는 거의 유일한 국가이다. 그러므로 국내외의 요구를 충족시키면서 동시에 국가 위상을 강화할 수 있는 저탄소 녹색정책의 성공적인 추진은 매우 중요한 의미를 갖는 것이다.

2012년 이후 국제사회는 Post 교토체제를 구성하여 2012년에 종료된 교토의정서 이후의 온실가스 감축체제에 대한 논의를 하였다. 21세기 말 지구의 평균온도 상승 허용기준을 섭씨 2도 정도로 정해 놓고 이의 실현을 위해 노력할 필요가 있다는 점이 강조되었다. 이를 위해 이산화탄소 농도를 현재 390ppm에서 500ppm 이하로 유지하기 위한 노력을 해야 할 필요가 있으며, 세계 각국 정부도 2020년을 중기 목표로 설정하여 온실가스 감축을 위한 계획을 발표하고 있는 실정이다.

3. 우리 정부의 노력

우리 정부는 2009년 12월 덴마크의 코펜하겐에서 개최된 UN 기후변화 당사국 15차 회의를 전후하여 매우 적극적이고도 대담한 기후변화 대응정책을 발표한 바 있다. 이러한 우리 정부의 태도는 정부의 녹색성장정책을 일회성이 아닌 지속적이고 구체적으로 추진하려는 의도를 대내외에 강력하게 천명하는 계기가 되었다. 2009년 11월 정부는 목표연도 2020년까지 이산화탄소 배출량을 기준연도 2005년 BAU 대비 30%의 감축 목표를 천명하였다. 이는 실질적으로 4%를 감축하는 것으로 IPCC가 개도국에 권고하는 최대치를 반영한 것이라는 점에서 국제사회에서 상당히 높은 평가를 받았다.

녹색성장기본법이 2010년 1월에 공표되고 3월부터 시행됨으로써 정부는 녹색성장과 저탄소 사회건설을 보다 적극적이고도 구체적으로 추진할 수 있는 계기를 마련하였다. 정부는 코펜하겐의 기후변화협약 당사국 회의, 즉 COP15에서 2012년 COP18 한국 유치를 천명한 바 있고, G20회의 의장국으로서 녹색이슈를 지속적으로 제기한 바 있다.

성공적인 저탄소 녹색정책의 추진과 탄소감축 목표를 달성하기 위해서는 무엇보다 정부에서 구체적인 연도별 계획을 세워야 하고, 전 국민이 참여할 수 있는 기반을 조성해야 한다. 특히, 이러한 노력들이 중앙정부만의 노력으로 끝나지 않고 국민들의 일상생활 속에서 지속성을 갖게 되려면 단위지자체의 노력이 절실히 필요하다.

전국적으로 모든 단위지자체에 저탄소 그린시티를 조성하여 소위 다양한 형태의 실천사례들을 만들어 낼 필요가 있다. 이러한 저탄소 녹색실천사례들을 통해 국내외의 관심 있는 단체나 개인들에게 체험학습의 기회를 제공하여, 에너지 절감, 탄소배출 감소에 기여할 뿐만 아니라 세계적인 관광지로서 발전할 수 있는 가능성도 있어 경제적인 혜택도 누릴 수 있게 될 것이다.

4. 지자체, 기후변화 대응의 중요성

중앙정부도 지방정부의 기상이변 완화를 위한 노력과 실천의 중요성을 인식하여 이를 촉진시키기 위한 다양한 형태의 지원과 촉진정책을 추진하고 있다. 환경부의 그린시티 및 에코시티 사업, 국토해양부의 U-City 사업 및 살고 싶은 도시 만들기 사업, 행정안전부의 살기 좋은 도시 만들기 사업 등이 그 예이다. 최근에는 녹색성장위원회의 생생도시 사업을 통해 지자체의 자발적 노력과 참여를 유도하고 있는 상황이다.

대체로 저탄소 그린시티의 선정조건으로 녹색에너지, 녹색교통, 물순환, 자원재활용, 지역 내 저탄소 녹색산업추진, 자연녹지와 생태축 구축, 그리고 저탄소 그린시민참여활성화 정도가 강조되고 있다. 이런 조건을 제시한 것을 보더라도 지자체의 노력과 실천이 어느 정도인지 짐작할 수 있다. 1992년 리우의 UNCED의 핵심 구호였던 "Think globally, act locally!"를 다시금 되새길 필요가 있다.

기후변화에 대한 대부분이 논의는 국가차원에서 이루어지고 있으나 기후변화와 관계되는 구체적인 건설이나 개발이 진행되는 현장은 단위지자체이기 때문에 지역의 노력과 실천이 무엇보다 중요하다. 특히 지자체에서는 시민들의 참여와 기업의 사회적 역할이 구체적으로 진행되기 때문에 지방 정부의 노력으로 기후변화를 완화시키는 정책이 직접적인 성과를 거둘 수 있다.

지방정부는 토지수용계획, 에너지 수급계획, 교통문제, 건설, 폐기물 관리, 교육문제 등에 직접적인 영향력을 행사할 수 있을 뿐 아니라 기후변화에 적극 대응할 우수한 여건을 가지고 있다. 지방정부는 대기와 수질 개선, 신재생에너지 이용 확산, 환경친화적인 교통체계 구축, 저탄소 친환경건축물 관리, 에너지저감 아파트나 패시브하우스 중심의 주거단지 형성 등을 적극 추진함으로써 에너지 절약과 대안적 사회를 실현시킬 수 있는 핵심적인 주체이다.

기상이변에 대응하기 위한 지방정부 차원의 국제협력도 매우 적극적이고도 다양한 형태로 이루어지고 있다. 세계지자체환경협의회(ICLEI)는 1993년에 기후보호도시(CCP: Cities for Climate Protection) 운동을 선언하였고, 현재 세계 33개 700여 개 이상의 도시가 CCP 캠페인에 참여하고 있다. 그리고 이와는 별도로 미국, 독일, 일본의 도시들이 지방정부 간 기후 파트너십(local governments climate partnership)을 구성하여 기상이변 완화를 위한 상호의 경험을 공유하고 공동의 프로젝트를 시행하고 있다.

우리 정부의 저탄소 녹색정책이 지방정부 사이에 신속하게 확산되는 요인은 단지 중앙정부의 각종 인센티브만이 아니고 1996년부터 전국적으로 실시되기 시작한 지방의제 21운동이 정착되고 있다는 사실을 부인하기 어려울 것이다. 전 세계적으로도 우리 지방정부의 90%가 지방의제 21을 수립하여 추진하고 있기 때문에 저탄소정책이나 친환경정책에 대해 부담 없이 수용하고 이를 실시할 수 있는 준비가 되어 있다. 이러한 노력의 결과 전국 곳곳에서 기후변화 대응, 에너지 절약, 시민참여가 강조되는 그린시티, 친환경 도시, 에코시티로의 전환 노력이 진행되고 있다.

우리 정부가 추진하는 온실가스 감축목표가 구체화되기 위해서는 부문별 감축 잠재량 분석이 매우 구체적이어야 하며 동시에 감축 목표도 실현 가능해야 한다. 그런 의미에서 온실가스를 가장 많이 배출하는 산업과 교통은 물론이고, 공공부문의 잠재량 분석과 감축목표 설정은 비교적 용이하게 산출될 수 있다. 그러나 일반가정의 경우, 국민들 개개인이 온실가스 감축을 위해 노력하고 실천해야 하기 때문에 감축 잠재량 분석은 그리 쉽지 않은 실정이다. 그러므로 일반 국민들의 생활과 삶의 현장인 지자체에서의 저탄소 도시로의 전환을 위한 에너지 절약과 온실가스 방출 현황을 직접적으로 파악하고, 잠재량을 분석하고 감축 목표를 설정하는 과제는 정부의 감축목표를 수립하고 실현하는 데 매우 중요한 의미를 갖고 있다.

단위지자체의 에너지소비 현황 및 온실가스 방출 현황을 분석하여 그에 상응하는 대안을 제시하는 시도는 저탄소 그린시티 구축에 필수과업이며 이를 통해 구체적인 추진전략이 만들어진다는 점에서 의미를 찾을 수 있다.

지구온도는 산업혁명 이후 공업화를 통해 섭씨 1도 정도 올라갔다. 앞으로 이 속도는 더욱 가중될 것으로 보인다. 섭씨 1도가 올라갔지만 남극과 북극의 얼음이 녹으면서 해수면 상승, 지구온도 상승으로 인한 사막화 확대, 전염병의 창궐, 수자원 부족, 식량 부족, 자연재해의 증가, 화석연료의 공급 부족, 경제 불황 등으로 전 인류가 심각한 고통을 겪고 있는 실정이다. 이 문제에 지구 전체가 대응하기 위하여 제2차 기후변화협약당사국회의, 즉 COP3(Conference of the Parties)가 열렸고, 이를 통해 1997년 교토의정서가 채택되었다. 1997년 교토의정서가 참가국들에 의해 합의될 당시 개발도상국으로 분류되었던 한국은 이제 화석연료 소비증가율 세계 1위, 이산화탄소 배출 세계 9위, 화석연료 소비 세계 6위, 세계 10위권의 경제대국이 되었다. 이제 Post 교토 체제의 중심적인 역할을 담당해야 할 상황에 직면하게 된 것이다. 특히 한국은 2009년에 G8과 G15를 대신하여 1999년 이후 재활성화된 G20에 정식 회원국이 되었을 뿐만 아니라 2010년에 개최된 G20의 주최국이자 의장국으로서, 국제사회의 중심국으로서 이산화탄소 배출 감소에 보다 적극적인 노력이 필요하게 되었다. 이에 우리 정부는 2020년까지 이산화탄소 배출량을 2005년 기준 BAU 대비 30%의 감축 목표를 천명하였는데, 이는 실질적으로는 전체 이산화탄소 배출량의 4%를 감축하는 것이다. 이러한 중앙정부의 노력은 지방정부로 확대되면서 실질적인 노력과 실천이 필요하게 되었다. 지방정부, 즉 단위지자체의 에너지소비 현황 및 온실가스 방출 현황을 분석하여 그에 상응하는 대안을 제시하는 시도는 저탄소 그린시티 구축은 이제 선택이 아니라 필수가 되었다.

생 각 해 볼 문 제

1. 'Green'의 삶과 사고로의 패러다임 변화를 바탕으로, 그것이 우리의 현재 생활의 문제들을 해결하는 데에 얼마나 중요한 것인지를 논의해 보자.

2. 지구온난화 등 기후변화의 심각성에 대하여 지구촌 곳곳에서 발생하거나 발생하고 있는 각종 문제들에 대하여 조사해 보고, 이러한 문제들에 대한 해결책을 강구해 보자.

3. 지구촌 전체의 기후변화 심각성에 대하여 대응하기 위한 국제체제(Regime) 형성과정(COP3~COP18, 코펜하겐 기후변화회의까지)에 대하여 제시하고, 이러한 국제체제 내에서 한국의 위상에 대하여 논하여 보자.

4. 기후변화대응 지구촌 전체의 노력에 상응하는 그간의 우리 정부의 노력에 대하여 설명해 보고, 그러한 노력들의 공과를 논하여 보자.

5. 저탄소 녹색정책 추진을 위한 중앙정부의 노력에 상응하는 저탄소 그린시티 구축을 위한 지방정부의 역할 중요성에 대하여 설명해 보자.

Application
for a Green City

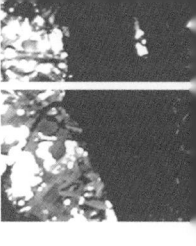
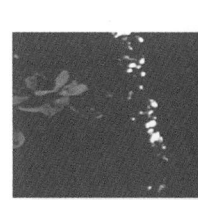

Part 3

저탄소 그린행정 추진,
정부의 노력과 지자체의 역할

학 습 목 표

1. 저탄소 그린행정의 추진 배경을 설명할 수 있다.

2. 저탄소 그린행정 관련 정부 주요 부처들의 노력을 살펴보고, 우리의 단위지자체에 주는 시사점을 도출
   할 수 있다.

3. 저탄소 그린행정 추진 시 기초단위지자체의 역할을 설명할 수 있다.

1. 저탄소 그린행정 추진배경

우리 정부는 향후 국가의 미래 발전전략으로 저탄소 그린사회 건설을 제시하였다. 이렇게 정부가 저탄소 그린사회 건설을 미래 발전전략으로 채택한 배경은 국내외의 복합적인 요인들에 의한 것이지만, 이는 우리나라만의 일시적인 구호가 아니라 지구촌 이슈이며, 인류존망의 과제로 인식해야 한다.

가. 추진배경

첫째, 지구온난화의 부작용이 나타나고 있다. 온난화로 인해 홍수와 가뭄, 한파와 혹서 등의 천연재해의 발생빈도가 과거에 비해 훨씬 높아졌고, 그 강도도 매우 강해지는 등 환경위기가 심화되고 있다. 전 지구적 차원에서 발생하는 이러한 자연재해로 생태계 파괴는 물론 인명피해와 경제적 손실이 급속히 증가(전 세계 GDP의 5~20%)하고 있다. 이러한 규모는 이미 지구가 감당할 수 없는 수준에 근접하고 있으며, 이를 방치할 경우 인류 존망에 심각한 위협요인으로 작용하게 될 것이다. 한국에서는 이러한 지구온난화의 부작용이 더욱 심각하게 나타나고 있다. 기온도 세계 평균상승률보다 무려 2배 이상이고, 그 결과 겨울이 과거에 비해 한 달가량 줄어들었으며, 장마철의 비피해보다 국지성 호우로 인한 피해가 훨씬 크며, 강수량도 증가하고 있으나 매우 불규칙적으로 변화하고 있다. 그러므로 자연재해에 대한 대비와 함께 기후변화 완화를 위한 노력이 병행되어야 한다.

둘째, 에너지 공급이 부족해지고 있다. 과거 선진국에 의해 주도적으로 진행되었던 화석연료를 바탕으로 한 산업화가 세계적으로 급속히 확산되면서 지속 불가능한, 혹은 재생 불가능한 자원인 화석연료가 점차 고갈되고 있다. 전 세계적으로 수요가 증가하면서 공급부족 사태가 발생하고 있다. 공급부족

사태는 필연적으로 가격 상승으로 이어지고 전 세계는 원유확보를 위해 전쟁까지 수반한 치열한 경쟁을 하고 있다. 원유가의 상승은 곧 경제불황과 위기의 원인으로 작용하여 2008년 8월 미국의 서브프라임모기지 사태 발생을 야기했다. 특히 에너지원의 97%를 수입에 의존하고 있는 한국경제는 심각한 타격을 입을 수밖에 없는데 2008년 원유 수입액은 1,415억 달러로 전체 수입액의 32.5%를 차지할 정도로 큰 비중을 차지하고 있으므로, 한국은 화석연료 의존도를 획기적으로 낮추지 않으면 지속적인 경제발전이 불가능한 상황이다.

셋째, 신성장동력을 창출해야 한다. 1997년 한국을 강타한 IMF 위기는 한국경제를 불황의 늪으로 빠뜨렸다. 그러나 당시 김대중 정부의 과감한 IT산업 육성으로 2000년 이후 한국은 IT 강국으로 거듭 회생할 수 있었다. 향후 한국이 지속적으로 발전하기 위해서는 새로운 성장동력을 발굴해야 했는데, 이를 위해 정부는 바로 GT(Green Technology), 즉 저탄소 그린산업을 통한 Green Growth를 국가발전 비전으로 선택하였다. 환경선진국들은 1970년대의 오일쇼크 사태 이후 GT를 통한 발전을 추구해 오고 있었다. 독일, 일본, 덴마크 같은 나라들이 그 대표적인 예이다. 또한 국제적으로도 탄소시장이 확대 일로에 있고 신재생에너지 산업이 각광을 받고 있어, 이 시장에서 한국이 일정 정도의 역할을 할 수 있다면 한국의 미래는 매우 긍정적이라 할 수 있다. 탄소거래시장의 규모는 2007년 640억 달러에서 2010년 1,500억 달러로 확대되었으며, 신재생에너지 시장도 2007년 773억 달러에서 2017년에 2,500억 달러 이상으로 급성장할 것으로 전망된다. 무역의존도가 매우 높은 한국으로서는 놓칠 수 없는 시장이다.

넷째, 한국의 국제위상에 맞는 새로운 패러다임으로의 전환이 시급하다. 21세기의 한국은 20세기의 한국과 질적·양적으로 전혀 다른 상황이다. 우선 경제 규모도 세계 10위권으로 커지고 있고, 국민들의 교육 수준도 매우 높은 편이다. 고등학교 학생들의 대학진학률이 85%로 세계에서 가장 높은 수준이다. 그리고 산업구조도 굴뚝산업 중심의 제조업에서 서비스와 금융, IT 중심으로 급속히 전환되고 있다. 국민들은 이제 환경적으로 건전하고 쾌적한 삶을 추구하고 있다. 한국의 국제위상도 매우 많이 변해 왔는데, 과거에는 선진국의 원조를 받아 발전했지만 이제는 개도국에 매년 10억 달러 정도를 원조하는 원조공여국으로 전환한 것이다. 과거 미국 대중문화의 소비지였던 한국은 이제 K-POP 등 한류의 발원지로서 전 세계에 한국 대중문화를 전파하고 있고, 소비시장의 호응도 비교적 매우 높은 편이다. 이제 한국은 모든 면에서 변화된 위상에 걸맞은 태도와 의식 그리고 국격을 요구받고 있다. 이는 저탄소 그린행정의 추진에서도 예외는 아닐 것이다.

나. 정부의 국가전략

첫째, 이는 저탄소 그린정책과 관련한 최상위 국가계획이다. 그린정책은 국가비전이기 때문에 국가의 모든 발전 정책과 전략은 이에 근거해야만 한다.

둘째, 연도별 달성목표, 투자계획, 수행주체 등 실행방안을 구체화해야 한다. 한국이 1960년대 이후 압축적 경제성장을 성공적으로 추진할 수 있었던 제도가 바로 5개년 계획이다. 단기, 중·장기의 목표를 설정하고 매년 이를 실현하기 위해 노력한 결과 장기목표인 경제발전을 성공적으로 실현시킬 수 있었다. 그린정책도 2050년을 목표로 5년 단위의 목표를 정하고 매년 단기목표 실현을 위해 매진하는 형식으로 추진하려는 것이 우리 정부의 의도이다.

셋째, 범부처·시민단체·민간전문가 등의 참여로 추진되는 시민참여형 국가실천계획이다. 1960년대의 경제개발 5개년 계획은 정부의 일방적인 주도로 상명하달식의 방식으로 추진되었으나 이제 저탄소 그린행정은 거버넌스 체제로 추진되는 것이 바람직하다. 따라서 저탄소 그린행정을 성공적으로 추진하기 위해서는 각 단위, 혹은 주체들의 특성과 장점을 최대한 발휘할 수 있는 체제를 마련하고 이를 중심으로 구체적인 추진전략을 수립하는 것이 바람직하다.

다. 부문별 계획 및 일반 계획과의 관계

저탄소 그린행정추진 국가전략 및 5개년 계획은 장기(2050년까지), 중기 (2013년까지) 시계를 결정하고 있다. 이렇게 함으로써 장기와 중기 목표의 일관성을 유지할 수 있게 되었다.

저탄소 그린행정 추진 국가전략은 그간의 우리나라 친환경 정책을 효율적·체계적으로 이어받으면서도 새로운 국제적 요구와 환경변화를 고려한 기본 철학 및 목표를 제시한 것이다. 이러한 사례는 다른 나라의 예를 통해 잘 알 수 있다. 미국, 독일, 프랑스는 1970년대 오일쇼크 위기 상황을 맞았으나 에너지 문제해결을 위해 미국은 화석연료를, 프랑스는 원자력을 그리고 독일은 신재생에너지 촉진정책을 추진한 바 있다. 그 결과 독일은 녹색산업의 중심지가 되었고 세계시장에서 에너지와 환경 분야에 가장 큰 몫을 차지하게 되었다.

각 부처와 지자체는 단위별로 그린행정 추진계획을 작성해야 한다. 그린행정이라는 국가전략의 성공적인 추진을 위해 부처별 실천전략과 지자체별 실천계획이 필요한 것이다. 저탄소 그린행정을 위한 부분별 계획은 국가전략 및 5개년 계획과 일관성·정합성을 유지해야 한다. 그린행정위원회는 그린행정 추진계획을 결정하고, 이행 상황을 정기적으로 점검하고 있다. 그린행정위원회는 국가의 그린행정 비전을 제시하고 부처별 그린행정 계획을 점검하고 지방에서 추진하고 있는 그린행정을 지원하고 평가하는 역할을 담당하게 된다. 그린행정위원회의 이러한 기능과 역할은 과거 지속가능발전위원회와 유사하지만 그 역할은 훨씬 광범위하고 책임성도 매우 크다고 할 수 있다.

2. 저탄소 그린행정, 국가의 기본전략 및 5개년 계획

저탄소 녹색강국 실현을 위해, 우리 정부는 정책 추진방향을 마련하고 2020년, 2050년까지의 장기비전과 중기계획을 다음과 같이 제시하였다.

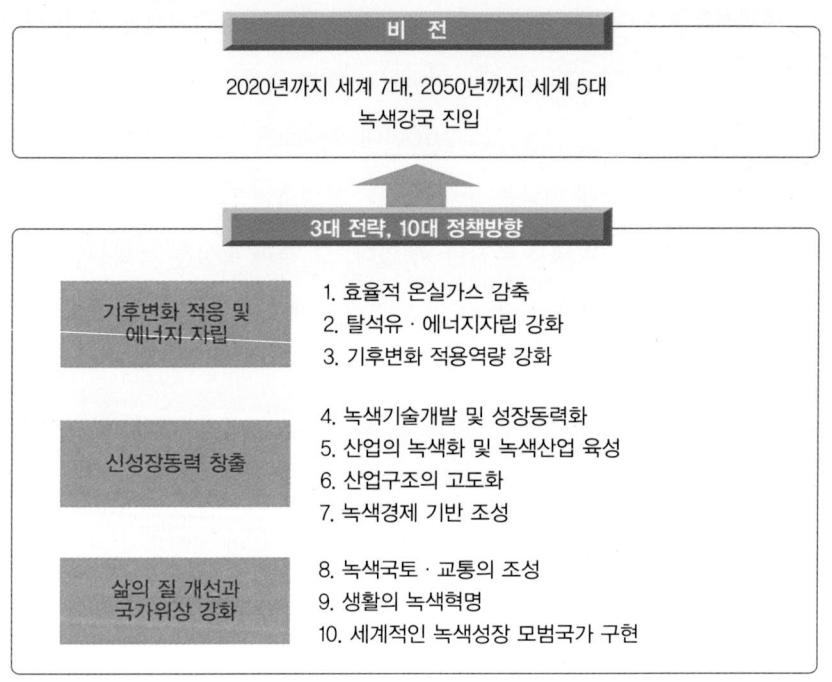

비 전

2020년까지 세계 7대, 2050년까지 세계 5대
녹색강국 진입

3대 전략, 10대 정책방향

| 기후변화 적응 및 에너지 자립 | 1. 효율적 온실가스 감축
2. 탈석유 · 에너지자립 강화
3. 기후변화 적용역량 강화 |

| 신성장동력 창출 | 4. 녹색기술개발 및 성장동력화
5. 산업의 녹색화 및 녹색산업 육성
6. 산업구조의 고도화
7. 녹색경제 기반 조성 |

| 삶의 질 개선과 국가위상 강화 | 8. 녹색국토 · 교통의 조성
9. 생활의 녹색혁명
10. 세계적인 녹색성장 모범국가 구현 |

그림 3-1. 저탄소 녹색강국 진입전략 및 정책방향

정부의 저탄소 녹색강국 보헌을 위한 주요 기본전략은 다음의 5가지이며, 여기서 더 나아가 정부는 10대 정책방향과 그에 따른 세부적인 추진방안을 발표하였다.

표 3-1. 저탄소 녹색성장 기본전략

효율적 온실가스 감축	- 중장기 온실가스 감축목표 설정 및 부문별 감축전략 등을 통해 탄소를 줄여가는 사회 구현 - 탄소정보 공개 확대 등을 통해 탄소가 보이는 사회 구현 - 탄소 순환 운동과 탄소 흡수원 확대를 통해 탄소를 순환 흡수하는 사회 구현 - 북한 산림 복구 지원 등을 통해 그린 한반도 구현
탈석유 · 에너지 자립 강화	- 에너지효율화 기술혁신과 부문별 에너지수요관리 확산을 통해 에너지 저소비 · 고효율 사회 구축 - 신재생에너지 산업화 촉진 및 청정에너지 보급 확대 - 원자력 역할 강화 및 원전수출 강국으로의 도약 - 해외자원 개발 역량 확충
기후변화 적응역량 강화	- 기후감시, 기후변화예측기법 및 시나리오 확보 등 조기 대응체계 구축 - 기후변화 대응 국민건강관리 강화 - 안정적 식량수급체계 구축 - 4대강 살리기 사업 등을 통한 깨끗한 물의 안정적 공급 - 통합연안관리 등을 통해 기후친화적인 해양이용 및 관리 - 재해 사전예방을 위한 기준 및 시스템 구축 - 산림생태계 건전성 제고 등 지속가능한 산림경영 추진
녹색기술개발 및 성장동력화	- 녹색시장 변화를 반영한 능동적 전략 수립을 통해 녹색기술 개발 투자의 전략적 확대 - 녹색기술 R&D 종합조정체계 구축, 거점조성(Green Core) 등 녹색기술 개발체계 강화 - 녹색 신기술 실용화를 통한 녹색기술 이전 및 사업화 촉진 - 녹색기술 시험 · 인증 · 시스템 등 녹색기술 · 산업 인프라 구축 - 전략적 파트너십을 기초로 녹색기술 개발 국제협력 활성화 - 신재생에너지 등 6대 중점 녹색기술산업의 성장동력화
산업의 녹색화 및 녹색산업 육성	- 주력산업 녹색전환 촉진 및 녹색경영체계 확산 - 자원순환형 경제 · 산업 구조 구축 - 녹색 중소 · 벤처기업 육성을 통한 중소기업 녹색역량 강화 - 지식주도형 녹색클러스터 구축

표 3-2. 저탄소 녹색강국 추진 정책방향

10대 정책방향	추진방안
효율적 온실가스 감축	- 탄소를 줄여가는 사회 구현 - 저탄소 Green 한반도 구현
탈석유 · 에너지 자립 강화	- 에너지 자립도 제고
기후변화 적응역량 강화	- 효과적 기후변화 적응 정책 수립 지원 - 기후변화에 따른 위기대응능력 강화

녹색기술개발 및 성장동력화	−녹색기술 기술력 제고 및 사업화 추진 −녹색 R&D 투자의 전략적 확대 −녹색기술 개발 체계 강화 −녹색기술 이전 · 사업화 촉진, 녹색기술산업 인프라 구축
산업의 녹색화 및 녹색산업 육성	−자원순환형 경제 · 산업구조 구축 −'저탄소 고효율(Doing more with less)' 산업구조 구축 −녹색중소기업 육성 −친환경 녹색클러스터 육성 및 그린 산업단지 확대
산업구조의 고도화	−첨단융합산업 육성 −고부가 서비스산업 육성
녹색경제 기반 조성	−탄소시장 활성화 및 녹색금융 인프라 구축 −친환경적 세제 개편 −녹색 일자리 창출 및 핵심녹색기술 · 산업인력 육성
녹색국토 · 교통 조성	−개개인의 정주 공간 녹색화 −생활 속에서 체감 가능한 생태공간 확대 −그린카 · 철도 · 자전거 등 녹색교통수단을 활성화하고, 대중교통 중심의 녹색교통 · 물류체계 구축
생활의 녹색혁명	−녹색성장 교육 확대 및 국민의식 제고 −녹색생활의 실천, 녹색소비 활성화에 앞장서는 녹색시민 및 녹색 가정 육 성 · 지원 −우리 동네 녹색마을 만들기, 생태관광 활성화
세계적인 그린행정 모범국가 구현	−국제사회 기여 및 모범국가 이미지 정립 −그린행정 허브 구축 지원 −개도국 기후변화대응 지원

3. 정부 각 부처 저탄소 그린행정 관련 정책 추진사례

가. 녹색성장위원회의 생생도시 추진사례

녹색성장위원회(이하 녹색위)에서는 2009년 9월에 "생생도시"사업을 처음으로 공모하였다. 생생도시는 가치지향적 언어로서, '생동하는 생태계'를 의미한다. Green Capital, Eco City와 같이 브랜드를 고려한 용어로 Energy(에너지), Commuting(교통), Oasis(물순환), Recycle(자원순환), Industry(산업),

Corridor(생태축), Humanism(시민참여) 등 7개 부문의 통합도시 모델로 녹색위는 정의하고 있다.

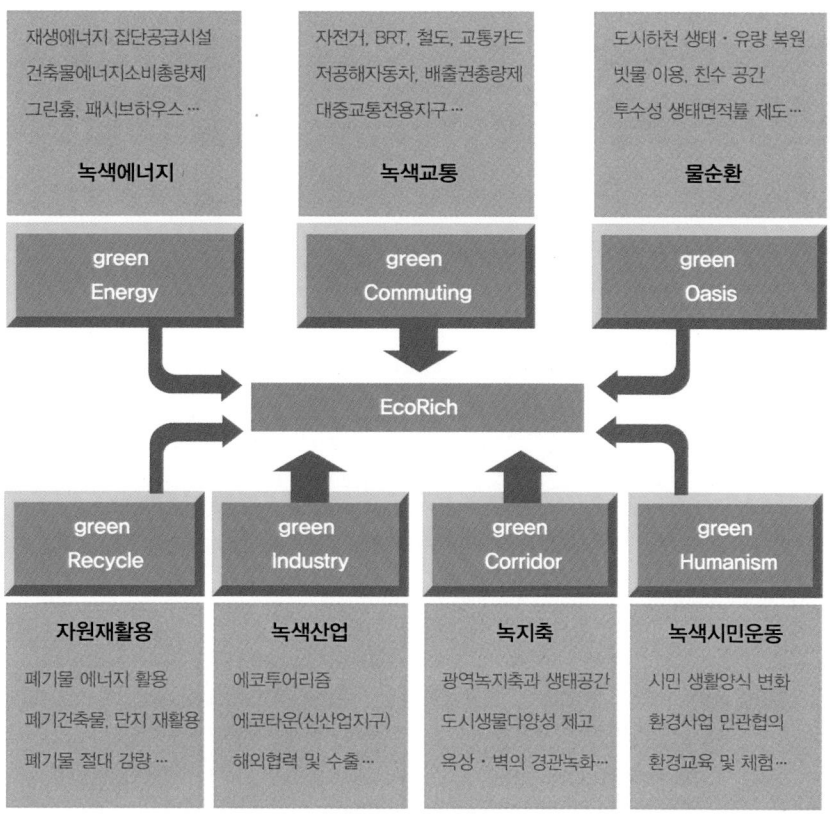

그림 3-2. 에코리치 생생도시 구축
출처: 녹색성장위원회

(1) 추진배경

도시 간의 건전한 경쟁을 유도하는 동시에 정책의 신속한 확산을 위해 생생도시를 공모하고 기후변화에 대응하는 그린행정에 대한 사회적 분위기를 고조시키기 위한 것이다. 그린행정 및 그린시티에 관련한 산발적·부처별·정책적 시도들을 생생도시라는 통합모델로 묶고 그린행정의 성과 전시장이자 대표적인 브랜드로 육성하고자 한 것이다. 그린행정 모델도시인 생생도시를 국제적으로 육성하여 대내외적인 위상을 제고하고자 한 것이다. UNEP 환경

우수도시 등 국제적 기준에 부합하는 도시를 육성하고 글로벌 녹색리더로서의 한국의 국제적 위상을 부각시키기 위한 것이다.

(2) 응모방식 및 지원계획

응모자격은 전국 230개의 2개의 행정시, 그리고 제주도의 2개 일반시로 하고 있다. 응모분야는 생생도시 종합부문과 개별부문으로 구분하고 있다. 개별부문은 에너지, 녹색교통, 물순환, 자원재활용, 녹색산업, 생태축, 녹색시민운동이고, 종합부문에서는 8개의 지자체 내외 사업부문 중 사업별로 1~2개를 선정, 총 10개 내외를 선정한다.

생생도시로 선정된 도시는 정부에서 대대적으로 시상하며, 생생도시 현판 및 지정시로 부여한다. UNEP 환경우수도시 등 국제적 공모대회(국제적인 도시로 홍보) 응모를 지원한다. 관련자는 해외우수도시를 견학할 수 있도록 하며, 전시회, 언론홍보, 사례집 발간, 홍보이벤트 등을 통해 선정 지자체의 이미지 제고를 돕는다.

나. 국토해양부의 U-City 추진사례

(1) U-City 개념 및 필요성

첨단 IT기술을 바탕으로 도시의 효율적 관리 및 시민이 필요한 정보를 언제 어디서나 제공할 기반을 갖춘 도시이다. U-City 구축은 그간 교통, 환경, 등 도시문제 해결을 위해 분야별 자체시스템(ITS)을 운영하였으나, 긴급 상황 시 신속한 대처와 체계적이고 통합적인 도시관리가 가능치 않아 U-City 도입이 요구되고 있었다.

(2) U-City 구축 기대효과

U-City 건설로 다양한 서비스 간 연계를 통한 신규 서비스 창출과 도시관

리·운영비용 절감 및 효율적 도시관리가 가능하다. 통합 운영방식은 개별 운영방식에 비해 점유공간과 운영인력, 장비구축과 유지에 있어 상당한 비용이 절감된다.

(3) U-City 추진개요 및 현황

U-City의 비전과 기본방향, 국가차원의 추진체계 및 단계별 추진전략, 실천과제 등을 담은 범정부 계획을 중장기적으로 세우고 추진하고 있다. 「유비쿼터스 도시 건설 등에 관한 법률」 제4조(국토부 계획 수립, 유비쿼터스 도시위원회 심의·확정) 등 법적 근거도 확보하여 추진하고 있다.

2008년 9월에 준공된 화성 동탄을 시작으로 35개 지자체(52개 지구)에서 U-City 추진 또는 준비 중이다. 정부차원에서는 U-City가 핵심인 "첨단그린도시 조성"을 신성장동력의 하나로 선정하여 적극 추진 중이다. 세계적인 IT기술과 건설기술을 보유하고 있는 한국은 이 분야의 세계시장을 점유할 수 있는 잠재력을 보유하고 있다(한국은 건설시장점유율 세계 5위, 정보통신발전지수 세계 2위). 향후 추진방향은 통합플랫폼 등 핵심기술의 조기국산화 및 U-City 산업발전지원책 마련 등 본격적인 역량 집중이 필요한 상황이다.

(4) U-City 비전 및 과제

U-City 추진을 통해 시민의 삶의 질과 도시경쟁력을 제고하는 첨단정보도시 구축이 가능하다. 이를 통해 도시관리의 효율화, 신성장동력으로의 육성, 도시서비스의 선진화가 가능하다.

주요 추진전략 및 과제로는 원활한 U-City 건설·관리를 위한 각종 지침 완비, 개인정보보호 및 재난·재해 침해 방지 추진, U-City 기술기준 정립 및 정보 유통·연계 방안 마련, 핵심기술 개발, U-City 주요 요소별 핵심기술 조기 개발과 고도화, U-City 관련 산업 육성 지원, U-City 시범도시 지정을 통한 성공 모델 창출, U-City 해외수출 기반 마련, U-City 분야 전문인력 양성, 국민체감 서비스 창출, 지능형 행정체계 확립 및 맞춤형 교통서비스 제공, 의료서비스 선진화 및 친환경 녹색서비스 제공, 지능형 예방대응체계 구축, 사회간접자본 지능화, 교육 · 지식 서비스 극대화, 원스톱 문화 · 관광 서비스 극대화, 글로벌 물류체계 구현 등을 꼽을 수 있다.

다. 행정안전부의 살기 좋은 도시 만들기, 안전도시 추진사례

(1) 살기 좋은 지역 만들기

1) 추진배경

급속한 산업화와 도시화 과정에서 지역사회의 다양한 문제점 발생에 종합적으로 대응하기 위한 정책이다. 세계 150여 개 도시 중 수도 서울의 삶의 질은 중하위권을 면치 못하고 있다. 도시민은 도시민대로 이웃에 누가 사는지조차 모를 정도로 각박한 삶이 지속되고 있다. 또한 농촌지역의 인구 감소와 고령화로 존립 기반이 위협을 받고 있다. 농업인구는 급속도로 감소하고 있고, 농촌의 65세 이상 노인인구 비율이 25%에 육박할 정도로 고령화가 진행되고 있다.

2) 목표
• 3대 목표: 쾌적한 지역공동체, 아름다운 지역공동체, 특색 있는 지역공동체
• 5대 과제: 공간의 질 제고, 삶의 질 향상, 노동공상형 복합생활 공간 조성, 지역공동체 형성 및 복원, 지역특화 브랜드 창출

3) 세부 지원 계획
• 지역의 '자율기획과 자기책임'에 의한 추진
• 중앙정부 · 지자체 · 지역사회 간 협력적 파트너십 형성
• 범정부적 협력 · 지원 체계 구축

4) 경과

2007년 이후 더 이상 추진하지 않고 있다. 특히 이명박 정부가 그린행정을 추진하면서 행정안전부는 '안전도시' 사업을 후속 사업으로 추진하고 있다.

(2) 안전도시

1) 추진배경

안전도시(Safe City)는 안전-안심-안정 중심의 새로운 안전관리 패러다임에 기반한 도시 구축사업이다. 지역여건에 적합한 사업을 주민과 자원봉사자 등 지역사회 구성원들이 협력하여 안전을 위해 스스로 지속적으로 노력하는 도시 조성을 목적으로 한다.

2) 보상제도(인센티브)

선정된 도시들에 대해서는 5억~10억 원 정도 지원한다. 행정안전부의 U-City 사업과 연계해 U-Safe City를 구축할 수 있도록 지원하고, 안전한 보행환경 조성 사업 등 각종 안전 관련 사업을 우선 지원한다.

3) 향후 추진계획

이 사업을 성공적으로 운영하여 정부합동평가에 반영하는 등 안전도시 사업을 전 지자체로 확대함으로써 '국민이 안심하며 살 수 있는 안전한 나라'를 조성할 목적으로 추진되고 있다.

(3) 기초생활권 발전계획

1) 추진배경과 과정

정부는 전국토의 성장잠재력을 극대화할 수 있도록 3차원적 지역발전 전략을 제시하였다. 초광역개발권과 광역경제권은 국가 및 지역경쟁력 강화에 중점을 둔다. 기초생활권은 삶의 질이 보장되는 지역창조에 중점을 둔다.

- 초광역 개발권: 대외개방형 국가경쟁력 강화(4+α 벨트)
- 광역경제권: 개발 단위 광역화로 지역경쟁력 강화(5+2 광역경제권)
- 기초생활권: 전국 어디에 살든지 기본적 삶의 질 보장(163개 시·군)

지역 주민의 삶의 터전이자, 교육·문화·복지 등 총체적 생활공간인 기초생활권에 대한 재인식이 필요하다.

2) 10대 중점 추진과제

① 과제 1: 지역 부존자원의 성장동력화
- 자연환경 생태공원화, 생태탐방로·테마공원 조성 등 자연환경의 자원화 (순천만 생태공원, 창녕 우포늪생태공원, 고성공룡박물관 등)
- 4대강 살리기와 연계하여 체험관광 인프라 및 수변 테마파크 조성
- 공원구역 조정 및 공원구역 내 행위제한기준 등 규제를 합리적 조정

② 과제 2: 향토·지역연고산업의 고부가가치화
- 특화품목, 전통음식 등 특색 있는 향토자원의 지역브랜드화(고창 복분자 등)
- 향토·특화 자원의 산업화를 위한 지자체, 기업, 대학, 연구기관이 참여하는 협력 네트워크 구축(성주 참외, 순창 장류, 제천 약초 등)
- 향토산업, 지역특구제, 지역연고산업의 개편과 소규모 창업 기회 확대

③ 과제 3: 역사·문화의 장소 마케팅
- 역사유적[고도(古都), 서원, 향교 등], 근대산업유산(포천 폐채석장 → 교육전시센터 등), 문화예술인(경주 박목월 등) 등을 관광 자원화
- 문화 콘텐츠 발굴 및 지역소재 콘텐츠 1인 창조기업 발굴·지원

• 생태관광인증제 도입 및 경쟁력 있는 문화관광축제 육성

④ 과제 4: 지역리더 활성화로 발전 동력 구축

• 지역지도자, 부녀회, 지역개발사업단, NGO 등 자생적 지역리더들의 협력체계 구축으로 지역발전 동력화
• 전문대학의 평생교육기능을 강화하여 지역리더를 육성하고 창조발전기반 배양
• 시·군 단위 교육프로그램을 활성화하여 지역발전 역량 제고

⑤ 과제 5: 지역 간 연계·협력체계 구축

• 행정구역과 생활권의 불일치 극복과 경쟁력 강화 위해 시·군 자율적 통합 지원
• 지역갈등 사업 협력지원

⑥ 과제 6: 지역 의료·복지 여건 개선

• 취약지역 응급환자 발생 시 30분 이내 기본적 응급의료서비스 제공
• 응급의료 부재 43개 군에 응급의료기관 건립 지원과 취약지 응급진료권(6개 권역)의 지역응급의료센터 확충
• 낙도, 오지 등 의료기관 방문이 어려운 지역에 U-Health 원격 의료서비스 도입
• 농어촌지역 보육교사 특별근무수당 지원, 다문화 가족지원센터 확대, 빈곤아동을 위한 보건·보육·복지 통합 서비스 제공

⑦ 과제 7: 지역 문화복지 수준 향상

• 임대형 민간투자(BTL)를 통한 문화시설 확충 및 복합화 유도
• 지역 폐교, 폐동사무소 능을 창작공간 및 작은 도서관으로 조성

- 문화바우처, 사랑티켓, 복지관광 등 소외계층 수요별 특화지원
- 민 · 관 우수예술단체의 산간, 벽지, 농 · 산 · 어촌 등 소외지역 주민 문화
  향유 기회 확대

⑧ 과제 8: 지방교육 활성화
- 자율형 사립고, 기숙형 고교 확대로 지역교육의 경쟁력 제고 및 지역전략
  산업과 연계한 마이스터고 육성 등 지역사회와 연계 강화

⑨ 과제 9: 지역의 생활여건 개선
- 독거노인 등 취약계층을 위한 농어촌공동체형 홈 조성 및 희망근로사업
  과 연계한 희망근로 집수리사업 추진
- 지방상수도의 광역화(시범사업 2개소) 및 가뭄피해지역 유수율 제고

⑩ 과제 10: 지역 그린행정의 추진
- 도시지역은 온실가스 감축 및 에너지 절약을 통해 '저탄소 그린시티'로,
  농 · 산 · 어촌 지역은 청정에너지 생산 및 자원 재활용으로 '녹색마을' 조성
- 도시숲 조성 확대, 시민 중심의 '나무은행' 확산으로 도심녹화 확대
- 자전거 주차장 확대 및 산업 육성, 대중교통 연계망 구축 등을 추진하여
  자전거 교통분담 지원방안 마련
- 전국 10대 권역 환경 · 에너지 타운에 태양광, 바이오메스 시설 설치

라. 환경부의 저탄소 그린시티 추진사례

(1) 추진배경

지방자치단체의 자발적인 환경관리 역량 제고 및 친환경 지방행정의 활성
화를 위해 2004년부터 그린시티 지정제도를 도입하였다. 서울시 강서구, 광

주시 북구, 수원시, 청주시, 진주시, 금산군, 함평군, 담양군 및 제주도 등 9개 자치단체를 제1회 그린시티로 지정하고 그간의 추진실적을 평가한 바 있다. 제1회의 경우 우수환경시책 사례 위주로 그린시티를 선정하였으나, 우수사례의 타 지자체로의 확산이 미흡하였다. 최근 성과평가의 중요한 요소인 환경예산 집행률 등이 평가기준에 포함되지 않았다. 각종 사업예산 배정 시 우선 배려 등의 다양한 인센티브를 제공하고 있으나, 지자체가 선호하는 그린시티 포상금 등과 같은 실질적인 인센티브가 미흡한 편이다.

(2) 추진계획

기본 추진방향

· 기초자치단체를 대상으로 공모를 실시하고 심사결과에 따라 시, 군, 구 3개 그룹별로 각 2~3개(총 6~9개) 자치단체를 그린시티로 지정

· 선정의 공정성 및 홍보효과의 제고를 위해 민·관 합동으로 "그린시티 선정위원회"를 구성하여 공정한 심사를 거쳐 선정

· 그린시티로 선정된 지자체에 대해서는 포상금 지급, 환경예산 우선지원 등의 각종 인센티브 강화

· 이미지 개선효과 등 그린시티 지정에 따른 효과 등을 평가하여 향후 그린시티 지정제도 개선에 활용하고, 홍보 강화 등을 통해 타 지자체로 우수사례 확산 유도

그림 3-3. 환경부의 Green City 추진방향

선정평가단 주관으로 환경성 종합평가지표 등 세부심사기준에 따라 서면 및 현지 심사를 실시하여 그린시티 선정위원회는 그룹별로 2~3개 자치단체를 그린시티로 최종 선정한다. 지속가능성을 심각하게 저해하는 반환경적인 시책이나 대규모 개발 사업을 추진하여 사회적 물의를 일으킨 경우에는 그린시티 지정을 취소하도록 하고 있다. 심사기준은 환경성 종합평가지표 및 현장 점수를 합산하여 산정한다. 종합평가지표(900점)는 환경기반(대기, 수질 등 매체별 관리현황) 및 환경시책 등 2개 분야의 지표로 구성하되, 현장점수(100

점)를 통해 정량적인 지표화의 문제점을 보완하였다.

그린시티에 선정되면 소정의 인센티브가 주어진다. 시상(대통령상 1, 국무총리상 2, 환경부 장관상), 그린시티 지정서 및 현판 부여, 외국 홍보 등을 통해 선정 지자체의 이미지를 제고한다. 그린시티 포상금('06년 1억 원 확보) 지급 및 환경부의 각종 사업예산 배정 시 우선 지원을 골자로 하고 있다.

마. 지식경제부의 온실가스감축정책 추진사례

(1) 2020 온실가스 감축 마스터플랜 수립

1) 국가 온실가스 감축목표 이행전략 수립 · 추진

부문별 · 업종별 감축량과 감축 스케줄 등을 제시하는 '2020 온실가스 감축 마스터플랜'을 수립하였다. 비용효과적인 온실가스 감축을 위해 정책을 믹스(규제 · 인센티브)하고, 감축기술 개발 및 투자계획 등을 반영하였다. 기후변화대응 취약기업, 에너지다소비 기업 및 중소기업의 온실가스 감축 등을 지원하기 위한 법령 제정 등을 추진하고 있다. 중소기업 지원 중심으로 온실가스 감축실적(KCER) 구매제도를 개편하였다. 또한 EU 등 해외사례를 벤치마킹하여 국제경쟁에 노출된 산업에 대한 보호방안을 마련하였다.

지식경제부는 온실가스 감축효과를 사전 평가하는 영향분석제를 도입하여 추진하고 있으며 온실가스 감축목표 이행사항을 효과적으로 점검 · 관리하기 위하여 온실가스 배출 통계 시스템을 구축하였다.

2) 비용효과적인 온실가스 감축목표 이행 기반 구축

에너지 목표관리제를 온실가스 부문별 · 산업별 할당과 연계하여 에너지 · 온실가스목표관리제로 확대하였다. 이는 기업과 정부가 에너지 사용량 목표를 설정하고, 인센티브 또는 페널티제를 통해 목표달성을 유도하는 것이다.

2010년에 목표관리제 본 사업을 46개 사업장에서 시행하고, 대상 사업장을 단계적으로 확대하고 있다. 에너지 사용량 및 온실가스 배출량의 보고 및 검증체계를 구축하였고, 해외선도기업 전문가를 초청한 컨설팅 및 검증 비용을 지원하고, 융자·세제 등 인센티브를 제공하였다.

또한 이산화탄소 배출권 거래제를 도입하기 위한 법령 제정 및 시범사업을 추진하고 있다. 기업들의 참여 확대를 위해 경제적 유인책을 마련하였다(Credit 거래 및 Offset 등). 국내외 온실가스 감축사업 및 기업의 설비투자 촉진을 위해 금융·세제지원을 확대하고 있다. 또한, 에너지 절약 시설 융자지원 대상에 전기차 생산설비 및 충전인프라를 포함하였다.

- 수출입은행 등과 탄소펀드를 조성, 이를 국내외 온실가스 감축 사업에 투자
- CDM 민관협의회('09.12.) 및 KOTRA 해외센터를 활용, 개도국의 CDM 프로젝트 발굴 및 Match-Making 추진
- 탄소캐시백 제도의 참여제품을 확대하고, 탄소감축인증제도를 통해 녹색 제품 구매 촉진
- 제품의 생산과정에서 발생하는 온실가스 감축량을 평가·표시
- 기타: APP(아태파트너십), PIC(정책이행위원회)의 한국 개최 및 해외탄소시장(美 CCX 등)과 국내 감축실적(KCERs)의 상호 인정 추진

(2) 강력한 에너지 절약 시책 추진

원가 및 환경 비용을 반영하고, 시장경쟁 촉진과 공기업의 비효율적 측면을 제거하여 에너지 복지 등을 종합적으로 고려하는 '에너지 가격체계 개선 방안'을 마련하였다. 원가보다 낮은 에너지가격을 단계적으로 원가수준으로 인상하고, 환경오염·교통체증·에너지안보 위험 등 외부효과를 적정수준으로 원가에 반영하고자 히였다.

사회취약계층에 최소한의 에너지 사용을 보장하고, 지리적·사회적 여건에 의해 자별적인 에너지비용을 부담하지 않도록 하기 위해 에너지원별 상대요금

수준을 조정하였다. 도시가스 · 지역난방에 비해 상대적으로 가격이 비싼 등유 · LPG를 사용하는 저소득층에 대한 에너지바우처 제공 등을 검토하였다.

자유화된 시장(석유류)에서는 경쟁을 촉진하고, 정부 규제가격(전력 · 가스 · 열)은 도덕적 해이 방지를 위한 유인규제(Incentive Regulation) 도입을 검토하였다. 석유사업자 간 수평거래를 활성화하고, 농협 공동구매를 확대하였다.

(3) 부분별 강력한 에너지 절약시책 전개

1) 산업부문

에너지비용 절감을 위한 전사적 에너지관리체계는 미 · 영 등 10개국이 도입하였으며, 국내에서는 삼성코닝 등 14개의 사업장이 추진 중인데 업종별 특성을 고려한 표준모델을 발굴 · 확산하였다. 따라서 10개 업종(철강, 정유, 시멘트, 석유화학, 자동차, 기계, 전자, 제지, 섬유, 발전 등)을 대상으로 시범사업을 추진하고, 시스템 구축에 필요한 계측장비, 정보화기기 등에 대한 자금지원이 가능하도록 에너지 절약 시설을 설치사업을 확대하였다.

에너지다소비 사업장에 대해서는 에너지 관련 자격증 보유자를 에너지관리자로 선임하는 것을 의무화하였으며, 중소기업의 경우 '에너지 Supporter'를 에관공 각 지역센터에 배치하여 에너지관리를 대행토록 지원하고자 한다. 이렇듯 중소기업 에너지 진단사업 기본계획을 수립하고, 진단결과와 에너지 절약 설비투자의 연계성을 강화하였다. 진단기업의 투자이행계획서를 평가하여 자금 등 인센티브를 부여하고, 진단기관과 ESCO 간 연계강화로 투자이행을 유도하였다.

2) 건물-가정부문

신축 공공건물, 신축 공동주택 및 업무용 건물, 기존 건물의 에너지효율등급 표시를 단계적으로 의무화할 계획이다. 산업부문 에너지목표관리제와 연계하여 대표적인 에너지 다소비건물을 대상으로 시범실시할 계획이다. 대기전력 경고표시 대상품목을 확대하고, 주택에 이어 일반건물에도 대기전력 차단장치를 의무화할 예정이다.

3) 수송부문

차종(배기량, 사용유종 측면)별 연비우수차량을 발표함으로써 고효율차량 생산을 촉진하고 소비자에게 유용한 정보를 제공하려 한다. 자동차 업계의 의견 수렴을 통해 강화된 연비·온실가스 규제의 세부 추진방안을 마련하였다. 연비측정절차를 간소화하여 효율성을 제고하고, 과징금 제도를 도입하여 규제의 실효성을 확보하였다.

4) 공공부문

공공기관은 전년 대비 3% 에너지소비 절감을 강력하게 추진하고, 달성여부 및 사용실태를 점검하여 그 결과를 언론에 공표하도록 한다. 건물 신축 시 에너지효율 1등급을 의무화하고, 기존에 공사 중인 건물도 필요시 설계 변경을 유도할 것이다. 기존 공공건물에 대한 ESCO사업을 강화하여, 에너지진단을 받은 공공기관을 대상으로 사업을 추진한다.

(4) 산업의 녹색전환

1) 업종별 차별화된 녹색화 전략 수립·추진

에너지 저소비형 녹색철강 생산시스템을 구축하였다. 그린카用 경량강재 등 녹색 수요에 부합하는 고급강 개발 및 CO_2 배출량을 획기적으로 저감하는 '녹색철강 프로젝트'를 추진하였다.

석유화학단지의 에너지·자원이용의 효율성을 제고하고자, 기존 3大(울산·여수·대산) 석유화학단지의 에너지·자원이용의 효율성을 제고하는 '석유화학 新르네상스 프로젝트'를 추진하고 있다. 친환경 · 탄소섬유 등 초경량 · 고기능 신섬유소재를 개발하였다.

그린디스플레이, LED 핵심기술 등 에너지 고효율 IT기술 개발 등을 통해 IT산업의 녹색화를 추진하고 있으며, RFID/USN, 전자문서 등 IT기술을 유통 · 물류, 산업, 제조공정, 서비스 등 사회전반에 적용하여 그린행정 기반 조성에 기여하도록 하고 있다.

뿐만 아니라 석탄가스화발전, 탄소포집석탄화력 등 청정발전기술을 개발하고 있으며 바이오가스 등 대체 천연가스 수요처 다변화 및 공급확대 기반 마련을 위한 종합적인 유통 · 품질 · 안전기준을 마련하였고, 더불어 고부가 자전거, 전기이륜차 등 녹색대안형 운송수단을 제조, 활용기반을 구축하고 있다.

2) 녹색경영 확산

'개별기업' → '기업생태계' 단계별 녹색경영 전략모델을 개발 · 보급하고 녹색경영 정착을 위한 법 · 제도적 기반을 조성한다. 화학물질관리서비스를 확산하고, 대 · 중소 그린파트너십의 확대, 녹색구매 네트워크 구축 등 기업활동과 관련된 전반적인 모든 과정을 녹색화한다. '녹색경영추진본부'(대한상의)를 구성 · 운영하고, 녹색경영체제 인증기준 및 절차를 마련하는 등 녹색경영의 확산을 위한 인프라를 재정비하도록 한다.

3) 녹색전환 인프라 구축

① 스마트그리드

제주 실증단지(Test-Bed)의 본격 구축을 통해 글로벌 비즈니스 모델을 제시 및 수출산업화 기반을 마련하고, 「지능형 전력망 구축 및 지원에 관한 특별법」을 제정하여 장기투자를 안정적으로 이행하도록 하여, 다양한 이해관계를 조정하는 기반을 구축하도록 한다.

② 자원순환 · 再제조산업

자원순환 인프라 구축을 지속적으로 추진하고 이를 '재제조(Re-manufacturing) 산업' 육성으로 자원생산성을 제고하고, 제재조산업의 안정적 산업·서비스기간 구축, 홍보기간 마련, 원천 핵심기술 역량 확보 등 시장을 확대 추진한다.

(5) 스마트그리드 구축사업

기존 전력망에 IT기술을 접목하여 가격에 따라 전력공급자와 소비자가 양방향으로 정보를 교환함으로써 에너지효율을 최적화하는 시스템으로 지경부는 2030년까지 세계 최초로 국가단위의 스마트그리드 구축을 완료할 계획이다.

- 실시간 요금구조 설계 및 시범사업 참여 수용자 선정
- 시험 사업용 시스템 구축 및 수용가 적용
- 사업효과 분석 및 실증단지 대상 실시간 요금제 적용방안 도출
- 실시간 요금제 시범사업과 제주 실증단지 구축사업을 연계 운영

(6) 그린에너지 패밀리

범국민적 에너지 절약 및 저탄소 생활 실천을 위한 저탄소 그린행정 구현을 위해 출범하며 시민, 기업, 금융기관 등이 참여하였다.

- 에너지 홈닥터
- 탄소 중립 프로그램
- 탄소 캐쉬백 프로그램

바. 교육과학기술부의 그린스쿨 및 녹색기술 추진사례

(1) 학교 안팎 녹색생활 교육 강화

1) 녹색교육을 강화한 초 · 중등교육과정 운영

초 · 중등교육과정 개정 시 교과(목)별로 그린행정 관련 내용을 반영하고, 고등학교 선택과목으로 '환경과 그린행정' 교과서를 개발하였다. '그린행정 연구학교'를 통해 학교 스스로 차별화된 녹색교육 과정 · 방법 · 자료 등을 연구하여 적용하고, 지역 내 다른 학교로 확산하고 있다.

일반 · 예비(교 · 사대) 교원들의 그린행정 관련 교육 및 연수 강화를 통해 교과별 · 단계별(초 · 중 · 고) 맞춤형 녹색생활 교육을 추진하고 있다. 교육 환경인 학교도 녹색생활교육에 적합하도록 노후된 초 · 중 · 고교부터 친환경형 · 체감형으로 개선하는 '그린스쿨'을 지속적으로 추진하고 있다.

표 3-3. 그린스쿨 유형(예시)

학교 유형	주요 사업내용
생태학교, 자연 친화형 학교	-수목 조성, 학교 옥상 정원화, 생태 연못 조성, 친환경 포장재 개선, 자전거 주차장 및 자전거 길 조성 등
에너지 절감형 학교	-지열 및 태양열 이용 냉 · 난방 및 급탕 설비, 빗물 이용 시설, 고효율 조명기구 설치, 에너지 절약형 창호 교체 등
친환경 소재형 학교	-친환경 외장재 · 도색, 천연형 벽지 · 바닥재 · 내장재 등

2) 학교 안팎에서 다양한 녹색생활 체험 기회 확대

'ECO 생활과학교실' 확대 운영으로 방과 후에 체험 · 탐구 · 실험을 통해 학생 · 주민들의 녹색생활 의식을 제고하고자 하고 있다.

국립과학관에서 가족과학축전, 대한민국과학축전 등 종합적 과학문화 행사에 그린행정 특별전시관, 환경과학캠프, 기후변화에너지 종합홍보관 등을 설치 · 운영하도록 하여 가족이 함께하는 녹색생활 · 그린행정 교육 · 체험의 장을 확대하고 있다. 또한 인근 주민과 학생이 상생하는 대학의 저탄소 생활화를 유도할 '그린캠퍼스' 인증제 도입 방안을 마련하였다.

표 3-4. 생활과학교실 사업 내용

구분		읍 · 면 · 동 생활과학교실	학교로 가는 생활과학교실
장소		주민자치센터	초 · 중학교
대상		지역주민(초 · 중학생, 주부, 노인 등)	초 · 중학생
세부 사업	기존	-그린행정 시범지역을 선정하여 'Eco 생활과학교실' 지정 · 운영	-생활과학교실 프로그램 중 그린행정 관련 내용 10% 이상 반영
	변경	-생활과학교실 프로그램 중 그린행정 관련 내용 20% 이상 반영 -'Eco 생활과학교실'을 시 · 도당 2개교로 확대('09, 16개 → '10, 32개)	

(2) 교육과학기술부 에너지 절약 실천 계획

1) 교과부 내 에너지 절약 추진

중식시간 및 퇴근 이후 소등, 컴퓨터 절전모드를 활용하는 등 사무실 절전을 생활화하고 컬러문서 출력을 자제하고, 양면인쇄 생활화 및 이면지를 적극 활용토록 권장하고 있다. 그리고 종이컵 사용 안 하기 등 물품절약과 더불어 사무용품 등 각종 물품 구매 시 친환경 · 고효율 제품을 구매하도록 하고 있다.

매주 수요일을 '녹색생활실천의 날'로 지정하고 녹색생활을 실천하도록 유도하고 있다. 친환경 · 고효율 제품 구매실적 평가 등 실천과제별 실적 평가 및 우수 실천부서에 포상을 실시하여 관리를 통한 에너지 절약 분위기를 확산하고 있다.

2) 공공기관 에너지 이용 합리화 추진

국립대학 및 대학병원, 소속기관, 출연기관 등 유관 공공기관이 에너지 절약 등에 솔선수범할 수 있도록 유도하는 것이 중요하다. 기관별 '에너지 지킴이' 지정을 통해 고효율 에너지 기자재 사용을 의무화하도록 하고, 적정 실내온도를 준수하는 등의 방법을 추진하고 있다. 태양광, 지열 등 신재생에너지 이용시설 설치를 확산하고, 조명기기 중 30% 이상을 LED제품으로 교체하도록 하고 있다.

(3) 녹색기술 연구개발 지속

1) 온실가스 감축을 주도할 녹색기술 · 인력 확보 전략 총괄

국가 온실가스 감축 중기 목표치 확정에 따라 이미 수립한 '중점 녹색기술 개발과 상용화 전략'을 보완하였다. 녹색기술 연구개발 종합계획에 따라 투자 확대 및 범부처 녹색기술 연구개발 시행을 수립하였다. 산-학-연 간 연계를 기반으로 그린행정을 이끌어 갈 '녹색 인력 양성을 위한 실천계획'(가칭)을 마련하여 실행하고 있다.

2) 녹색 기초 · 원천 연구에 대한 투자 확대

교과부 녹색기술 R&D 투자는 '09년 5,174억 원에서 '10년 5,568억 원으로 늘어났고, 교과부 개인 기초연구 중 녹색기초 비중은 '08년 2.9%에서 '12년 7%로 지속적으로 확대되고 있다. 또한 범부처 CCS(이산화탄소 포집 · 저장) 기술개발 및 상용화를 위한 국가차원의 CCS마스터플랜을 수립하였으며 태양광을 활용하고, 수소 · 연료전지 등 에너지 · 환경 분야 기술 개발 및 통합 기후예측시스템 개발 등 기후변화에 대응하는 기초 · 원천기술 개발 사업을 확대하고 있다.

3) 융합 녹색기술 개발을 위한 핵심 전문 연구인력 양성

그린행정 분야 맞춤형 핵심 연구인력 양성을 위해 학문 간 융합하고, 이론·실무 조화형 교육을 실시할 수 있도록 지원하고 있다. 그리고 연구·교육 연계로 다학제 공동연구단을 구성하여 다양한 녹색기술에 공통으로 기여할 기반기술 창출과 전문 인력을 양성하고 있다.

4) 녹색기술 협력을 통합 글로벌 리더십 강화

주변국과 공조, 對개도국 지원을 통한 '그린 과학기술 외교'를 추진하고 있다. 예를 들어 지구온난화, 기후변화, 에너지 등 글로벌이슈에 대한 공동연구·인력교류 협력방안 수립을 위한 '한·중·일 공동 협력체'를 본격적으로 운영하고 있다. 또한 정부 초청 장학생사업(GKS)을 활용해 개도국의 그린행정 미래인재를 양성하고 과학기술분야 대학교수요원 육성을 지원하고 있다.

5) 녹색기술 선진화를 위한 연구·협력 인프라 구축

녹색기술 정보 분석 및 정책기획 총괄 지원을 위해 국가과학기술지식정보서비스(NTIS), 기술거래시스템(Tech-Biz Network) 등과 연계하여 녹색기술 정보 종합시스템을 구축하고, 녹색기술 개발·투자를 유도하기 위해 '국가녹색기술대상'을 포상하도록 하고 있다. 30억 원을 들여 사이버 융합연구, 교육 고도화 사업을 진행하여 국내외 융합연구, 고품질 원격교육 등이 가능한 실시간 쌍방향 협업 시스템을 구축하도록 하고, 기후변화 대응 연구개발 사업을 범부처 합동 워크숍으로 개최할 것이다.

사. 문화체육관광부의 녹색문화전략 추진사례

(1) 미래 사회 적응기반 구축

기후변화 협약, 저탄소 그린행정 문제 등이 국세 이슈로 등장하였다. 이에 대응하기 위해 사회환경 변화에 대응한 정책 개발 및 저탄소 그린행정을 위한 문화전략을 수립하여 추진하고 있다. 문화가 흐르는 문화관광권 개발계획 수립 등 특화된 역사문화 관광상품을 개발하고 있다. 또한 스토리가 있는 문화생태 탐방로, 옛길 복원으로 새로운 걷기 여행 문화 창출, 아름다운 경관과 도로를 테마형 관광 자원으로 육성하거나 슬로시티를 녹색관광의 대표 브랜드화하여 한국을 대표하는 생태 녹색관광 모델사업을 추진하고 있다. 태안, 영암·해남 관광레저도시를 친환경에너지 절약형 도시로 조성하고, 중소 규모 상영관의 디지털 전환 지원으로 녹색 콘텐츠산업을 실현시키고자 노력하고 있다.

(2) 에너지 절감계획

1) 공공부문의 에너지 절약 실천

전자회의 시스템 구축, 수첩회의 활성화, 이메일 보고 활성화, 양면인쇄·모아찍기 생활화, 이면지 활용 등을 통해 일하는 방식을 개선하여 종이 절약을 실천하고 있다. 매주 수요일을 '전기절약의 날'로 운영하여 에너지 절약 습관화를 유도하고, 에너지 절약 지킴이를 지정하여 사무실 소등, 전원 차단 등을 시행하여 생활방식 개선으로 에너지 절약을 실천하고 있다.

2) 문화·체육·관광시설의 에너지 효율화

친환경 문화시설 건립·운영을 위한 설계지침 제시 및 컨설팅을 지원하고, 신축·운영 시 에너지 고효율 설비 및 시스템을 도입하고자 하고 있다. 국민체육센터 건립 지원 시 태양열 등 신재생에너지를 이용하여 설비를 설치할 것을 권장하는 등 공공체육시설에 대한 에너지 효율화를 추진하고 있다. 관광기금 융자 시 에너지 효율화형 시설을 우선 지원토록 하고, 친환경 관광자원 개발을 위한 가이드라인을 적용하는 등 친환경 관광자원 개발을 위한 시스템을 구축하고 있다.

3) 슬로시티 홍보 투어 등 녹색생활 홍보프로그램 시행

슬로시티 지정요건이 문화, 자연, 교통, 에너지 등 전 분야의 멋과 여유를 강조함을 활용하고, 걷기, 자전거타기, 등산 등 녹색생활체육 강습회를 운영하고 있다.

4) 에너지 절약 확산을 위한 홍보

주요 언론사 공동기획 특집, TV, 온라인 매체 등 광고캠페인을 시행하거나, 민간포털·파워블로그 등 참여형 온라인 이벤트를 개최하여 정부-민간 협력을 통한 에너지 절약 캠페인을 전개하고 있다.

4. 저탄소 그린행정 추진, 지자체의 역할

저탄소 그린행정 추진은 중앙정부만의 노력으로 가능한 것이 아니라 전국의 모든 기초단위 지자체의 참여로 가능한 것이다. 이를 위해서는 중앙정부와 지방정부, 기업과 시민 등 각 주체가 자신의 역할을 인식할 필요가 있다. 특히 정부는 저탄소 그린행정을 성공적으로 추진하기 위해 사회 주요조직과 집단들의 관심과 참여를 유도하기 위한 재정지원 방안을 비롯하여 각종 지원책을 마련해야 한다. 더불어 지방자치단체는 지금 당장이라도 할 수 있는 것과 시간을 들여 준비해야 하는 것을 나누어 단계적으로 추진해가야 한다.

이상에서 살펴본 녹색강국 실현 국가전략과 정부 각 부처의 그린행정 관련 추진사례 분석을 통해 도출된 시사점을 바탕으로 저탄소 그린행정 실현 및 그린시티 구축을 위한 지자체의 역할을 생각해 보자.

첫째, 지자체들은 저탄소 그린행정이 정부만의 과제가 아니라 지방정부의 매우 중요한 과제라는 점을 인식하고, 이의 추진을 위한 지역의 기반을 확보해야 한다. 물론 중앙정부는 지자체의 지지에 따른 다양한 인센티브를 제공하여야 할 필요가 있다. 이런 중앙정부의 다양한 지원책 없이 지자체에 대한 일방적 요구는 받아들여지기 힘들 것으로 보인다. 이를 위해 보다 지속적으로 그린행정을 추진하기 위해 지방그린행정담당관을 지정하고, 지방그린행정위원회를 설치해야 한다. 지방그린행정담당관은 그린행정 업무의 포괄적·종합적 성격을 감안하여 기획관리(감사)실장 등 선임 실·국장으로 지정하고, 그린행정담당관 소속하에 그린행정 담당팀을 설치하도록 한다. 또한, 지방에서의 저탄소 그린행정 추진계획을 수립하여 이행하고 이를 제도적으로 추진하기 위한 지방그린행정위원회를 구성하고 이를 운영해야 한다.

둘째, 시·군·구는 저탄소 그린행정 추진을 위한 조례제정 등 추진체계를 구축하여야 하며, 시·군·구 차원의 실천계획을 수립·추진해야 한다. 공공청사 에너지효율화 등 공공부문이 선도적 역할을 해야 하며, 생활 속의 저탄소 그린행정 정착을 위한 주민 홍보 및 유인체계를 마련할 필요가 있다. 홍보와 제도 마련이 저탄소 그린행정 추진의 관건이다. 조례에는 지방그린행정위원회의 구성 근거를 명시하고 이를 추진하며, 경제·사회·문화·환경·학계·언론·종교·시민사회 등 지역에서 학식과 덕망이 높은 인사들로 구성하며 지자체의 장이 이들을 위촉할 수 있다.

셋째, 지자체가 보유하고 있는 건물과 설비, 각종 인프라와 운송 수단 등에서 사용하는 에너지를 절약할 수 있고, 온실가스 감축에 기여할 수 있다. 그리고 이러한 절약과 감축을 통해 얻어지는 비용 절감 혜택을 지자체의 발전에 활용하거나 보다 직접적으로 주민들에게 다시 되돌려 줄 수 있다. 지자체가 보유한 각종 환경시설, 즉 하수종말처리장, 쓰레기 매립지, 정수장, 자원회수시설 등에서 다량으로 배출되는 메탄가스와 유기성 폐기물을 이용하여 전력을 생산하여 판매하거나 난방을 생산하여 지역 주민들에게 공급할 수 있다.

넷째, 지자체는 시민들의 참여를 지속적으로 이끌어 낼 수 있는 다양한 프로그램을 개발하여 실천해야 한다. 지자체가 강한 의지를 갖고 시민들과 함께 저탄소 그린시티 건설을 추진한다면 에너지 절약, 신재생에너지 확충, 온실가스 감축을 획기적으로 실현시킬 수 있다. 다만 추진과정에서 사회집단 사이의 이해관계가 상충되는 부분이 있다면 이들 문제의 해결을 위한 다양하고도 전문적인 노력이 수반되어야 한다. 우선 적절한 정책적·제도적 장치가 마련되어야 하고, 교육을 통한 지역주민의 인식 제고가 필요하며, 갈등 해소와 대화를 통한 합의가 이뤄지기 위한 다양한 장치가 필요하다.

다섯째, 지자체는 개발 주체이면서 동시에 규제자이기 때문에, 저탄소 그린시티 구축을 위한 규제는 최소화하고 이를 활성화시킬 제도적 장치는 다양하게 강구해야 한다. 토지이용계획과 교통체계의 조직은 지자체의 주요 과제이다. 인프라를 구축할 경우에 기본적으로 에너지 절약적이고, 환경친화적인 요소들을 충분히 고려해야 하며 또한 도시계획 의사결정 과정에서 주민들의 의견이 충분히 반영될 수 있는 제도적 장치도 마련되어야 한다. 지자체의 규제 기능도 매우 중요하지만, 저탄소 그린도시 건설을 위해서는 규제는 필요하나 최소화할 필요가 있다. 이 경우에도 주민들의 관심과 참여를 활성화시킬 수 있는 제도적 장치가 마련되어 있다면 일부 규제로 인한 주민들의 반발과 저항을 최소화시킬 수 있을 것이다.

우리 정부는 향후 한국의 미래발전 전략으로 저탄소 사회건설을 제시하였
다. 이렇게 정부가 저탄소 사회 건설을 미래 발전 전략으로 채택한 배경은 국
내외의 복합적인 요인들에 의한 것이지만, 이는 우리나라만의 일시적인 구호
가 아니라 지구촌 이슈이며 인류존망의 과제로 인식해야 한다. 우리 정부는
이를 위해 저탄소 그린행정 추진을 위한 국가전략 및 5개년 계획을 제시하였
다. 이는 저탄소 그린행정과 관련한 최상위 국가계획이다. 연도별 달성목표,
투자계획, 수행주체 등 실행방안을 구체화해서, 2050년을 목표로 5년 단위의
목표를 정하고 매년 단기목표 실현을 위해 매진하는 형식으로 추진하려는 것
이다. 과거 경제개발 5개년 계획은 정부의 일방적인 주도로 상명하달식의 방
식으로 추진되었으나 이제 저탄소 그린행정은 거버넌스 체제로 추진되는 것
이 바람직하다.

정부 각 부처도 이러한 정책 추진 의지를 다양한 부처별 정책으로 구현하고
있다. 녹색성장위원회의 생생도시 추진사례나 국토해양부의 U-City 추진사
례, 행정안전부의 살기 좋은 도시 만들기, 안전도시 추진사례, 환경부 저탄소
그린시티 추진사례, 지식경제부 온실가스 감축정책 추진사례, 교육과학기술
부 녹색교육 및 녹색연구 개발 추진사례, 문화관광부 녹색문화전략 추진사례
등을 통하여 그러한 노력들을 살펴볼 수 있다. 이러한 노력에 맞추어 기초단
위지자체도 다양한 사례들을 만들어 가고 있다.

이러한 국가전략이나 정부 각 부처의 노력은 전국의 단위지자체들을 통해
실천되고 생활화되어야 한다. 그런 점에서 저탄소 그린행정 추진의 핵심역할
은 기초단위지자체라고 해도 과언이 아니다. 이러한 지자체의 역할은 지자체
가 보유하고 있는 건물과 설비, 각종 인프라를 통하여, 에너지 절약, 신재생
에너지 확충, 온실가스 감축 등 구체적인 저탄소 정책의 실천이 가능하다는
것이다. 주민들의 관심과 참여를 활성화시킬 수 있는 제도적 장치가 마련되

어 있다면 일부 규제로 인한 주민들의 반발과 저항을 최소화시킬 수 있을 것이다. 지자체의 성공적 저탄소 그린시티 건설을 위해서는 중앙정부의 지원, 법·제도적 장치, 지자체의 강한 의지, 정책의 지속성과 일관성, 주민들의 관심과 참여, 전문가들의 참여, 지역의 사회와 자연 환경에 대한 정확한 정보, 추진체계 등의 다양하고 복합적인 조건이 충족되어야 한다.

1. 효율적 온실가스 감축, 탈석유·에너지자립 강화, 기후변화 적응역량 강화, 녹색기술 개발 및 성장동력화, 산업의 녹색화 및 녹색산업 육성 등 저탄소 그린행정 추진 국가기본전략 각각에 대하여 간단히 설명하고 정책적 시사점을 제시해 보자.

2. 각 정부부처의 저탄소 그린행정 추진사례들을 핵심 포인트 위주로 제시해 보고, 향후 정부부처들이 추진했으면 하는 정책적 어젠다나 아이디어를 함께 제시해 보자.

3. 저탄소 그린행정 추진은 중앙정부만의 노력으로 가능한 것이 아니라 전국의 모든 기초단위지자체의 참여로 가능하다. 이를 위해서는 중앙정부와 지방정부, 기업과 시민 등 각 주체가 자신별로 각자의 역할을 다해야 한다. 특히 그 과정에서 지자체는 어떠한 역할을 해야 하며, 내가 속한 우리 지자체는 어떠한 역할을 해야 하는지 제시해 보자.

Part 4

저탄소 그린시티 우수사례 분석

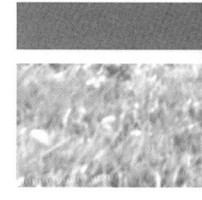

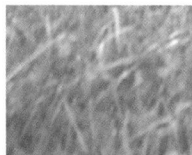

학 습 목 표

1. 저탄소 그린시티 구축의 국내외 우수사례를 제시할 수 있다.

2. 저탄소 그린시티 구축 국내외 주요 우수사례별 핵심포인트를 설명할 수 있다.

3. 저탄소 그린시티 구축 국내외 우수사례 분석을 통해 우리 지자체의 그린시티 구축의 시사점을 도출할 수 있다.

1. 우수사례 분석의 기준: 저탄소 그린시티의 범주

가. 저탄소 그린시티에 대한 개념

(1) 저탄소 그린시티(Low Carbon Green City)의 개념

저탄소 그린시티란 공해발생과 자연파괴를 최대로 줄여 인간이 자연과 조화롭게 공존하며, 온실가스 배출을 절감하고 흡수하여 도시민의 삶의 질을 제고하는 친환경 저탄소 도시를 의미한다.

(2) 그린시티 계획요소

산업, 건축물, 교통 분야 등에서 그린시티 조성에 필요한 계획요소로 크게 7개 부문으로 분류한다.

표 4-1. 기존도시와 그린시티의 녹색요소 비교

부문	녹색요소	
	기본요소(기존도시)	특화요소(그린시티)
친환경 도시계획	건축물 남향, 직주 근접	복합토지이용계획, 대중교통 중심
녹색교통	자전거도로, 버스, 지하철	자전거 급행도로, 노면전차, CNG 버스, BRT(간선 급행버스)
녹지 생태공간	공원 녹지 확대, 생태공간 조성	옥상, 벽면녹화
자원 재활용	집단에너지	하수열, RDF, 중수도 활용
에너지효율	-	패시브하우스, LED 조명, 고효율 설비
신재생에너지	일부 태양열 주택	태양광, 태양열, 지열, 풍력, 연료전지, 바이오매스
그린IT	일부 U-City 기법 도시관리	U-Eco City 생태적 도시관리

출처: 국토해양부

나. 저탄소 그린시티 우수 선진 사례

산업혁명 이후 인구의 급증과 화석연료와 에너지 과다 사용으로 기후변화와 자원고갈 현상이 나타났으며, 우리나라는 짧은 기간에 경제적으로 고도의 압축성장을 하였다. 이 과정에서 1960년대 도시민이 전체 인구의 10% 남짓이었던 반면 오늘날 총 인구의 90%가 도시에 거주하며, 도시 일상생활과 관련된 약 95%의 온실가스를 배출하고 있다. 부문별 온실가스 배출량은 산업부문에서 52%, 건축물부문에서 25.6%, 교통부문에서 16.7%, 기타 5.7% 등으로 발생하고 있다.

지자체가 도시 일상생활과 관련한 온실가스 배출을 줄이고 지역 주민들의 삶의 질을 향상시키는 저탄소 녹색성장 그린시티로 거듭나기 위해서는, 지금까지의 낙후된 도시들이 갖는 공통된 구조적 결함을 저탄소 구조로 재편해야 한다. 저탄소 녹색성장으로 유명한 여러 선진국들은 오래전부터 자원고갈과 세계 경제구조 재편에 대비하여 철저한 준비를 해 왔으며 시기적으로도 도시

⚡ 저탄소 그린시티의 범주에 포함될 만한 도시
- 누구나 한 번쯤 살고 싶어 하는 도시
- 에코투어리즘으로 성공하여 한 번쯤은 가고 싶어 하는 도시
- 확보된 재원으로 새로운 그린마켓에 투자하는 도시
- 도심 속 교통에너지 소비를 최소화한 도시
- 폐자원 재활용에 성공한 도시
- 건축 리모델링의 패시브하우스, 옥상 및 벽면 녹화도시
- 태양광 발전 신재생에너지로 성공한 도시
- 자전거도로를 활성화한 도시
- 과학연구 생태도시
- 빗물을 활용하는 도시
- 도시 숲 가꾸기, 자발적인 주민 참여정책을 펴 성공한 저탄소 그린시티

구조 전환의 적기에 맞추어 저탄소 그린시티를 현실화하였다.

이들 저탄소 녹색성장을 이룬 대표적인 그린시티의 실태와 현황 그리고 분야별로 발전된 점 등 오늘에 이르기까지의 과정과 이들 도시가 주는 시사점을 살펴볼 것이다. 개별 지자체 단위에서는 성공한 저탄소 그린시티들을 모델로 분야별 성공사례를 선별적으로 벤치마킹하고, 조사 · 연구 등의 노력을 지역 내 민 · 관 · 산 · 학이 어우러져 집중해야 한다. 이른바 제3섹터 방식의 발전으로 누구나 살고 싶은 저탄소 그린시티로 거듭나야 하는 것이다.

녹색성장위원회와 국토해양부(2009. 11. 5)에서는 녹색성장에 관한 저탄소 그린시티 계획요소를 녹색에너지, 녹색교통, 물순환, 자원재활용, 녹색산업, 녹지축, 녹색시민운동 등 7부문으로 발표하였다. 이에 온실가스 배출량과 에너지 저감량이 큰 분야부터 초점을 맞춰 해외사례의 적합성과 가중치를 감안하여 신축성 있게 일부 그린시티들의 사례를 가감 보완하였다. U-City 사례는 IT 분야가 발전된 해외사례를 조사 연구하였다.

2. 해외사례 분석

가. 독일의 프라이부르크(Freiburg)

독일 서남부의 바덴뷔르템베르크 주에 위치한 프라이부르크(Freiburg)는 '숲의 도시'이자, 환경수도 또는 태양의 도시라 불린다. 최근 태양에너지를 활용해 환경보호 및 산업이용을 동시에 달성하는 모델을 추구하여 큰 성공을 거두었다. 1992년 151개 자치단체 경연대회에서 환경부문 1위, 2005년 독일 50대 도시를 대상으로 실시한 경제적으로 가장 성공적인 도시 랭킹에서 종합 9위, 향후의 발전가능성을 평가하는 역동성 평가에서 1위를 달성했다. 오늘날 저탄소 녹색성장을 기반으로 한 화학, 전기, 정밀, 광학, 섬유 등의 공업도 활발해지면서 독일의 저탄소 녹색 환경수도로 입지를 굳혔다.

(1) 프라이부르크 시가 저탄소 그린시티로 태어난 배경

1960년대 말, 산성비로 인해 인근 산림지대인 흑림지역(Schwarz-wald)의 가문비나무, 전나무 등이 죽어가는 피해를 입자 숲을 살리기 위해 시민들이 자발적으로 승용차 사용을 억제하는 등 환경보호에 앞장섰다. 1970년대 오일쇼크로 인해 중앙정부와 주정부에서 전력 수급계획의 일환으로 원전 건설을 계획 중이었으나 이를 시민운동으로 부결시켰다. 1980년대에는 시에 환경국을 설립하였고, 1990년대에는 환경 부시장을 두었다. 앞선 행정과 시민들의 자발적인 참여의식이 현재의 성공모델이 되었다.

그림 4-1. 친환경 생태도시: 독일 프라이부르크
출처: Wikimedia Commons

그림 4-2. 태양광 발전: 독일 프라이부르크
출처: 국토연구원(왕광익, 2009)

(2) 프라이부르크 시의 추진현황 및 과정

원래 원자력발전소 건립 예정지였던 곳이라 시민들의 반대에 대해 환경 우선의 시 조례를 제정하는 노력으로 새로운 대안을 내놓았다. 오늘날 가장 선진적인 저탄소 그린시티로 성공, 거듭남으로써 에코투어리즘이 발달하였다. 이로 인해 새로운 그린마켓에 투자하는 대표적인 도시가 되었으며, 지금은 환경도시로 탈바꿈하여 녹색건축에 역점을 두고 환경정책을 펼쳐나가고 있다.

(3) 개발구상

- 에너지 절약 및 에너지 다변화 정책
- 저에너지 건축만 허용하는 조례 시행
- 열병합 발전 및 태양광 발전장치 사용
- 축구장 등 공공시설에 태양열 집열판 설치
- 녹색교통 위주의 교통시스템
- 주택가 일부 지역에 제한속도 30km/h 존 지정
- 자전거 이용 활성화 정책
- 1인당 자전거 보유대수 1대 이상
- 프라이부르크 역에 자전거 전용 주차장 설치
- 친환경 생태도시 계획
- 쓰레기 분리수거 및 퇴비화
- 어린이 놀이터를 생태공원화
- 도심을 흐르는 총연장 15km, 폭원 50cm의 수로 '베히레'를 통해 열섬현상 방지 및 관광자원화

(4) 태양광발전, 소수력발전, 열병합발전 장려

태양에너지 활용확대가 시정의 최우선 과제였으며, 건물에너지 절약을 위한 강제 기준을 적용하였다.

- 태양에너지 정보센터: 도시의 태양에너지 이용 정보 현황
- 헬리오트롭: 회전형 태양건물
- 보봉마을: 150여 채의 태양광 연립주택단지(에너지 저소비형 건물)

(5) 세부 사업내역

그림 4-3. 헬리오트롭(Heliotrop)
출처: Wikimedia Commons

그림 4-4. 프라이부르크 베히레
(Freiburg Bächle)
출처: Wikimedia Commons

그림 4-5. 빗물조정지

- 프라이부르크 역사(驛舍)에 설치된 60m 규모의 솔라 타워: 태양열을 이용하여 에너지 자립을 이루어낸 도시임을 상징한다.
- 에너지 절약형 주택 보급: 독일에서는 신에너지 및 재생에너지 개발·이용·보급촉진법에 의하여 공공기관이 신축하는 연면적 3천m² 이상인 신축 건축물에 대해서는 건축 공사비의 5% 이상을 반드시 신재생에너지 설비에 의무적으로 사용하게 되어 있다.
- 천연가스를 이용해 지역 발전을 꾀한다.
- 다양한 저탄소 녹색성장 기술을 접목한 태양광, 수력, 지열 등으로 자연에너지를 적극 활용하고 있다.
- 폐자원 활용 및 빗물 활용 시설: 유리병 환불제도가 폭넓게 적용되며, 폐지와 병을 담는 용기는 어딜 가나 있다.

(6) 에너지 수요 관리

에너지 수요 관리를 위해서 기본요금 없이 종량제 에너지 요금(에너지를 쓰는 만큼 요금 부과)을 시행하고 시간대별로 에너지 비용을 산정한다. 태양열, 소수력을 이용하고 잉여 전력은 전력 회사에 판매한다. 교육 및 홍보 기능 강화로 지역주민 스스로 에너지 관리 정책에 주체로서 참여하도록 유도하고 있다.

그림 4-6. 태양광 발전 안내판
출처: 국토연구원(왕광익, 2009)

(7) 폐기물 정책

쓰레기 발생량을 원천적으로 줄이고 쓰레기 소각을 금지하고 있다. 1991년 58만여 톤에 이르던 쓰레기량이 2000년 39여 톤으로 2/3 수준으로 줄었으며, 자원 재활용률은 1991년 25%에서 2000년 57%로 증가하였다.

(8) 교통

대중교통 시스템으로 'Park & Ride' 시스템이 구축되어 시내 외곽에 주차한 뒤 전차나 도보, 자전거를 이용하여 도심에 진입한다. 대중교통을 모두 이용할 수 있는 환경정기권인 '레기오 카르테'를 시와 주정부의 보조금을 통해 공급하고 있다. 도심 노면전차는 레일 이음새를 없애고 선로에 잔디를 식재하였다.

자전거 활성화 시책으로 도시 전체에 약 160km의 자전거 전용 도로가 설치되어 있으며, 자전거 전용 주차시설인 '모빌레(Mobile)'가 프라이부르크 중앙역에 입지해 있다. 모빌레 2층은 자전거 1천 대가 동시 주차할 수 있는 자전거 주차장이며, 3층엔 자전거 수리소가 입점해 있다.

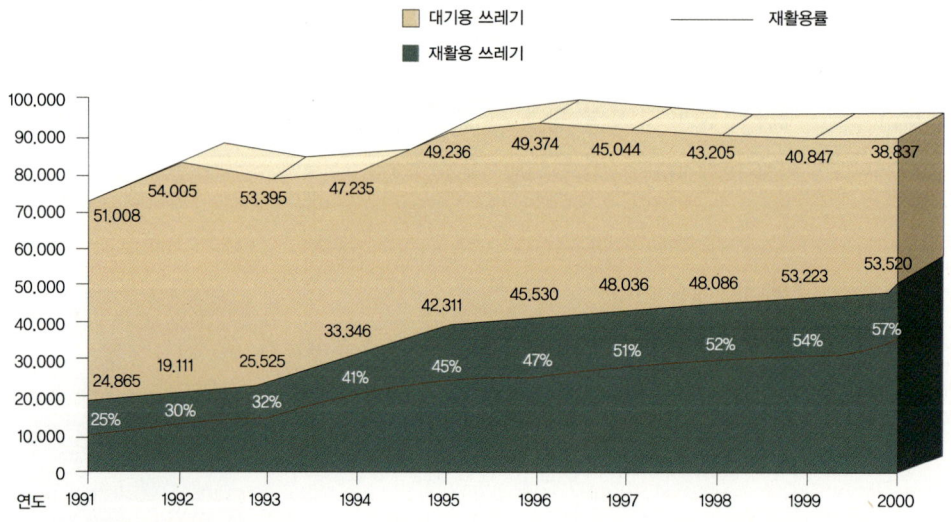

그림 4-7. 프라이부르크 쓰레기 재활용 추이
출처: 국토연구원(왕광익, 2009)

그림 4-8. Freiburg Bächle
출처: Wikimedia Commons

그림 4-9. 독일의 대중교통 활성화
출처: 국토연구원(왕광익, 2009)

(9) 도심녹화 등 오픈스페이스 조성

옥상 녹화를 통해 도심기후와 에너지 절감을 고려하고 있으며, 어린이 놀이터를 생태공원화하고 정리된 자갈 땅 위에 고목 그루터기나 통나무 등을 자연스럽게 배치하여 친환경적인 놀이터를 제공하고 있다. 도심을 흐르는 폭 50cm, 총 연장 15km에 이르는 수로 베히레(Bächle)를 설치하여 도심의 열섬현상을 방지하고 동시에 관광상품으로서도 효과를 보고 있다. 산으로부터 내려온 물이 도시 중심에 흐르는 베히레는 600여 년 전에 만들어져 현재까지 이 도시를 흐르고 있는 것으로 프라이부르크의 상징적 존재이기도 하다. 그 밖에 프라이부르크에서도 대표적인 친환경지역 '보봉(Vauban)지구'의 저탄소 녹색마을 등이 있다.

그림 4-10. 프라이부르크의 오픈스페이스
출처: 국토연구원(왕광익, 2009)

나. 네덜란드의 암스테르담(Amsterdam)

　네덜란드의 서북쪽에 위치한 암스테르담(Amsterdam)은 '암스텔의 둑'이란 의미를 지니고 있다. 국토의 1/4이 해수면보다 낮고, 암스테르담 또한 원래는 호수보다 낮은 저지대였지만, 약 800년 전 어민들이 암스텔(Amstel) 강 하구에 인위적으로 흙을 쌓아 올리고 이곳에 정착하였다. 정착이 늘어남에 따라 부채꼴 모양으로 운하를 파서 간척지를 넓히고, 거리를 반원형으로 넓혀갔다. 간척사업에 의해 태어난 토지를 폴더(polder)라 부르며, 현재는 목초지, 농지, 산림 등으로 활용하고 있다. 폴더의 크기는 2~3ha에서 2,000~3,000ha에 이른다.

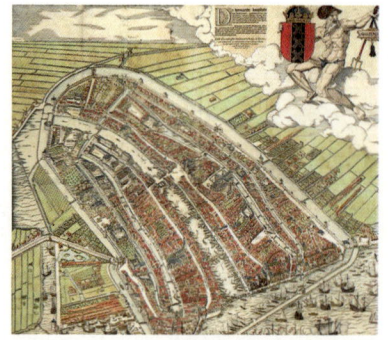

그림 4-11. 간척 초창기의 암스테르담 지도
출처: Wikimedia Commons

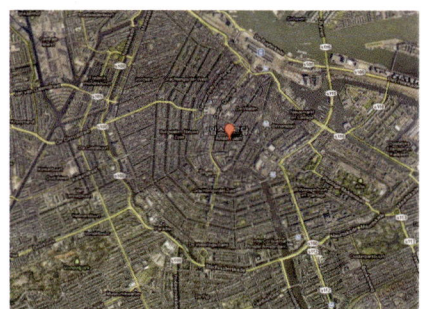

그림 4-12. 암스테르담 지도
출처: Google 지도

(1) 도시발달과 주택정책

암스테르담은 지속가능한 토지이용의 관점에서 개발을 촉진할 수 있는 지역이 한정된 입지여건을 가진다. 1901년 주택법(the Housing Act)이 제정되면서 이전의 빈민촌을 건물 외관은 보전하면서 개선하는 권한을 갖게 되었다. 새로운 건축물 기준과 협동주택을 지을 수 있는 보조금 지급이 오늘날의 질서정연한 네덜란드 특유의 건축물로 자리 잡는 데 중요한 역할을 하였다. 특히 암스테르담의 구시가지는 지형조건이 중앙역을 중심으로 부채꼴 모양의 방사상 도로와 반원형의 운하가 교차하고 운하 양옆에는 17세기 건축물들과 어울려 색다른 풍경을 이루고 있다.

도시재생계획에 근거해서 조밀한 주택난을 해소하는 이른바 '암스테르담 2020'이라는 미래도시 구상을 진행하고 있다. 이 중 몇 개의 도시개발프로젝트는 역사적으로 가치가 있는 구시가지 외곽지역으로 인구 80만 명에 필요한 주거 7만 5천 가구를 신축하여 총 45만 호를 확보하는 주택정책 수립하였고, 수면을 매립하여 새로이 공원 90ha와 녹지면적(기존 2,537ha → 2,600ha)을 확대하고 상업, 공업, 항만지역의 기반시설 등을 추가로 계획하고 있다.

(2) 암스테르담 시의 대중교통정책

암스테르담은 승용차보다 저탄소 교통수단인 트램과 자전거 이용이 편리한 도시이다. 제2차 세계대전 이후 새로운 교통수단을 도입하였다. 지하도를 파고

수로를 더 많이 뚫었으며 지하철망과 도시 주변의 순환형 도로를 건설하였다. 특이한 지형조건을 지닌 암스테르담은 시가지의 도로 폭은 좁고 엇갈린 형태로 자동차뿐만 아니라 버스 통행도 원활하지 않기 때문에 일찍이 노면전차인 트램이 발달하였다. 유럽에서도 많은 도시에서 노면전차를 폐지하였던 1950년대 후반에 암스테르담에서는 수송력이 높은 트램을 도입하게 되었고, 현재 주요 간선 대중교통 수단으로서 자리매김하고 있다. 암스테르담 시 교통당국은 1975년~1990년대에 중앙정부보다 앞서 자전거 이용에 초점을 맞춰 정책을 전환하였고, 1990년대 Bicycle Master Plan에서는 자가용에서 자전거로 전환, 승용

그림 4-13. 암스테르담의 노면전차 트램(tram)
출처: Wikimedia Commons

그림 4-14. 암스테르담의 노면전차 트램(tram)의 내부
출처: Wikimedia Commons

차로부터 대중교통 자전거로의 전환, 자전거 이용자의 안전, 자전거 주차장과 자전거 도난방지, 지역+교통과의 통합(커뮤니케이션)을 핵심정책으로 추진하였다. 정책의 주안점은 수많은 사람과 자전거가 통행하기에 좁은 가로임에도 불구하고 차도 1차선을 보도와 자전거도로로 만들기 위해 통합재정비하는 것이었다. 도심의 교통체증 해결 방안으로 도로 폭을 넓히는 것이 아니라 오히려 도로 폭을 좁히고, 대신 자전거도로와 보행자도로를 넓히는 정책을 추진한 것이다.

도심 내 대중교통 수단인 트램이나 버스가 지나가는 도로를 제외한 모든 도로는 승용차의 통행을 억제하는 정책을 폄으로써, 오직 자전거와 트램만을 이용해도 편리하도록 시스템을 정비하고 제도를 정착시켰다.

> ⚡ 암스테르담의 대중교통정책
> – 광역 교통체계: 유럽과 연결하는 국철
> – 도시 대중교통체계: 지하철(메트로), 노면전차(트램), 버스, 자전거

그림 4-15. 암스테르담의 자전거 주차장
출처: Wikimedia Commons

그림 4-16. 암스테르남의 자전거 선용노도
출처: Wikimedia Commons

암스테르담 시는 자전거 전담 부서를 설치하고 이에 따라 예산을 진행하고 있는데, 매년 중앙정부의 자전거 관련 예산 6,000만 길더(약 300억 원) 중 1,500만 길더를 받고 있다. 이 중 300만 길더(약 15억 원)를 자전거 관련 시설유지·관리에, 약 1,200만 길더(약 60억 원)를 매년 약 2~3km씩 연장되는 자전거도로 확충에 투자하고 있다. 현재 암스테르담 시 당국은 자전거 주차장 계획에 의거하여 질적·양적으로 향상된 주차시설을 구도심, 공공용지, 철도역 등을 연계해서 자전거 거치대를 확대 공급할 계획이다. 또한 자전거도로의 적절한 유지·관리와 함께 자전거 보행자 겸용 도로를 자전거 전용도로로 개선하는 안을 추진하였다. 암스테르담은 도시 전역 400km에 이르는 자전거 도로망이 구축되고 어디에서나 자전거로 연결 가능하도록 하는 도로여건을 갖추고 있어서 자전거가 생활화되었다. 자전거 이용은 연령과 소득에 관계없이 남녀노소 누구나 이용하고 있으며, 이러한 자전거 이용활성화의 배경에는 꾸준한 자전거교통 인프라 확보와 더불어 폭넓은 자전거 이용정책을 추진하기 때문이다. 2008년 자전거 운행거리가 처음 자동차 운행 거리를 앞질렀다.

암스테르담에서는 자전거가 필수품이라 할 수 있다. 암스테르담 전체 교통수단 중 자전거 비중이 37%, 자전거도로 비율은 90%에 이른다. 특히 도심부 자전거 분담률과 출퇴근 통행의 자전거 수단 분담률은 약 55%에 달하고 있다. 시민의 77% 정도(도심부에서는 85%)가 1대 이상의 자전거를 보유하고 있으며, 이 중 50%는 매일 자전거를 이용함으로써 인구 대비 자전거 이용률이 가장 높다. 암스테르담의 높은 자전거 이용도는 이를 반증이라도 하듯, 세계적인 자전거 정책의 벤치마킹 모델이 되고 있다(출처: Department of Cycling City of Amster-dam, 2008).

(3) 암스테르담 시의 자전거 교통시설 세부사업 구축

• 자전거 관련 시설
• 도심 및 신시가지로의 연결이 단절되지 않도록 설치

- 다양한 공간에 자전거도로 조성(공원 내 설치 및 간선도로 확충)

- 자전거 전용 신호등 및 전용 횡단도로 설치

- 모든 지하철 건물 또는 공공건물에 주차대 설치

- 본주차대 사이에 자전거 간이 주차대 설치

- 보행자 및 자전거 이용이 편리하도록 대중교통과 연계된 환승 시스템 마련

- 잘 정비된 도심 내 자전거도로

- 승용차 억제 시설

- 자전거에 대한 인프라와 관련 법·제도 정비

- 어릴 때부터 자전거 타는 법을 가르치는 문화 등이 어우러져 네덜란드 국
  민들은 통학·통근 수단으로서의 자전거 이용을 자연스럽게 받아들임

다. 스웨덴의 하마비 허스타드(Hammarby Sjostad)

그림 4 17. 스웨덴 하마비 허스타드 전경
출처: 국토연구원(왕광익, 2009)

(1) 개발구상

① 친환경에너지 사용

- 태양광, 지열, 풍력 등의 재생에너지를 활용한 환경친화적 도시

② 쾌적하고 낭만적인 주거환경 조성

- 중세, 르네상스, 바로크, 21세기의 다양한 도시구조에서 영감을 받음
- 건물 사이를 좁게 하여 유럽의 중세 골목이 주는 낭만적인 분위기를 조성

③ 워터프런트의 장점 극대화

- 해변에 면한 지리적 특징을 살린 단지 배치
- 해수를 정화, 단지 내로 유입하여 비오톱 형성

④ 녹색교통수단 중심의 도시 형성

- 차량 보유를 1세대당 1.5대로 제한
- 경전철, 수상택시 운영
- 카풀, 자전거 활용으로 대기오염 감소

(2) 토지 이용 계획

단지 외곽의 기존의 소규모 공업시설을 유지하면서 수변공간은 주거공간으로 계획하여 자연환경에 밀접한 주거 공간을 형성하였다.

그림 4-18. 스웨덴 하마비 허스타드의 토지이용
출처: 국토연구원(왕광익, 2009)

(3) 주거단지 계획

중정형 디자인을 기본으로 하여, 수변공간으로 통경축을 확보하는 형태로 배치하였다. 중정 입구에 단차를 두어 자전거 보관소나 주차장, 코어가 위치하며, 중정 내부의 프라이버시가 보호되도록 하였다. 단지와 단지 사이에 보행자 전용 도로를 설치하였다. 주변은 녹지축으로 연결되고 주동의 테라스가 연결되었다.

그림 4-19. 스웨덴 하마비 허스타드의 주거단지
출처: 국토연구원(왕광익, 2009)

(4) 교통

스톡홀름 중심부까지 새로운 Tvarbanan 경전철, 버스노선, 수상서비스에 우선권을 부여하고 있다. 자동차는 하수처리시설에서 나온 Biogas를 주 연료로 사용하고 있다.

(5) 녹지 및 오픈스페이스

수변공간의 물이 빠지고 들어오는 부분에 초지를 조성하여 넓은 오픈스페이스를 확보하고 있다. 녹지에 많은 식용작물을 재배하고, 나무로 만들어진 담장을 사용하고 있다.

그림 4-20. 스웨덴 하마비 허스타드의 오픈스페이스
출처: 국토연구원(왕광익, 2009)

(6) 에너지 순환

바이오가스 등 신재생에너지를 통한 에너지 순환 시스템으로 친환경적인 재생에너지를 조달하고 있다. 또한 폐수 및 폐기물로부터 재생 가능 에너지를 추출하는 자원순환 시스템 구축하고 있으며, 태양열을 이용한 Heat Panels를 설치하여 난방의 50% 담당하고 있다. 뿐만 아니라 환경인포메이션센터를 설치하여 환경에 대한 교육 및 홍보활동 또한 전개하고 있다.

그림 4-21. 스웨덴 하마비 허스타드의 에너지순환 건축설계
출처: 국토연구원(왕광익, 2009)

라. 스웨덴의 벡스웨

(1) 화석 연료 제로 선언

스웨덴 벡스웨의 한가운데에는 커다란 트루멘(Trummen) 호수가 위치하고 있다. 벡스웨는 공업폐수와 생활폐수로 오염된 호수를 되살리는 과정에서 환경과 에너지의 중요성을 인식하게 되었다. 이에 1996년 '화석 연료 제로(Fossil

그림 4-22. 스웨덴 벡스웨
출처: 국토연구원(왕광익, 2009)

Fuel Free)'를 선언하고 2050년까지 기후변화를 유발하는 화석연료 의존도 0%를 목표로 설정하였다.

(2) 에너지 자립화 방안

목재를 이용한 지역 냉·난방 시설을 보급하고, 저에너지 주택단지(나무주택 보급)를 건설하고, SAMS 에너지 절약 프로그램을 가동하고 있다. 가정에서 배출하는 쓰레기나 슬러지를 발효시킨 바이오가스를 생산해 차량에 주유할 계획이다.

이에 따른 성과로 1993년과 비교해 지난 2005년까지 이산화탄소를 32%를 줄이는 데 성공하였으며, 32%의 온실가스를 줄이는 동안 약 50%의 지역총생산(GRP)이 증가하였다. 또한 트루멘 호수 주변으로 주민들을 위한 조깅코스 및 일광욕 장소를 계획하고 있다.

그림 4-23. 저에너지 건물 건설과정
출처: 국토연구원(왕광익, 2009)

(3) SAMS 프로젝트(에너지 절약 프로그램)

에너지 소비 계량기를 설치함으로써 24%의 에너지 소비 절약효과를 얻었다. 눈에 잘 띄는 장소에 에너지 계량기를 설치하여 자신의 에너지 소비량을 인지함으로써 소비자 행동의 변화를 유발한다.

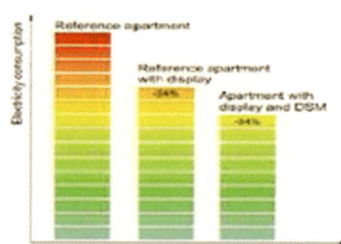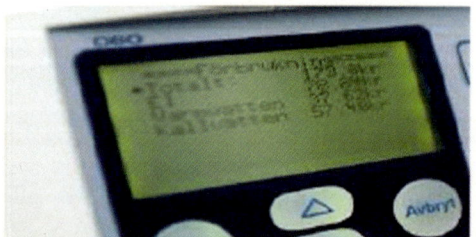

그림 4-24. 에너지 소비 계량기
출처: 국토연구원(왕광익, 2009)

마. 영국의 베드제드(BedZED)

그림 4-25. 영국 베드제드
출처: Wikimedia Commons

표 4-2. 영국 베드제드의 특징

구분	주요 내용
설계 부문	– 주택, 상가, 전시관, 어린이보호시설 혼합적 토지 이용 – 모든 가구 남향 배치를 통한 채광과 태양에너지 활용 – 전 세대 옥상정원 및 구름다리 설치를 통한 커뮤니티 형성
시스템 부문	– 단지 내 열병합 발전기 설치를 통한 전력 생산 – 지붕의 팬을 통한 자연환기 및 내부온도 조절 – 모든 건물에 패시브 솔라 시스템 사용
교통 부문	– 직주근접을 통한 차량 운행을 최소화 – 단지 내 차량출입 통제 및 대중교통, 자전거, 보도 활성화 – 클럽을 통한 카풀제 활성화

출처: 국토연구원(왕광익, 2009)

탄소제로도시 또는 제로에너지 개발이란, 신규 개발 시 주택, 건물 및 기타 기반시설로부터 이산화탄소 배출량을 감축하는 저(低)탄소 개발을 시작으로 궁극적으로는 탄소제로 개발이 이루어지도록 하는 기법을 의미한다. 영국의 에너지 절약형 탄소제로주택으로 이뤄진 런던 남부의 월링턴(Wallington)의 '베드제드(BedZED, Beddington Zero Energy Development)' 마을이 대표적인 모델이다.

기후변화의 이슈가 등장할 때 이산화탄소 발생원 중 특히 주택이나 건물에서 발생하는 양은 전체 발생량의 4분의 1이나 차지하여 이 부문에서의 에너지 효율성 제고 및 절약이 각국의 당면과제로 등장하고 있다. 영국은 공공기관, 사기업, 개발업자들이 상호 협력하여 에너지 절약형 생태도시와 주거단지를 개발하고 있다.

가동이 중단된 오수처리시설(전체 면적 1만 6,500m²)에 친환경 건축의 가장 성공적인 사례로 손꼽히는 이곳은 재생사업을 통해 에너지 제로 개발 기법을 도입, 조성하여 태양열과 풍력 등을 이용한 에너지 효율성 제고와 미적 아름다움을 동시에 추구하여 설계하였다. 2002년도 완공된 베드제드는 화석연료가 아닌 바람과 태양, 목재쓰레기를 에너지원으로 사용하고 있다. 베드제드 주택의 지붕에는 환풍기가 달려 있으며, 환풍기의 기능은 바람에 따라 회전하면서 외부의 신선한 공기를 실내로 공급하고, 실내온도를 조절하는 것이다. 또한 지붕에는 태양열 집열판이 있어 에너지를 공급한다. 특히 잔디는 비가 올 때 빗물을 흡수해 저장하고, 이 빗물은 파이프를 통해 지하 물탱크로 보내져, 물탱크의 빗물은 정화과정을 거쳐 화장실과 정원의 물로 재활용한다.

바. 브라질의 쿠리치바

브라질 쿠리치바는 50년대 이후 파라나 주의 농업 기계화 및 수출작물 개발 등으로 급속한 경제 성장을 이룩하였으나 높은 물가와 절대빈곤층 등 경제·사회 지표상으로 뛰어난 도시는 아니다. 사회지표로는 문자해독률 97%, 유아사망률 0.6%, 음용수 공급 가구율 98.6%, 하수도 공급 가구율 64%에 이른다. 그러나 선진 교통체계 구축, 생태도시 및 문화도시로 거듭난 쿠리치바는 세계

각국의 많은 도시·교통분야 전문가들과 관광객들이 에코 투어링을 하기 위해 이 도시를 방문하고 있다.

환경교육을 위해 1984년에 채석장이 중단되어 이를 이용해 호수를 만들고 환경교육장을 설립하였다. 환경개방대학은 1992년 당시 시장인 자이메 레르네르가 환경교육의 장려, 연구 및 환경운동가 양성을 위해 설립하였다. 이명박 대통령이 서울시장 시절 벤치마킹한 것으로 유명한 도심 1차선의 시내버스 전용도로 아이디어의 발상이 쿠리치바의 교통시스템이다. 쿠리치바 시의 생태환경도시 추진배경, 쿠리치바의 주요 환경시설, 도시계획과 교통체계(대중교통, 도로시스템, 보행자거리 등), 재활용시스템 및 쓰레기정책 또한 시민들의 참여와 활동으로 가능했음은 우리에게 시사하는 바가 크다.

그림 4-26. 쿠리치바의 원통형 버스승차장
출처: Wikimedia Commons

사. 일본의 쓰쿠바

쓰쿠바연구학원도시(筑波研究學園都市, 쓰쿠바라 함)는 동경의 중심부로부터 북동쪽으로 약 50km, 나리타(成田)국제공항으로부터는 북서쪽으로 약

40km 거리에 위치하며, 면적 약 2만 8,560ha 크기로, 수도권 분산정비와 연구기능 집적이라는 두 가지 시대적 요청에 의하며 잉태되었다. 1964년 총리부에 연구·학원도시건설추진본부가 설치되어 이후 용지매입을 거쳐 1968년부터 건설공사가 시작된 계획도시로서, 당시 수도권기본계획에서는 수도권을 기성시가지, 근교지대(그린벨트) 및 주변지역으로 구분한 다음 주변지역에 약 30개의 위성도시를 건설하여 기성시가지로의 인구집중을 억제한다는 구상을 담고 있었다.

쓰쿠바의 건설은 국가프로젝트로 추진되었으며, 주요 결정사항은 각료회의에서, 토지이용계획이나 공공·공익시설정비계획 등의 구체적인 실행계획은 연구·학원 도시건설추진본부에서 조정·결정하였다. 당시로서는 첨단 연구과학 생태도시로 태어나고자 도시계획 도로를 비롯하여 상·하수도와 공동구, 도시계획공원(종합공원) 등의 도시기반시설 및 기타 초·중등학교 등의 공익시설과 근린공원, 시정촌 등의 정비를 중앙정부와 지방정부, 즉 지방자치단체 간의 유기적인 협조 아래 경제·문화·환경·복지를 고려한 이른바 유비쿼터스형 도시를 건설하였다. 쓰쿠바 시 건설에는 지나치게 강조될 수 있는 연구학원지구 공간구조의 약점을 훌륭하게 보완하고 있는 것이 고엥도리(公園通り)라 불리는 보행자 전용도로이다. 철저한 보차분리의 원칙에 입각하여 건설된 고엥도리는 도시의 중심을 남북으로 관통하면서 완전히 연결된다. 이 도로는 도시의 중심축 역할을 주도로나 간선도로가 하는 것이 아니라 보행자 전용도로인 고엥도리가 하고 있으며, 이를 축으로 네트워크를 형성하고 있다.

처음 쓰쿠바 시 건설목적은 두 가지로 쓰쿠바 시를 일본의 연구·교육과학 생태 중심지로 육성하는 것과 동경 등 수도권 내 기성시가지의 인구집중을 완화하는 것이었다. 첫 번째 목적은 소기의 성과를 거둔 것으로 평가되며, 사이언스 시티로서의 도시이미지가 정립되었다. 쓰쿠바 시의 도시기능 확대와 관련하여 현재 2개의 프로젝트가 진행 중이다. 이 프로젝트를 통해 IT가 발전한 일본에서 아날로그 식의 U-City가 아닌, 고엥지구를 축으로 콤팩트 스마트그리드의 경제, 연구과학, 교육이 어우러지는 디지털 친환경 유비쿼터스 도시로 거듭 태어날지 관심이 집중되고 있다.

아. 해외사례 분석 시사점

해외사례 분석을 통하여 정책 및 제도적 측면에서 다음과 같은 시사점을 얻을 수 있었다.

- 중앙정부–지자체 간의 긴밀한 대응체계 구축
- 중앙정부와 지자체 간 긴밀한 구성을 통해 주체 간 역할분담과 이에 따른 제도적 보완
- 중앙에서 지자체의 구체적 대응 지침을 마련하여 지자체의 참여 유도
- 재정 확보를 위한 기구 마련으로 정책과 사업을 실현화
- 중앙 및 지자체에서 저탄소 그린시티 조성을 위한 다양한 정책과 사업을 실현화하기 위한 재정을 다양한 기구를 통해 마련
- 지자체별로 지역의 특성에 맞는 조례 제정 및 프로그램 개발
- 각 지역에 적합한 조례의 제정을 통해 근거를 마련하고, 다양한 프로그램의 개발을 통해 시민들의 참여유도와 실천사업 실행
- 지자체는 우선적으로 탄소 배출 총량규제에 대한 장·단기적 대안 마련 필요
- 2050년까지 온실가스 배출량 50% 이상 감축을 위해 지자체나 기업은 감축목표 설정 의무화
- 이에 탄소 배출 허용 총량을 확대하기 위한 구체적 전략 마련
- 신재생에너지 확대를 위한 개별기술 개발 및 보급
- 태양광, 바이오연료 등의 신재생에너지의 도입을 위한 개별기술의 개발과 활성화를 위한 정책목표 마련
- 신재생에너지의 적극적인 도입을 위해 큰 성책목표의 마련과 부처 간 협

력체계를 구축하여 제도적 기반 마련과 재정적 지원 필요
- 다양한 도시계획 · 설계기법에 대한 기초연구를 바탕으로 도시에 적용
- 기후변화와 관련하여 에너지소비를 줄이고, 저탄소 도시 조성을 위한 다양한 기법에 대한 지속적인 연구
- 이를 통한 실제도시의 적용과 평가를 통해 지속적인 노력
- 우리나라 실정에 맞는 도시, 교통 등의 부문별 도시계획 · 설계기법에 대한 기초연구 필요

해외사례 분석을 통하여 저탄소 그린시티 계획 및 기술적 측면에서 다음과 같은 시사점들을 얻을 수 있었다.
- 시설 및 공간 집약적 친환경 토지이용계획 도입
- 직주근접을 고려한 계획 및 Compact City를 통한 녹지공간의 최대화
- 바람길 계획 등 자연과 어우러지는 공간계획 활성화
- 대중교통 및 보행자 중심의 교통체계
- BRT(간선급행버스체제), 노면전차 등을 활용한 대중교통체계 활성화
- 보행로 및 자전거도로 확충을 통해 녹색교통을 지향
- 신재생에너지 활용을 통한 에너지 저감 및 재활용 방안 모색
- 에너지 절약형 건물을 권장하고 태양광, 지열 등 신재생에너지의 활용을 통해 에너지 소비 저감 도모
- 물 · 자원순환 시스템 등과 같은 자원의 재활용 방안 모색 필요
- 기존의 U-City 사업과의 연계 강화
- U-기술 기반 UIES 통합관리운영시스템과의 연계 필요
- 에너지절약형, 자원순환형 U-City 관련기술과의 연계 필요
- 독일 프라이부르크 시가 성공할 수 있었던 요소는 자발적인 시민들의 환경에 대한 인식 전환과 프라이부르크 환경단체들과 시민 참여, 건설적인 방법으로 기업을 참여시키고 정책상에서 기업에 책임을 줌으로써 규정에

대한 지지를 얻을 수 있었고, 지방자치단체의 정책적인 적극적 지원이 어우러졌기 때문에다. 이른바 제3섹터방식이 프라이부르크 시를 성공한 저탄소 그린시티로 만듦

- 오픈스페이스 계획의 특징
  - 주거단지를 둘러싼 대규모 오픈스페이스 공간
  - 폭 400m 대규모 녹지를 이용한 비오톱 네트워크
  - 공원 안에 수영장, 눈썰매장 같은 레저시설을 구비
- 지구 전체에 바람길을 고려한 계획 수립
  - 바람길 형성을 위한 단지배치
  - 바람 순환을 위한 테라스, 아케이드, 건축물 높이 제한
- 교통계획의 특징
  - 지구 동서축은 버스와 승용차가 이용하고, 남북축은 보행 및 자전거도로로만 이용
  - 주거단지의 교통안전과 소음을 고려하여 주차시설은 외곽으로 배치
  - 주거단지 중 2곳(200가구)은 '자동차 없는 삶'이라는 시범프로젝트 시행(주차장을 없애고 비용 절감분을 분양가에서 삭감)

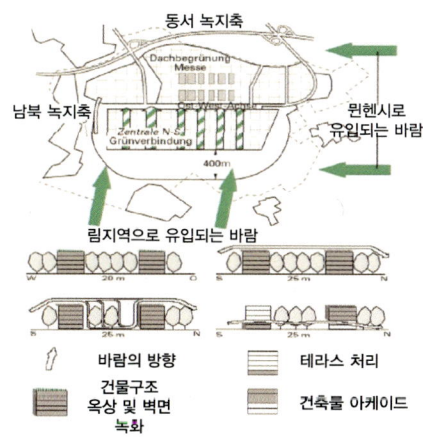

그림 4-27. 독일 뮌헨 바람길 형성을 위한 단지 배치
출처: 국토연구원(왕광익, 2009)

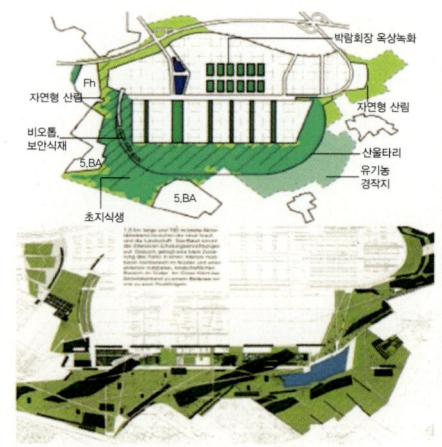

그림 4-28. 독일 뮌헨 오픈스페이스 공간
출처: 국토연구원(왕광익, 2009)

3. 국내 그린시티 추진사례 분석

가. 강원도 강릉시 – 저탄소 그린시티 국가시범사업

(1) 사업 추진목적

새로운 성장패러다임 구현을 통해 녹색성장동력을 육성하고자 하며, 녹색성장 거점 도시모델을 구축함으로써 저탄소 녹색성장 견인에 앞장서고 성장잠재력을 확충하고자 한다. 명품녹색관광 및 휴양도시 창출을 통해 삶의 질을 높이고 국토가치를 향상시키며, 국제사회에 선도적으로 대응하고 기후변화에 능동적으로 대처하고자 하는 목적을 가진다.

(2) 사업대상지 분석(현황)

• 위치: 강원도 강릉시(경포동, 초당동, 송정동, 사천면 일부)
• 계획인구: 19,000명
• 면적: 9,810,000m²(3,754천 평)
• 지리적 여건: 영동지역 중앙에 위치하며 강릉시 동서 간 연장거리 40km,

남북 간 76km, 해안선 길이 약 65.4km

- 그린시티 추진여건
  - 고속도로(영동, 동해)와 영동선 철도가 연결되어 있으며, 양양국제공항에서 30분 거리, 동해항과 속초항 30~50분 거리
  - 경포도립공원이 위치한 강릉시는 강릉태백권 중 가장 큰 거점도시이며 접근성, 연계성 양호
- 기존도시 시설 활용 가능성: 경포지구(중심복합단지)를 중심으로 반경 400m(보행 10분)에 초등학교, 근린상가, 우체국, 파출소 등이 위치하여 커뮤니티 및 생활편익시설 활용가능성 높음

그림 4-29. 강릉시 종합구상안
출처: 환경부(2010)

(3) 분야별 추진전략

1) 물 · 자원순환

① 폐기물 지활용
- 폐기물 감량과 대기환경 오염저감을 위해 폐기물 종류 및 성상별로 분리 배출

- 음식물 폐기물 퇴비화, 열연료화 등 폐기물 재활용 통한 열병합 발전으로 폐기물 최소화(폐기물 전처리시설: 150톤/일, RDF 발전: 80톤/일)

② 친환경 하수처리

- 대상지 내 오수, 우수는 분리처리 원칙(강릉시는 2008년부터 하수관거사업을 추진하여 2010년 상반기 내 오·우수 완전분리처리)
- 생활하수는 연못과 수생식물 이용으로 생물학적 자연정화 처리방안 검토
- 경포지구: 신설오수관로 L=3,322m, 굴착개보수 L=883m
- 초당지구: 신설오수관로 L=136m, 우수BOX 개량 L=268m, 비굴착개보수 105개소
- 안목지구: 신설오수관로 L=2,682m, 배수설비 142가구, 비굴착개보수 82개소
- 사근진지구: 신설오수관로 L=2,466m, 배수설비 67가구

③ 우수 활용

- 수자원 절약과 순환을 위해 우수 외부 유출 억제 원칙
- 자연지반 확보, 집수설비 및 저류·침투시설을 포함한 우수의 저장활용
- 화장실, 관리사무소, 문화 및 전시시설 등 공공건축물의 화장실, 조경, 청소, 분수 등에 우수 이용

④ 생태습지, 저류지, 하천정비

- 경포천 생태습지 조성사업
  - 목적: 집중호우로 인한 하천범람 예방 및 경포호 생태 보존
  - 내용: 280천m^2(생태지 조성, 수생식물 식재, 수로개선 등)
  - 위치: 경포지수(운정동, 초당동, 일동)
- 위촌천 생태저류지 조성사업

- 목적: 집중호우, 하천 범람으로 인한 생태계 보존

- 내용: 저류지 253천m², 주차장 조성, 습지 및 조류 전망데크 설치 등

- 위치: 강릉시 죽헌동(경포 상류)

• 위촌천 생태하천 정비사업

- 목적: 친환경 하천 조성, 하천 제방 및 농경지 유실방지

- 내용: L=9.1km, 자연형 호안 축조 등

- 위치: 경포지구(저동, 초당동)

그림 4-30. 경포천 생태습지
출처: https://www.gangneung.go.kr

2) 저탄소주택

① 저탄소주택

• 단독, 공동주택에 태양열 온수기 및 태양광 발전을 도입하여, 공동주택의
경우 옥상 태양광 전지판을 설치
하여 공유 공간(주차장 조명, 단
지 내 가로등, 주민편익시설 등)
전력공급

그림 4-31. 태양광 주택
출처: 환경부(2010)

• 공공건축물에 태양열, 태양광, 지

열 등 신재생에너지 이용을 의무화하고 민간부문 권장

• 100세대 규모 그린홈 시범단지 조성(태양광 및 소형 풍력발전 이용)

② 그린홈

• 기존 건축물(대상: 150여 가구의 초당거주지역, 150여 동의 경포대초등학교, 경포 해안상가)을 그린홈으로 리모델링

• 조성내용: 벽면 및 옥상녹화, 패시브 컨트롤(채광 및 통풍방향 등)을 통한 리모델링, 재생에너지(태양광, 태양열 등)의 확보와 적용, 우수와 중수를 활용하는 시스템

• 그린홈 초당지구

• 경포 상업지구(100여 동)를 저탄소 비즈니스지원 구역으로 재조성

그림 4-32. 벽면녹화
출처: 환경부(2010)

그림 4-33. 옥상녹화
출처: 환경부(2010)

③ 그린시티 홍보체험관

• 녹색시범도시에 대한 안내, 정보, 전시, 체험교육 등 담당

그림 4-34. 녹색도시 홍보체험관
출처: 환경부(2010)

그림 4-35. 녹색기술 R&D 지원센터
출처: 환경부(2010)

④ 녹색기술 R&D 지원센터

• 그린시티 관련 민간 기술연구소 유치 및 국내외 기술 이전 및 홍보 담당

⑤ 에코빌리지는 단독 주택을 Green Home 개념으로 조성하여 기존 마을을 탄소중립형 생태마을로 전환

⑥ 운정지구 기존 마을(80여 가구)을 확대하여 에코빌리지(120여 가구)와 전통한옥마을(100여 가구) 조성

그림 4-36. 영국 핀드혼 에코빌리지
출처: 환경부(2010)

⑦ 전통한옥마을은 선교장과 연계하여 전통한옥, 풍물마당, 전통문화 · 한옥 체험관 등 조성

그림 4-37. 한옥마을
출처: 환경부(2010)

3) 생태녹지

① 생태공원 및 탐방로

- 녹지축과 하천 수변공간의 연계성을 강화한 공원 조성

- 휴양시설, 탄소흡수 숲, 생태공원을 자전거 전용도로와 연계

그림 4-38. 생태공원 및 탐방로
출처: 환경부(2010)

② 투수성 포장

- 기존 콘크리트 포장도로를 투수성 포장재로 재포장 → 도시 내 열섬효과 방지

- 보행공간, 주차장 등을 대상으로 투수성 포장적용 확대

③ 자연환경보전 이용시설 설치

- 목적: 저탄소 녹색시범도시에 걸맞은 공원 조성

- 위치: 경포도립공원 내

- 내용: 아트 갤러리 파크 조성, 평화의 숲 조성 등

- 기간: 2009~2012년(4년간)

그림 4-39. 평화의 숲
출처: 산림청

④ 세계 녹색자연공원 조성

- 목적: 저탄소 녹색공원 조성으로 경포의 세계관광 명소화 기반 조성
- 위치: 경포지구(안현동)
- 내용: 160,000m^2(탄소흡수원이 높은 수목, 화목류 식재)
- 기간: 2011~2013년(4년간)

그림 4-40. 저탄소 녹색공원
출처: 환경부(2010)

4) 녹색교통

① 온라인 전기자동차

- 온실가스 감축을 위해 대중교통 체계와 연계성 강화
- 보행자 및 자전거 전용도로 설치, 차 없는 지구(Car Free Zone) 도입, 온라인 전기순환버스 시스템 구축

② 친환경 도로망

- 대상지 내 교통동선은 대중교통과 연계된 보행친화적 도로망 구성
- 진입도로, 주도로 및 보조도로 등은 생태계 동식물의 서식을 배려하는 자연친화적 생태도로로 구성

③ 자전거도로 시스템

- 대상지 전역에 자전거가 쉽게 접근가능한 가로망 구성
- 주요 시설, 대중교통 연계지점, 휴게시설 주변에 자전거 주차장을 설치하고 조명, 도난방지 설비 등 구축
- 투수성 탄성포장을 사용하여 친환경성 및 안정성 향상

④ 자전거도로 구축

- 기간: 2010~2011년
- 위치: 경포지역 녹색 시범단지 내
- 총길이: 6.5km
- 너비: 3m
- 시범도시 내 자전거도로 140km 기구축
- U-Bike 시스템
- 경포대, 해안상가 등 35개 보관소 설치

그림 4-41. 프랑스 리옹 벨리브 자전거 정류장
출처: 환경부(2010)

그림 4-42. 프랑스 파리 벨리브
출처: 환경부(2010)

- U-Bike 시스템을 위한 GPS 자전거 컴퓨터 도입(150대)

- 위치, 운행, 탄소감축량, 건강 등 정보제공

- U-Bike 웹 포털

- Real Time으로 자전거 GPS 단말기의 정보를 유저가 직접 온라인 사이트
  에 접속하여 탄소절감률, 탄소절감 목표 등 자동관리 및 한눈에 확인 가능

⑤ 무장애 이용시설

- 노인, 장애인, 임산부 등 사회적 약자가 대상지 내를 자유롭게 이동할 수
  있도록 경사로 설치, 전용 승강기, 전용 화장실 등 무장애(Barrier Free)
  이용시설 조성

⑥ 온라인 전기버스

- 기존 전기버스보다 고효율, 저비용 온라인 전기버스 도입 → 차량에 의한
  CO_2 감축

- 총 19.7km 온라인 전기버스 전용도로 확충, 승강장(9개소) 및 충전소 설치

그림 4-43. 온라인 전기버스
출처: 환경부(2010)

5) 저탄소에너지

① 신재생에너지 도입

- 온실가스 저감을 위해 바이오 에너지, 태양열 · 태양광 등 신재생에너지 도입
- 해양 바이오에너지: 육상 바이오에너지에 비해 공정이 단순하고, 효율 우수
- 해양 바이오 연료인 우뭇가사리 대량양식 체제 구축
- 원료 대량양식 기술 확보, 에탄올 추출 제조공법 개발이 사업 성공의 핵심요소

그림 4-45. 대량 배양장
출처: 환경부(2010)

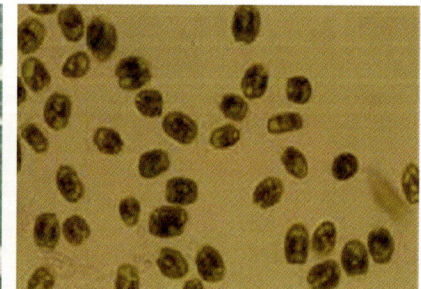

그림 4-46. 해양 생물
출처: 환경부(2010)

② 해양 바이오에너지

- 바이오에탄올 생산 플랜트(29,200TOE/년 생산)
- 사업내용: 해조류를 이용한 바이오 에탄올 생산(100,000L/일)

• 면적: 16,000m^2

③ 해양 바이오매스 원료(해조류) 생산단지

• 사업면적: 인공 해저숲 조성 500ha

• 사업내용: 국내 해양 바이오원료를 재배, 채취하기 위하여 우뭇가사리 양식(연 3~4회 수확 가능)

④ 태양열 · 태양광

• 생태주거단지에 도입하여 CO_2 배출저감, 자체 전력생산으로 에너지 자급 자족화

• 해수열원 집단에너지(25,700TOE/년 생산)

• 해수의 온도차 에너지를 이용한 지역 냉난방 시스템 구축 → Condo, 여관, 공동주택, 학교 등 공급

⑤ 신재생에너지 보급(20,352TOE/년 생산)

• 건물 또는 주택단지 내 신재생에너지 생산설비 구축

• 태양광 1,503, 태양열 2,214, 소형풍력 500, 지열 1,500호

⑥ 가로시설물 설치

• 전력상요 절감 위해 가로등, 교통신호등 등 공공 가로시설물에 태양광, 풍력 등을 활용한 신재생에너지 설비 또는 LED조명 등 에너지 절약설비 도입

⑦ 에너지 이용 효율화

• 에너지 사용 최적화에 따른 온실가스 배출 저감을 위해 고효율 에너지 이용 시스템 및 설비 설치, 신재생에너지 이용계획, 온실가스 배출 감축방안 등

나. 서울시 성동구 – 저탄소 그린시티 마스터플랜

(1) 추진배경

국가의 녹색성장 전략을 기초지자체에서 실현하기 위한 적극적인 노력의 일환으로 추진되었으며, 기후변화에 대해 효과적으로 대응하고, 시민들이 안락하고 건강하게 살 수 있는 현대적 그린시티로의 전환을 목표로 하고 있다.

서울숲 조성, 중랑 물재생센터 리모델링 등 그린시티 구축을 위한 구체적인 사업들을 진행함과 더불어 녹색성장을 위한 신성장동력의 창출이 필요하며, 왕십리 · 행당동 등 도심 주거권과 성수 신도시 등 도시개발 과정에 있어서 기존의 전통개발이 아닌 녹색으로의 통합을 고려한 새로운 패러다임이 필요하다고 보고 있다.

(2) 추진전략

1) 성동구의 입지조건 활용 및 서울시 녹지축 전략과 연계

서울시 성동구는 서울의 심장부에 위치하고 있으며, 한강 · 중랑천 · 청계천 등 삼면이 수변으로 둘러싸여 있고 뚝섬 서울숲, 응봉산 · 대현산 생태공원과 중랑 물재생센터 리모델링 등 녹색인프라 구축에 최적의 입지를 가지고 있다.

그림 4-46. 서울시 성동구의 입지조건
출처: 성동구(2010)

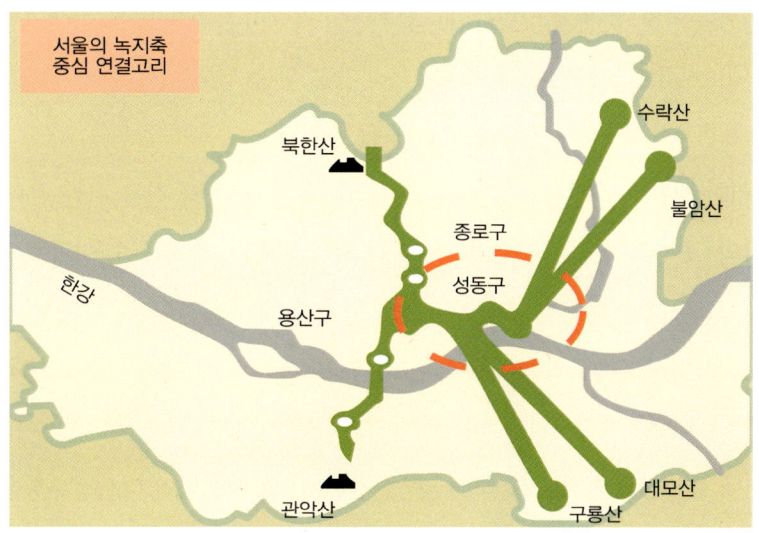

그림 4-47. 서울시 녹지축과 연계(서울시 성동구)
출처: 성동구(2010)

구도심이 많은 전통 도시로서 그린시티로의 발전 잠재성이 매우 우수하며, 도심에 많은 구민이 거주하는 지역으로서 시민참여형 그린시티 구축의 중요성을 확인할 수 있는 지역이다.

2) '수변 중심 녹색체험교육의 메카 실현'으로 저탄소 그린시티 비전 구축

서울시 성동구는 서울에서도 드물게 한강, 중랑천, 청계천을 끼고 있는 천혜의 수변도시이다. 이러한 성동구의 특색을 살려, 수변공간에서 태양광, 풍력, 소수력 등 신재생에너지를 생산하고, 수변공간 주변으로 자전거길, 녹지산책길 조성 등 녹색의 수변도시 문화를 창출하겠다는 의미로, '수변 중심 녹색체험교육 메카 실현'을 저탄소 그린시티의 비전으로 제시하였다.

광의로는 향후 성동구 전체가 '녹색생활'을 직접 눈으로 보고 경험할 수 있는 체험공간 또는 체험교육의 장이 된다는 의미이며, 협의로는 서울시 성동구에 위치한 물재생센터에서 중랑천 고수부지를 거쳐 서울숲으로 이어지는 지역에 '녹색체험교육 테마공원'을 조성하여 서울 및 한국에서 가장 유명한 녹색체험교육장으로 만들겠다는 목표의식을 함축한 것으로 풀이된다. 녹색체험교육을 위해 녹지 생태관, 그린IT관, 물과학관, 녹색자원 재활용관, 녹색교통관, 녹색에너지관, 녹색시민 교육장 등 녹색기술 및 녹색생활을 몸소 체험할 수 있는 체험교육장을 순차적으로 만들게 될 것이다.

이러한 저탄소 그린시티 구상에는, 성동구청 및 신청사 건물 친환경에너지 1등급화, 중랑천의 좋은 풍향과 풍속을 따라 전개되는 소형풍력, 한강변의 풍부한 일조량을 활용한 태양광발전, 성동구 성수동의 그린IT산업단지 및 그린 시범 주거단지 조성, 왕십리 뉴타운 친환경에너지 및 옥상녹화 시범단지 조성, 마장동 전통주거지역의 벽면녹화 시범사업, 금호·옥수권 재개발 아파트 가정 내 녹색생활 시범, 성동구청 앞, 한양대 앞 등 대표적인 버스정류장에 태양광 패널 설치, 구내 주요 도로에 CO_2 흡수가 높은 가로수로의 수종변경 등 이 포함되어 있다.

그림 4-48. 서울시 성동구의 저탄소 그린시티 구축 구상
출처: 성동구(2010)

3) 기존 추진사업들과의 저탄소 그린시티 추진사업과의 철저한 연계

저탄소 그린시티 구축사업은 하늘에서 갑자기 떨어진 뜬금없는 사업이 아니라 기존에 추진되는 사업들과의 연계 속에서 추진될 종합사업으로 이해된다. 종합사업이라 함은 관련된 유사사업들이 제각각 연계성이 부족한 채 추진되었던 것을 일관된 콘셉트와 흐름으로 연계시킨 사업을 말한다. 성동구는 이를 위해 기존에 추진되던 18개 대형사업들을 저탄소 그린시티 구축 7대 핵심전략에 포함시켜 추진하고 있다.

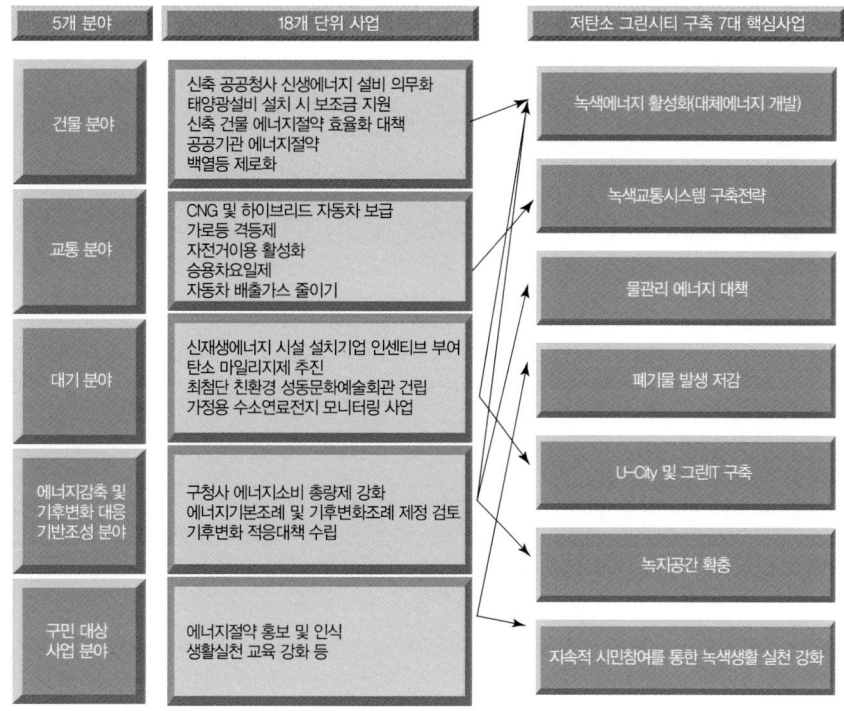

그림 4-49. 서울시 성동구의 기존 사업과 그린시티 사업과의 연계
출처: 성동구(2010)

(3) 세부 추진전략

1) 신재생에너지 사용 확대

① 1,847.3시간의 일조량과 2.4m/s의 풍속을 이용하여 태양열, 태양광, 소풍력 대체에너지 사용

• 일조량이 1,847.3시간으로 매우 좋은 편이기에 강변북로와 한강고수부지 사이둑에 태양광패널 설치 적절

② 태양열 집열판 50m² 설치 시 6.4tonCO₂ 삭감

• 한 건물에 50kW 설비용량의 태양광을 설치 시 연간 약 30톤의 CO_2 삭감 가능

• 동부간선도로를 따라 3~5m 정도의 소규모 풍력발전기 설치

③ 신청사 친환경 건축방안 제시

• 신청사 특성상 건물 정면이 남서향으로 일사량이 많기 때문에 전체 건물을 유리 외벽의 이중외피로 설계하고, 스팬드릴(인접한 아치가 천장·기둥과 이루는 세모꼴 면) 부위에 BIPV 설치

• 지열에너지를 활용한 냉난방 시스템 도입

④ 도시가스 사용 확대

• 경유에서 도시가스(LNG)로 전환할 경우 1가구당 연간 0.39tonCO₂/년의 이산화탄소 절감

• 보일러 등유에서 도시가스로 전환할 경우 1가구당 0.43tonCO₂/년 정도 절감 가능

⑤ 지역난방 보급 확대

- 성동구는 지역난방 보급지역으로 지정되어 있어 집단에너지 공급을 받고 있음
- 구역형 집단에너지는 에너지 절감(20~30%), 대기오염물질 및 온실가스 배출 저감(20~30%) 효과를 지님

2) 녹색교통시스템 구축

① 지능형 교통망 구축

- 대중교통 이용을 우선적으로 지원하고, 교통 편의체계를 개선하며, 응봉로와 왕십리길 등 중심도로부터 지능형 교통체계로 개편
- 성동구 내 유비쿼터스 신호체계와 교통체계를 구축하여 지능형 교통안내 시스템 도입

② 정맥물류 강화

- 구가 체결한 물품의 매매계약의 당사자인 사업자 쪽에 구 물품배송 시 친환경 차량으로의 배송 권장

③ 자전거 교통 도로 확충을 통한 교통 수단화

- 수변도로를 따라 자전거도로 확대(도심과 이어지는 연계 통로 개설)
- 뚝섬길과 마장로 일부구간에 자전거 전용도로 시범 설치(검토 후 단계별 확대)
- 자전거 이용 1차 시범대상 권장 학교 지정
- 자전거 주차장 및 자전거 거치대 설치
  - 왕십리와 한양대역에 시범 설치
  - 자동차 주차타워와 흡사한 터리식 무인 주차 방식 운영

④ 시민들의 에코드라이빙운동 전개

• 교육을 통해 녹색교통문화 확대 보급

• 환경친화적 운전습관 전파를 위한 홍보 및 교육

• '에코드라이버' 선정 및 노하우 공유, 녹색생활실천 운동 전개

3) 물관리 강화

① 중랑천, 한강 등 하천수, 방류수(물재생센터) 활용

• 성동구의 물재생센터에서 하루에 중랑천으로 방류되는 물이 14만 톤에 육박

• 이 중 2만 톤 정도를 공공기관과 주택 · 건물에 냉난방 에너지원으로 활용

② 중수의 활용

• 성동구의 물재생센터에서 나오는 방류되는 불 중 일부를 공업용수, 화장실용수, 청소용수 등으로 활용

③ 우수의 활용

• 신축건물 설계 시 빗물저장소를 설치함으로써 우수 활용을 높임

• 우수 유출저감계획 수립으로 인명피해 및 예산낭비를 줄일 수 있음

④ 지열시스템 강화

• 지열에너지로 냉 · 난방 및 급탕이 동시에 해결 가능

• 에너지관리공단에서 초기 설치비용을 50%까지 무상지원

• 설치 3~4년이면 전기료 · 유류비로 시설투자비 회수 가능

4) 폐기물 관리 강화

① 폐기물 관리 종합계획 수립
- 폐기물 관리계획 수립
  - 생활 · 의료 · 방치 · 지정 폐기물 등 분야별 관리 계획 수립
- 폐기물 자원화 프로그램
  - 재활용제품 수요 촉진 및 개술개발 강화
  - 폐기물 에너지화 추진
  - 폐기물 자원화를 위한 연구, 제안공모전

② 폐금속 자원화 사업 도입
- 생산자, 업체, 성동구가 참여하는 재활용관리 시스템 구축
- 가전제품의 기업적 적정수거 체계 마련
- 고부가 금속 함유 폐기물의 해체 및 자원추출 사업
- 아파트 배후지역에 도시광산 설립
- 폐금속자원화 기업화를 통한 일자리 창출

③ 폐기물 양 저감 운동 실시
- 발생 폐기물의 자원화 방안 수립
- 폐기물 감량 계획 수립, 1회용품 사용 감량, 재활용품 분리 배출 촉진

④ 폐기물의 재활용 및 재사용
- 분리수거 및 재활용에 대한 주민홍보 및 교육
- 다양한 다시 쓰기 프로그램 실시
- 재사용 종량제 봉투 사용 홍보

5) 녹지공간 확충

① 비오톱 조성 강화

- 성동구 내 잔류녹지현황 조사를 통한 녹지회랑 연결계획
- 녹색체험교육 테마공원 내 비오톱 조성
- 하중 및 안전성을 고려하여 야생초지 비오톱과 관목덤불숲 비오톱, 습지 비오톱을 중심으로 구성

② 벽면녹화

- 마장동 등 전통 주거지역 벽면녹화: 벽면 아래쪽을 활용하여 화단 설치
- 동네별 · 거리별 녹화를 통해 지역 명소화

③ 가로수종 변경을 통한 CO_2 흡수량 증가유도

- 기존 가로수를 양버즘, 느티, 목백합, 메타 등 단위면적당 CO_2 흡수량이 높은 수종으로 변경

다. 경남 창원시 – 자전거도시 조성

(1) 추진배경

인구 30만 규모의 계획도시였지만 50만을 넘어서서 고밀집화로 인한 도시의 쾌적성 상실, 날로 급증하는 자동차 이용자의 증가, 대중교통 수송 분담률 저조 등으로 교통문제 해결을 위한 획기적인 대안이 필요했다. '세계 일류도시 창원'을 지향하는 시정목표로 '06. 11. 2. 환경수도를 선언하는 한편, '07. 11. 2.에는 환경부와 기후변화대응 시범도시 조성 협약을 체결하여 환경에 대한 시민적 관심이 고조됨에 따라, 국내에서 환경적으로 가장 앞선 도시가 되기 위해 여러 정책들을 발굴하였으며, 그중 하나로 자전거 이용 활성화를 추진하였다.

(2) 추진전략

1) 인프라 확충(개선)

- 자전거 전용도로 및 교차로
- 전 구간 L형 측구 포장, 노면에 적갈색 도색 및 자전거 로고 표시
- 전용도로가 없는 중로이상 도로
- 차로 수 축소 자전거 전용도로 확보
- L형 측구 포장 및 노면폭 1.1m 이상을 적갈색으로 도색 자전거 우선 통행선 설치
- 보행자 도로면이 평탄성을 유지토록 아스팔트 또는 투수콘 포장
- 편의시설
- 시내 곳곳에 세면시설 및 의자, 공기주입기, 펑크 등 간단한 수리공구(용품) 비치
- 공동주택 내 자전거 거치대 대폭 확충
- 자전거 분리 화단 복원 및 차량진입 방지시설
- 자전거 이용자 안전성 및 연속성 확보
- 자전거 교통공원 조성
- 자전거 관련 종합 서비스 제공

2) 제도적 장치 마련

- 자전거타기 관련 지표 개발
- '자전거특별시 창원!'의 비전과 목표 설정
- '자전거교통봉사대' 구성 · 운영
- 지속적 활동으로 불편요인 근원적 차단 및 즉시 해소
- 시민 볼거리 제공과 자전거다기 동침 분위기 조성
- '자전거문화센터' 설치 · 운영
- 자전거 관련 종합 정보, 교육, 홍보의 장으로 활용

- 자전거 이용 활성화 거점센터로 정착

- 자유로운 자전거 이용 시스템 구축

- 자전거 무료대여소 운영

- 시민공영자전거(Public Bike) 도입

- 자전거 이용자 인센티브 제공방안 강구

- 근로자 자전거 출·퇴근 수당 지급근거 마련

그림 4-50. 자전거 대여소
출처: 네이버

(3) 세부 추진전략

1) 인프라 확충(개선)

① 자전거 교통공원 조성

- 자전거 교통공원 기본계획 용역

- 입지여건, 접근성 등 용역결과에 의거 입지선정: '스포츠파크' 확정

- 자전거 전용도로, 자전거 경기장, 교육장, 자전거문화센터 등 설치

② 추진일정

- 기본계획 용역 완료: '08. 2.
- 자전거문화센터 설치 실시설계 용역 완료: '08. 4.
- 자전거문화센터 시설공사: '08. 5~7.
- 기타 단계별 계획에 의거 사업추진: '08. 5.~'09. 12.

③ 기대효과

- 체험 및 실습을 통한 교통안전교육 효과의 극대화
- 자전거 관련 다양한 서비스 제공으로 이용자 만족도 제고

④ 자전거도로 시범가로 조성

- 사업구간: L=8.1km(3개 노선: 북16로, 사화로, 공단로)
- 사업기간: '08. 1.~'09. 10.
- 사업비: 1,500백만 원('08. 확보액 871백만 원)

⑤ 생태탐방(창원천, 남천) 자전거도로 정비

- 사업구간: L=20.0km
- 사업기간: '08. 1.~'10. 12.
- 사업비: 7,000백만 원['08. 확보액 844백만 원(국비 3억 원 포함)]

⑥ 특색 있는 자전거도로(반송 숲속길) 정비

- '07. 정비: L=620m
- 잔여구간: L=1.19km(운동장사거리~CECO사거리)
- 사업기간: '08. 3.~'08. 6.
- 사업비: 403백만 원

⑦ 자전거도로(시설물) 정비(확충)

- 단절 없는 도로 조성 등: 900백만 원

- 자전거도로 유지보수: 1식(400백만 원)

- 자전거도로 안전시설물 정비: 168백만 원

- 중ㆍ고등학교 주변 교통표지판 설치, 측구 덧씌우기 등

- 자전거 관련 안전시설물 표시(설치)방법의 표준모델 제시

- 자전거 거치대 설치: 150개소 1,200대분(105백만 원)

- 공동주택內 자전거 보관대 설치: 53개 단지 3,530대

2) 제도적 장치 마련

① 자전거타기 관련 지표 개발

② '자전거특별시 창원!'의 비전 및 목표 설정

③ '자전거교통봉사대' 구성ㆍ운영

- 운영: '08. 4. 14.~

- 구성: 자전거 이용 매니아 및 전문가로 구성(10명 정도)

- 역할: 자전거 안전주행 지도, 자전거 통행 불편요인 제거

④ '자전거문화센터' 설치ㆍ운영

- 설치규모: 경륜공단 內 500㎡ 정도

- 운영내용: 자전거 관련 정보 제공, 교육, 홍보

- 개장: '08. 9. 5.

⑤ 자전거 무료대여소 확대 운영

- '07. 운영: 8개소(洞 주민센터 7, 대동백화점)

- '08. 추가운영: 8개 읍ㆍ면ㆍ동

⑥ 시민공영자전거(Public Bike) 도입

- 기본방향: 연차별 도입(5개년 5,000대 정도)
- 시민공영자전거 도입방안 연구 및 기본계획 용역 후 확정
- 2008 도입계획
- 공영자전거 도입방안 연구 용역: '08. 6월 말까지
- 실시설계 및 시공: '08. 10월 말까지
- 서비스 개통: '08. 10. 22.(자전거터미널 20개소 공영자전거 430대)
- 예산액: 1,100백만 원

⑦ 버려진 자전거 수거 및 재사용 사업

- 旣 실적: 3회 1,850대
- 실시시기: '08. 9.
- '08. 계획
- 람사르총회 대비 환경정비와 병행 실시
- 총회 기간 주남저수지 탐조객에게 대여, 이동편의 제공
- 축제기간 만료 후 저소득층 배부

⑧ 다양한 자전거 교육 실시

- 주부 자전거 무료교실 운영(창원시자전거연합회)
- 운영: 연 4회 300여 명
- 찾아가는 자전거 무료교실 운영 및 홍보
- 읍 · 면 · 동별 또는 권역별 찾아가는 자전거 무료교실 운영
- 민방위교육, 예비군훈련 등 각종 계기 활용 자전거 교육 · 홍보
- 예산액: 20백만 원(자전거연합회 및 자전거타기실천연합회)

⑨ 자전거 이용자 인센티브 제공방안 강구

- 필요성: 교통 혼잡, 대기오염 저감자에게 인센티브 제공 필요 공감대 형성

- 인센티브 제공을 통한 자발적 자전거 이용률 제고
- 지원범위: 출·퇴근수당, 자전거 관련 용품 무료 배부 등
- 소요예산: 연 3,000백만 원 정도('09. 실시)

⑩ 조치사항
- 자전거 이용 확인시스템 시범 도입: 시청
- 출·퇴근수당 소요예산 확보(조례개정: '08. 4. 15.)
- 기관·단체·기업체 등 자체 인센티브 제공방안 강구토록 유도
- 불합리한 법·제도 지속 발굴 개선
- 외국의 선진사례 벤치마킹 도입
- 전국적 통일법규는 중앙정부 건의
- 시 의무사항 중 불합리한 규정 개선(정비)

⑪ 자전거 이용자 우선의 교통정책 마련
- 자가용 이용 불편정책 점진적 도입
  - 1단계('08. 4.~): 중심업무지구 내 노상주차장 설치 유료화 → 관공서 솔선수범 참여 유도
  - 2단계('08. 하반기): 주거지~공단지역 연결노선 정비 후 주·정차 단속 강화 → 기업체근로자 참여 확산 유도
  - 3단계('09. 이후): 시 전역 확산
- 도심 무료·공영주차장 점차 유료화 및 폐쇄
- 상대적 교통약자를 위한 안전·편리 및 교통사고 시 우위정책 강구

(4) 기대효과
- 온실가스 저감에 의한 기후변화 대응
- 대기 환경 개선 효과

- 건강 증진
- 비용 절감: 연료비용 및 혼잡비용 등
- 대외 인지도 제고: 국내외에 자전거도시로서의 위상 높임

라. 경기도 부천시 - 고강 에코시티

(1) 개요

에코시티 시범사업은 개발이 용이하지 않은 환경규제지역에서 환경보전과 경제 활성화를 동시에 도모할 수 있는 지속가능한 도시발전 모델을 만들기 위하여 2007년부터 환경부가 지원하는 정책사업이다. 사업 범위는 다음과 같다.
- 공간적 범위: 부천시 오정구 고강동, 원종동, 은행단지 일원
- 시간적 범위: 계획수립 기준연도 2007년, 사업완료 목표연도 2020년
- 내용적 범위: 계획여건 조사분석, 에코시티 비전과 기본구상, 에코시티 핵심사업 선정과 핵심사업 계획, 핵심사업의 경제·사회적 타당성 검토, 핵심사업 추진계획 등

(2) 추진체계

부천시는 에코시티 계획 수립을 위하여 2007년 10월부터 환경부협의회, 부천실무협의회, 주민참여계획포럼, 자문회의단을 구성하여 운영하였다. 환경부협의회는 주요 계획사항과 사업과제를 결정하는 협의체로 환경부, 부천시, 연구진, 자문그룹 등이 참여하였다. 부천실무협의회는 기본 구상 및 핵심사업안을 선정하고, 기술적 검토를 시행하는 현장협의체로서 부천공무원, 뉴타운 개발계획 담당 엔지니어, 연구진 그리고 총괄계획가(전문가)가 참여하였다. 주민참여계획포럼은 본 계획 수립 과정에서 지역대표와 주민의견을 수렴하고 에코시티 운영프로그램 개발에 직접 지역주민이 참여하도록 한 개방적 디자인포럼이나.

(3) 사례지구 사업현황 및 환경적 특성

고강지구는 2007년 3월 도시재정비촉진지구(뉴타운)로 지정되어 2008년 10월 촉진계획을 결정 고시하였다. 총 인구 수는 70,959명('07)에서 69,647명 ('20)으로 현재 규모를 거의 유지하고, 공원녹지율은 4.9%('07)에서 11.7%('20) 로 6.8% 증가하며, 자전거도로는 3.4km('07)에서 10.8km('20)로 7.4km 증가할 것으로 예상했다.

표 4-3. 사업지구 현황

구분		2007년	2020년	비고
인구	총 인구 수(인)	70,959	69,647	-
	세대 수(세대)	26,420	25,800	-
	총 밀도(인/ha)	407	399	감) 8인/ha
공원 · 녹지면적(%)		4.9	11.7	증) 6.8%
도로	구역 내 도로율(%)	16.9	15.6	감) 1.3%
	자전거도로(km)	3.4	10.8	증) 7.4km
교육복합시설		-	3개소	신) 3개소
도서관		2개소	3개소	증) 1개소
박물관		-	1개소	신) 1개소
정비예정구역		2개소	13개소	증) 11개소

출처: 대한지방행정공제회, 국내 그린시티 사례

(4) 저탄소 에코시티 지표 설정

본 뉴타운을 생태도시로 조성했을 경우 예상되는 주요 성과지표는 다음과 같다.

표 4-4. 에코시티의 계획지표

구분	에코시티 지표
생태초석	− 실개천: 0 → 2.5km 증가 − 함양지: 0 → 1,500m² 증가 − 연못: 0 → 3,000m² 증가
자연공생	− 공원녹지율: 4.9% → 11.7% 증가 − 단지 내 녹지율: 최소기준 → 20% 증가
기후안정	− 바람통로: 풍속 10% 향상 − 미기후관리: 기온 1~3℃ 하향
자연감성	− 방문객 수: 부천시 전체 관광객의 10~20% 유치목표
청정환경	− 소음: 10~30dB 저감 − 월간 전기료: 40~50% 감소
토지이용	− 뉴타운사업에서 국내 최초로 환경계획 적용한 생태적 토지 이용계획 수립

출처: 대한지방행정공제회, 국내 그린시티 사례

(5) 도시재생을 위한 생태기반 구축 접근방향

옛 물길 복원을 통해 생태초석을 마련하고 녹지망을 구성하여 자연공생을 실현하고, 열섬예방 및 소음대책 등으로 청정환경을 조성하며, 에코콘텐츠에 의한 도시 어메니티를 향상시키고자 한다.

(6) 저탄소형 일자리 창출의 방향과 목표

현 주민의 생업특성과 소득수준을 감안하고 주민 재정착을 제고하기 위해 비록 파트타임일지라도 생계형 저소득 일자리 창출에 주력하고자 하였다. 이를 위해 주민 조직을 사업주체로 육성하되 외부기관과 비즈니스망을 구성하였다. 건설과정의 토목·건축 일자리가 아닌 도시건설 이후에도 항구적으로 존재하는 도시소프트 자원을 활용한 주민중심의 일자리를 계획하였다. 이런 방향하에 에코인프라를 활용한 생태서비스를 통해 4,000여 개 사회적 일자리 (일명 4000職 프로젝트) 창출을 목표로 설정하였다.

표 4-5. 생태기반 구축의 주요 내용

계획부문	주요 내용
생태초석	– 지구 전체에 실개천을 중심으로 수류순환망 구축(자연용출수 650톤 활용) – 실개천 주변으로 6개소 이상의 생태연못을 조성
자연공생	– 바람길, 녹도(綠道), 실개천을 통합한 녹지망을 구축 – 아파트단지는 생태면적률 35% 이상, 상업지역은 20% 이상 확보
기후안정	– 3개소에 자동기상관측장비(AWS)를 설치하여 국지기상 관측, 3차원 미기후 모델링 – 개발 전후 건축물배치 변화에 따른 바람길, 열환경을 분석하여 최적의 공간배치 유도
자연감성	– Car Free System의 도입(자전거로 적극 도입) – 주민과 지역 만화가들이 참여하는 생태예술거리 조성
청정환경	– 항공기소음피해지역(2종) 거주민 다른 단지로 이주하여, 유보용지(아파트활용)로 이용 – 항공기소음 방음대책, 건축물 녹화 시행, 신재생에너지 적극 도입, 우수재활용
토지이용	– 국내 도시재생사업에서 최초로 저탄소 환경계획(에코시티 계획 수립) – 환경계획팀과 재정비계획팀이 수시로 협의하여 자연친화적인 토지 이용계획 수립

출처: 대한지방행정공제회, 국내 그린시티 사례

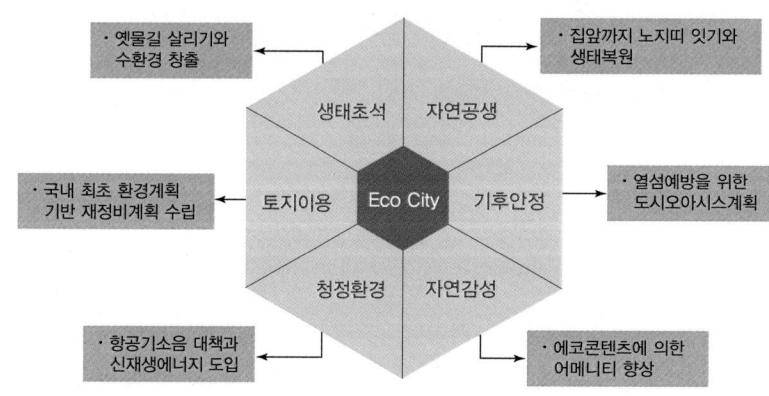

그림 4-51. 생태기반구축의 방향
출처: 대한지방행정공제회, 국내 그린시티 사례

그림 4-52. 4000職 프로젝트 구성도
출처: 대한지방행정공제회, 국내 그린시티 사례

(7) 생태문화자원 및 소프트자원 활용 일자리 창출 구상

'4000職' 프로젝트를 통해 2020년까지 새롭게 창출될 일자리는 총 4,270명으로 추산된다. 환경자원을 활용한 3개 프로젝트에서 194명, 문화자원 활용 프로젝트 254명, 인적 자원 934명, 사회자원 2,888명의 일자리 창출이 예상된다. 소요될 일자리를 전문성 및 숙련도 정도에서 보면 전문가 608명, 숙련 노동자 1,082명, 비숙련 노동자 2,580명이 필요한 것으로 추정된다.

친환경 일자리 창출 프로그램을 운영하기 위한 주체로는 주식회사의 형태와 기금 조성을 통한 비영리법인 설립을 검토하였으며, 검토결과 주식회사보다 비영리법인 조성사업, 교육사업 지원, 수익사업 등 다양한 사업이 가능한 것으로 분석되었다. 비영리법인으로서 가칭 '지역 개발 트러스트'를 설립하고, 사업 초기에 사단법인을 설립하여 운영위원회와 사무국을 중심으로 사업을 추진할 계획이다.

표 4-6. 활용자원별 일자리 창출 프로그램

구분		지자체 추진 녹색성장 전략(사례)	조성 시설
환경자원 프로젝트	2160 기후시계 프로젝트 (94명)	−기후변화를 시각·청각·촉각으로 체험 −기후와 문명생활, 기후와 사회문화 등 테마 −기후변화 시뮬레이션, 남극동물과 세종기지 테마 −생활 속 에너지 절약 주제 −환경교재, 온난화 테마상품 등을 제조·판매 '2160'은 남극 평균 얼음두께 2,160m를 상징	고리울초교 재활용 −스톱온난관 2,500m² −공예공방관 1,500m²
	Eco Bugs Life프로젝트 (35명)	−유용곤충의 상품화 및 체험학습장 마련 −애완곤충 체험학습관, 교육프로그램, 곤충동호인 미니엑스포	고리울초교 −실내 1,172m²(355평) −실외 로그하우스 363m²(101평)
	물풀가재 분양사업 (65명)	−생태연못 이용 수생식물 재배 및 분양 −물방개경주, 가재 기르기 등 생태체험과 판매 −기후공원, 꿈나무강, 올빼미거리 위탁판매소 운영	공원 및 생활가로 −생태연못 6개소(최소 100m² 이상) −판매부스 30개소
문화자원 프로젝트	올빼미 스튜디오 및 연관사업 (254명)	−부천의 만화특화사업 효과 극대화 차원 −올빼미스튜디오(만화인 작업실), 대형만화할인도매점, 인형&피규어숍, 대형할인문구점, 출력&팬시용품점, 만화카페, 아마추어 만화 페스티벌 등	고강복지관 리모델링 −올빼미스튜디오 등 총 3,465m²(1,050평)
인적자원 프로젝트	도시살림꾼 인력송출사업 (934명)	−전국의 도시시설을 운영하는 인력 양성 및 송출 −자전거 등 대여사업, 주민문화제 등 행사 대행, 도시브랜드 상품개발, 도시시설 운영대행, 도시홍보 안내 U−City 등 콘텐츠 사업, 도시모니터링 등 지식사업, 생태공원 등 시설유지관리사업 등	고강복지관 리모델링 −운영사무실, 교육실 등 약 495m²(150평)
사회자원 프로젝트	하늘장터−Eco Free Market (2,888명)	−재래시장 및 영세상가 주민들의 재정착 유도 −아파트형 농장, 취미농업아카데미, 친환경제조업체, 창작스튜디오, 생태문화사업장, 친환경상설전시장, 골목장터(골목식당가) 등 −도시농업의 전시, 체험, 교육, 상담, 교류 −상인대학 설립과 운영(소상업인 창업교육 및 컨설팅)	고강아파트 단지 재활용 −부지 29,998m²(9,090평)

출처: 대한지방행정공제회, 국내 그린시티 사례

마. 서울시 강북구 - 녹색환경 조성

(1) 녹색환경 조성정책 방향

1) 깨끗한 자연생태하천 조성

- 우이천 생태계 보전: 우이천 유지에 필요한 유량 확보 및 다양한 식물들을 식재하는 등 자연 생태 하천 조성
- 항상 물이 흐르는 친수 하천으로 복원
- 자연관찰 생태학습장 조성
- 삼각산 생태보 조성
- 우이천변 녹지대 수목 식재 및 시설물 정비
- 친화적인 생태하천 조성 및 관리: 하천 공간을 여가활용 등의 휴식공간과 자연관찰 등의 학습공간으로 이용할 수 있는 환경적 시스템을 구축하여 수변 경관과 쾌적한 주민 휴식공간 제공
- 우이천 구간별 특화장소(인라인스케이트장 2개소, 배드민턴장 2개소) 마련
- 휴식공간을 이용하는 주민들에게 재난경보 및 음악과 구정소식 등을 전달할 수 있는 안내방송 시스템 구축

표 4-7. 자연생태하천 조성 추진계획

구분		추진계획			
		2007	2008	2009	2010
우이천 생태계 보전	항상 물이 흐르는 친수하천으로 복원	–	실시설계	공사	공사
	자연관찰 생태학습장 조성	–	실시설계	공사	공사
	삼각산 생태보 조성	2개소	5개소	5개소	5개소
	우이천변 녹지대 수목 식재 및 시설물 정비	정비	–	–	–

출처: 강북구청 2010 주요업무계획

- 우이천~중랑천~한강으로 이어지는 자전거도로 연결

- 우이동 교통광장~쌍한교 구간 자전거도로 조성

- 우이천 다리 구를 상징할 수 있는 조명경관으로 조성

표 4-8. 친화적 생태하천 조성 및 관리 추진계획

구분		추진계획			
		2007	2008	2009	2010
친화적인 생태하천 조성 및 관리	우이천 구간별 특화장소 마련	기 조성 (2 개소)	–	–	–
	우이천 안내방송 시스템 구축	–	실시설계	공사	–
	우이천~중랑천~한강으로 이어지는 자전거도로 연결	–	실시설계	–	–
	우이동 교통광장~쌍한교 구간 자전거도로 조성	–	실시설계	공사	공사
	여름철 물놀이, 겨울철 스케이트 · 썰매장 운영	기 조성	–	–	–
	우이천 다리에 구 특성이 살아 있는 조명경관 설치	–	실시설계	공사	–

출처: 강북구청 2010 주요업무계획

2) 생활권 녹지공간이 풍부한 푸른 도시 강북 조성

- 체계적인 공원관리계획 수립 및 시행

- 오동근린 공원 조성(규모: 992,313m^2)

- 삼각산(북한산)도시자연공원 조성(규모: 도시자연공원 128,341m^2 중 43,749m^2)

- 솔밭근린공원 내 소나무 보호사업(우이동 산59-1 일대 솔밭공원 34,955m^2)

- 무궁화공원 조성

- 녹지공간 확충 및 정비: 생활관 녹지가 부족한 주택가에 자연친화적 녹지공간 조성

- 녹지가로경관 향상: 가로수 관리 및 꽃묘식재 등으로 아름다운 가로경관
조성

표 4-9. 녹지공간 확충 및 정비 추진계획

구분		추진계획			
		2007	2008	2009	2010
녹지공간 확충 및 정비	1동 1마을 공원 조성	보상 및 설계	조성	–	–
	주거지 내 자연친화적인 마을공원 조성	1개소	–	1개소	–
	주민 쉼터 조성 (미아9동, 수유6동)	위치 선정	보상	보상 및 공사	공사
	소규모 쌈지마당 조성	보상	설계용역 및 공사	–	–
	건축물옥상 녹화사업	용역 및 공사	–	–	–
	자투리공간 녹화사업	1,000m²	1,000m²	1,000m²	1,000m²
	주택지 내 소나무보호	현황파악 및 관리	지속관리	지속관리	지속관리
	각 거점을 연결하는 녹지공 간 구축(솔밭근린공원~ 우이천 상류, 월계2교~ 오동근린공원)	기본설계용역	식재공사	식재공사	–
	자연학습장 조성	수목식재	휴게시설	–	–
	어린이공원 정비	3개소	3개소	3개소	3개소
녹지 가로 경관 향상	가로수 유지관리 및 보식	계속	계속	계속	계속
	도시 생태림 조성	조성	조성	조성	조성
	환경미화용 꽃묘식재 및 유지관리	100,000본	100,000본	100,000본	100,000본
	산림 병충해 방지사업	300ha	300ha	300ha	300ha
	위험수목 제거 및 가지치기	계속	계속	계속	계속
	가로수 식재 및 포켓공원 조성	공사	–	–	–

출처: 강북구청 2010 주요업무계획

3) 깨끗하고 청결한 생활환경 조성

- 쓰레기 광역처리 공조체계 구축: 강북재활용품 선별처리시설 공기 내 완공 및 성공적 협약을 체결하여 추진
- 강북재활용품 선별처리시설 건립(연면적 10,591.92m², 지하 4층, 용량 100톤/일)
- 3개구 쓰레기 처리에 대한 협약을 체결, 공동으로 처리하고 처리비용은 반입량에 따라 각 구가 부담
- 청소장비 및 시설관리: 청소차량 교체 및 도색으로 주민 친화적이고 효율적인 장비 및 시설 관리
- 생활쓰레기 적기 배출 및 수거체계 확립: 쓰레기 배출 홍보 강화 및 재활용품 분리수거 체계 정비
  - 쓰레기 배출 및 수거시간 홍보(월 1회 주민 홍보의 날 운영, 시간 외 배출 시 쓰레기봉투에 홍보문 부착 등)
  - 쓰레기 수거시간에 대한 수시감독을 통해 위반 시 벌점 부과 등의 조치
  - 음식물 및 재활용품 분리수거 관리 강화
  - 쓰레기 무단투기 예방 활동 강화(모형카메라 설치)
- 음식물 쓰레기 재활용 및 자원화

표 4-10. 청소장비 및 시설관리 추진계획

구분		추진계획			
		2007	2008	2009	2010
청소장비 및 시설관리	청소차량 교체	6대	11대	10대	10대
	청소차량디자인 색상 개선	15대	24대	–	–
	물청소차 급수전 확보	1개소	–	–	–
	청소차량 세차용역 및 주차장 임차	임차	–	–	–

출처: 강북구청 2010 주요업무계획

- 음식물류폐기물 전량 자원화(강북구 발생 음식물류 폐기물 전량 민간 위탁업체 처리, 음식물류폐기물 감량의무 사업장 지도·점검
- 음식물류폐기물 수거 및 처리 정착(음식물류폐기물 분리배출 홍보, 음식물쓰레기 처리체계 개선, 위탁처리업체 및 수거대행업체 관리 감독 철저, 저소득층 음식물류폐기물 수거 및 처리지 비원)

4) 자연환경 보전

- 환경보전 실천 생활화: 지속적이고 다양한 환경교육 또는 구민들이 직접 참여할 수 있는 기회 확대
- 초·중·고교 환경교실 운영
- 환경교육 참여유도 프로그램 운영
- 환경보전시범학교 지정 및 운영
- 환경사랑 체험프로그램 운영 및 캠페인 실시
- 강북구 환경보전위원회 운영
- 환경편람 제작 및 환경신문 발행(환경홈페이지 제작)
- 환경오염원의 철저한 관리: 환경오염 배출업소 관리를 강화하여 주민들의 불편사항 해소
- 대기오염 배출업소 지도 점검
- 환경개선부담금 부과 및 징수
- 소음민원기동반 운영(건설공사장 소음관리, 일반사업장 소음관리의 이동 소음원 규제)

5) 불법 시설물이 없는 깨끗한 거리 조성

- 깨끗한 보행환경 조성
- 노점상·노상적치물 정비 및 관리
- 불법 고정광고물 정비 및 철거
- 불법 유동광고물 정비 및 수거·폐기

• 노후된 도로조명시설 개량 및 신설로 도시미관 향상

표 4-11. 도시환경 조성 연차별 추진계획

구분		추진계획			
		2007	2008	2009	2010
밝은 도시환경 조성	가로등 개량	143본	152본	70본	36본
	가로등 정비	2,500개	2,500개	2,500개	2,500개
	보안등 신설 · 개량	신설 150등/ 개량 60등	신설 200등/ 개량 80등	신설 250등/ 개량 100등	신설 300등/ 개량 120등

출처: 강북구청, 2010 주요업무계획

바. 국내사례 분석 시사점

지방자치단체가 도시개발 과정에서 저탄소 녹색성장을 구현하기 위해서는 다음 사항이 제도적으로 선결되어야 한다.

첫째, 도시 재정비, 주택재개발 · 재건축, 도시환경 정비 등 각종 도시재생 사업에서 환경계획 혹은 생태도시 계획의 수립을 의무화해야 한다.

둘째, 도시재생은 다양한 일자리를 창출할 수 있는 절호의 기회이기 때문에 새롭게 조성될 생태문화공간이나 자원을 인적 · 사회적 자원, 즉 소프트자원 과 융합하여 항구적인 일자리를 창출하는 계획을 수립해야 한다.

셋째, 뉴타운 등 행정이 주도하는 도시재생사업은 종국에는 주민이 사업주 체가 되기 때문에 초기부터 주민참여를 적극 보장해야 하고, 특히 생태도시를 지향하는 사업이라면 환경피해 등 지역의 환경여론을 수렴하는 체제를 갖추 는 것이 바람직하다.

현재와 같은 도시재생은 비록 녹지면적은 부분적으로 늘릴지라도, 탄소배 출 총량은 급격히 증가시키는 반환경적 사업이다. 따라서 전 지구적 탄소 저 감 노력에 동참하면서도 새롭게 형성되는 탄소경제를 선도하여 궁극에는 도 시의 미래 경쟁력을 높이는 전략이 요구된다.

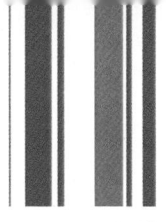

Part 4 요약

저탄소 그린시티 구축 국내외 우수사례를 분석하였다.

먼저, 해외사례 분석을 통하여 정책 및 제도적 측면에서 다음과 같은 시사점을 얻을 수 있었다.

해외사례들은 전반적으로 사업추진 시 중앙정부와 지방정부 간에 긴밀한 협력체제로 사업을 추진했다는 점이다. 중앙정부와 지자체 간 긴밀한 구성을 통해 주체 간 역할 분담과 이에 따른 제도적 보완을 실천하였다. 중앙에서 지자체의 구체적 대응 지침을 마련하여 지자체의 참여를 유도하였고, 재정 확보를 위한 기구 마련으로 정책과 사업을 실행 가능하도록 만들었다. 중앙 및 지자체에서 저탄소 그린시티 조성을 위한 다양한 정책과 사업을 실현화하기 위한 재정을 다양한 기구를 통해 마련하고 있는 것도 특징이었다. 또한, 해외 우수도시들은 지역의 특성에 맞는 조례제정 및 프로그램을 개발하고 있다는 점이다. 각 지역에 적합한 조례의 제정을 통해 근거를 마련하고, 다양한 프로그램의 개발을 통해 시민들의 참여를 유도하였다.

해외 우수도시들은 우선적으로 탄소배출 총량 규제에 대한 장·단기적 대안을 마련하고 있다. 2020년, 2050년까지 온실가스 배출량 감축을 위해 기업, 학교, 공공기관, 시민까지 거버넌스를 구축하여 다양한 실천운동을 전개하고 있다는 점이다. 태양광, 바이오연료 등의 신·재생에너지의 도입을 확대하고, 패시브하우스, 오픈페이스 설계 등 친환경 건축물 구축 및 조성을 상당히 중요한 실천계획으로 실행하고 있었다.

다음으로, 국내사례 분석을 통하여 다음과 같은 정책 추진의 시사점을 얻을 수 있었다.

지탄소 그린시티 구축을 위해서는 다음 사항이 제도적으로 선결되어야 한다. 첫째, 도시재정비, 주택재개발·재건축, 도시환경 정비 등 각종 도시재생사업에서 환경계획 혹은 생태도시 계획의 수립을 의무화해야 한다. 둘째, 도시재생은 다양한 일자리를 창출할 수 있는 절호의 기회이기 때문에 새롭게 조성될 생태문화공간이나 자원을 인적·사회적 자원, 즉 소프트자원과 융합하여 항구적인 일자리를 창출하는 계획을 수립해야 한다. 셋째, 뉴타운 등 행정이 주도하는 도시재생사업은 종국에는 주민이 사업주체가 되기 때문에 초기부터 주민참여를 적극 보장해야 하고, 특히 생태도시를 지향하는 사업이라면 환경피해 등 지역의 환경여론을 수렴하는 체제를 갖추는 것이 바람직하다. 현재와 같은 도시재생은 비록 녹지면적은 부분적으로 늘릴지라도 탄소배출 총량은 급격히 증가시키는 반환경적 사업이다. 따라서 전 지구적 탄소저감 노력에 동참하면서도 새롭게 형성되는 탄소경제를 선도하여 궁극에는 도시의 미래 경쟁력을 높이는 전략이 요구된다.

생 각 해 볼 문 제

1. 저탄소 그린시티 구축의 국내외 우수사례를 벤치마킹하기 위한 기준으로서, 저탄소 그린시티의 범주에 대해서 제시해 보자.

2. 저탄소 그린시티 구축 해외 우수사례별로 3~4가지의 핵심포인트를 제시해 보자. 제시된 해외우수사례들은 어떤 점에서 저탄소 그린시티적 특징을 가지고 있으며, 특히 우수한 점은 무엇인지 제시해 보자.

3. 저탄소 그린시티 구축 국내 우수사례별로 3~4가지의 핵심포인트를 제시해 보자. 이들 사례에서 특히 우수하다고 생각되는 점은 무엇인지 제시해 보자.

4. 저탄소 그린시티 구축 국내외 우수사례 분석을 통해, 내가 속한 지자체의 저탄소 그린시티 구축의 시사점을 도출해 보자. 필요하다면 국제적으로 제시되고 녹색성장위원회에서 제시한 7대 핵심분야(녹색에너지, 녹색교통, 물순환, 자원재활용, 녹색산업, 녹지축, 녹색시민운동 등)로 나누어 살펴보자.

참고문헌

서울시 성동구(2010). 성동구 저탄소 녹색도시 마스터플랜. 성동구, (재)녹색재단 과제수행.

왕광익(2009). 저탄소 녹색도시 조성사례. 국토연구원.

환경부 · 강릉시(2010). 강릉 저탄소 녹색시범도시 종합계획. 환경부, 국토해양부, 강릉시, 한국환경공단 과제수행.

Application
for a Green City

Part 5

지자체 현황 조사 및 주민의견 수렴

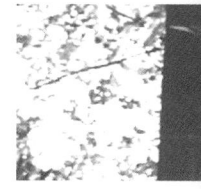

1. 저탄소 그린시티 구축을 위한 지자체의 현황 조사범위와 조사항목을 제시할 수 있다.

2. 저탄소 그린시티 구축을 위한 지자체의 현황 조사방법을 제시할 수 있다.

3. 저탄소 그린시티 구축을 위한 지자체의 인구, 토지현황, 교통현황, 물관리현황, 에너지현항, 폐기물현황 등 실제 현황 조사를 실시할 수 있다.

1. 지자체의 현황 조사

지자체의 현황 조사는 해당 지자체가 어떻게 탄생하여 오늘에 이르고 있으며, 지정학적 위치는 어떻게 되는지, 면적 및 인구는 어떻게 되고, 강우량, 풍속 등 기후현상은 어떤지, 토지현황 및 공원, 녹지면적은 어떻게 되고, 물관리는 어떻게 하는지, 교통관리 및 에너지관리 현황(월별·연도별 석유소비량, 가스소비량, 전력소비량) 등 지자체의 일반적인 현황에서부터 구체적인 현황까지 비교적 자세하게 조사해야 한다. 이러한 현황 조사 결과는 저탄소 그린시티 구축을 위한 온실가스 배출량 계산 및 향후 온실가스 저감계획을 수립하는 데 중요한 기본데이터로 쓰인다.

가. 지자체의 탄생과 역사

과거부터 현재에 이르기까지 변화의 과정을 상세히 기술한다. 언제 생겨서 어떻게 분화되었고, 또는 통합되어 왔는지 지자체의 역사적 기록물과 연혁을 참고로 하여 조사한다. 이는 향후 저탄소 그린시티 추진 시 핵심 콘셉트를 잡거나 브랜드 이미지를 구축할 때 중요한 근거자료가 된다.

나. 지자체의 위치와 면적

지자체의 위치와 면적은 해당 지자체가 광역시도에서 어느 곳에 위치해 있는가를 알아보는 것은 물론 인접한 지자체가 어디인지를 알기 위해 조사하는 것이다. 면적은 광역시도 내에서 해당 지자체가 어느 정도의 면적상의 비중을 차지하는지를 알아보고 이후 그린시티 구축 시 전체 면적 대비 녹지공원 면적 비중이나 전체 면적 대비 온실가스 배출량 등의 비중을 살펴보는 데 활용된다.

표 5-1. 지자체의 입지 및 현황 파악 예시

	입지
위치	-OO도 동북부에 위치, 동쪽에 OO시, 북쪽에 OO시, 서쪽에 OO시, 남쪽에 OO시와 인접
면적	-총 OOkm², OO도 면적의 0.0%(O개 시 중 O번째 도시)

다. 인구

지자체의 인구 수는 어느 정도인지, 인구 수는 감소하고 있는지, 증가하고 있는지 추이를 분석해야 한다. 지자체만의 인구가 아니라 지자체가 속한 광역시도의 인구에서 차지하는 비중과 광역시도의 증가추세와 비교할 때 증감추세가 어느 정도인지 파악해야 한다.

지자체의 인구밀도는 어느 정도이며, 광역시도의 전체 평균에 비해 어느 정도 되는지 살펴볼 필요가 있다. 더불어 지자체의 가구당 인구는 어느 정도인지 파악해야 한다. 가령 다음의 표에서 보는 바와 같이, OO지자체의 가구당 인구는 OO도의 가구당 인구보다 적으며, 도 전체의 인구증가에 비해, 인구가 오히려 감소하는 현상을 보이고 있다.

표 5-2. 지자체의 인구 파악 예시

인구밀도				
구분	가구 수	인구	가구당 인구	인구밀도 (km²당)
OO도	1,097,562	3,421,782	3.12	17,275
OO 지자체	63,759	161,620	2.53	15,440

인구				
구분	OO도		OO지자체	
	인구 수	증가율	인구 수	증가율
현재	3,421,782	9.17	161,620	-2.24
5년 전	3,134,202		104,921	

출처: OO지자체 통계자료실 인구자료

라. 기상현황

지자체의 기상현황은 연평균기온, 최소기온, 최대기온, 습도, 연평균 강수량, 일조량, 평균 풍속 등을 조사하는 것이다. 연평균기온, 최소기온, 최대기온 등은 지자체의 냉난방 조건 형성 등 에너지 소비와 밀접한 관련이 있다. 따라서 연평균기온만이 아니라 월별 평균기온, 최대기온, 최소기온도 함께 조사하는 것이다.

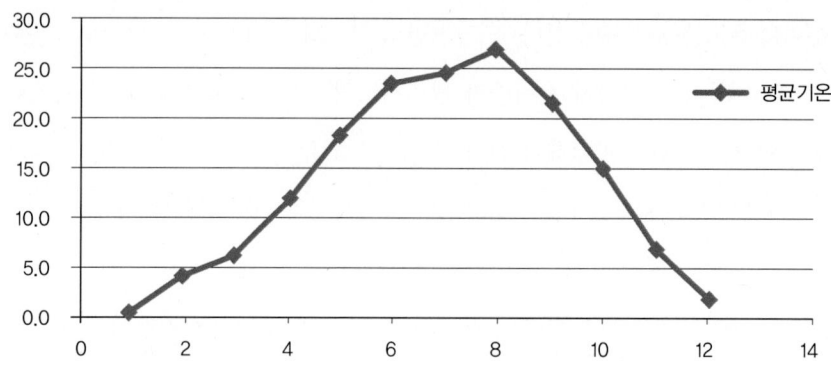

그림 5-1. 지자체 월평균 기온변화 예시
출처: ○○지자체 통계자료실 토지ㆍ기후 기상개황

지자체의 기온변화는 10년치 정도의 변화추이를 살펴볼 필요가 있다. 연평균기온이 10년 동안 어느 정도 상승하고 하강했는지를 살펴봄으로써 아주 미세하지만 지구온난화의 영향을 받고 있는 것은 아닌지 검토할 필요가 있다. 10년치 비교를 통해 0.2~0.5℃만 평균기온이 올랐다고 해도 지구온난화의 영향을 받고 있다고 생각해 볼 수 있다.

또한, 연간강수량이나 일조시간, 평균풍속 등 기상현황파악도 중요한 문제이다. 특히, 일조시간이 많으면 태양광발전을, 평균풍속이 높으면 풍력발전을 고려해 볼 수 있기 때문이다.

표 5-3. 지자체의 기상현황 파악 예시

강수량 (mm)	상대습도(%)		이슬점 온도 (℃)	평균 운량 (%)	일조 시간 (h)	바람(m/s)		
	평균	최소				평균 풍속	최대 풍속	최대 순간 풍속
1,185.6	65	18	4.6	5.6	1,922.1	2.8	11.0	19.1

평균기온 및 평균습도는 매일 3시, 6시, 9시, 12시, 15시, 18시, 21시, 24시의 관측치를 산술평균한 것임
출처: ○○지자체 통계자료실 토지/기후 기상개황

지자체의 일년 강수량 및 월별 강수량을 조사해 보면, 이 지역의 강수가 언제 집중되는지, 어느 때가 가뭄기이고 홍수기인지 알 수 있다.

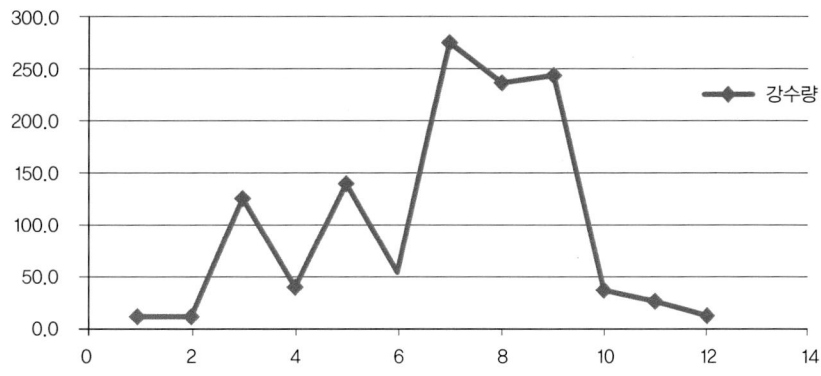

그림 5-2. 지자체 월평균 강수량 변화 예시
출처: ○○지자체 통계자료실 토지 · 기후 기상개황

마. 토지현황

토지현황은 주거지역면적, 상업지역면적, 공업지역면적, 녹지면적으로 나누어 조사한다. 지자체 주민 1인당 녹지면적은 어느 정도 되는지, 그것이 지자체가 속한 광역시도의 면적과 비교할 때 어떤지 비교해 본다.

바. 공원녹지면적 및 현황

공원녹지면적 및 현황은 지자체 전체 면적과 공원면적을 파악하고, 지자체 전체 면적에서 공원면적이 차지하는 비율을 계산하여 공원율을 계산하여 파악한다. 주민 1인당 공원면적을 알아보고, 실질적인 공원면적을 알아보기 위하여 주민 1인당 생활권 공원면적을 따로 계산한다. 이를 광역시도의 공원면적, 공원율, 1인당 공원면적과 비교하여 차이를 알아본다. 주민 1인당 공원면적은 다시, 공원의 성격이 어린이공원인지, 역사문화공원인지, 체육공원인지, 근린공원인지에 따라 나누어 알아본다. 특히, 공원에 대한 투자실적을 알아보기 위하여, 공원장비 및 관리, 공원이용프로그램 운영, 조경정비 및 관리, 녹지 확충, 산림보호 및 예방 등에 투자한 예산도 함께 알아볼 필요가 있다.

사. 자원재활용현황

자원재활용은 생활폐기물 배출량이라든지, 폐기물 감축량이라든지, 재활용센터 운영실적 등을 통해 파악할 수 있다. 자원재활용을 위한 현황 파악을 통해, 대략적인 폐기물의 양과 향후 감축량을 유추해 볼 수 있으며, 이후 이산화탄소 배출량 계산에 활용할 수 있다.

표 5-4. 지자체의 자원재활용현황 파악 예시

OO년 대비 OO년 1인당 생활폐기물 감축정도	
OO년 인구당 생활폐기물 배출량	121,320
OO년 생활폐기물 배출총량	34,159,655
공공기관재활용센터 운영실적	
연간운영매출액(천 원)	인구 수(천 인)
451,890	161,620

출처: OO지자체 통계자료실 자원 활용현황

148

아. 물관리현황

물관리현황은 친수공간 투자실적, 중수재활용, 빗물처리현황, 하천복원현황 등으로 나누어 조사한다.

빗물관리현황은 빗물투수성 포장실적, 빗물저장고 설치실적 등으로 나누어 살펴볼 수 있다. 생태하천 복원실적은 하천별로 복원한 길이와 투자예산 규모를 통해 살펴볼 수 있다. 중수재활용 실적은 생활용수, 공장용수로 나누어 살펴본다.

자. 교통현황

교통현황은 지자체에 등록되어 있는 승용차, 승합차, 화물자동차, 특수자동차 등 자동차등록대수를 알아보고, 주요 도로 교통량도 함께 조사할 필요가 있다. 승용차나 화물차가 많은 편으로 나온다.

표 5-5. 지자체의 자동차 등록현황 파악 예시

차종	현재 등록대수			
	관용(대)	자가용(대)	영업용(대)	합계(대)
승용차	48	54,195	2,830	57,083
승합차	19	4,022	330	5,381
화물자동차	132	10,741	1,762	22,645
특수자동차	10	32	110	250
계	209	68,990	5,032	84,231

출처: ○○지자체 통계자료실 교통관광 및 정보통신현황

주요 도로 교통량은 통상 5년 전 것과 비교하여, 어느 정도 늘어났는지를 살펴본다. 특히, 오전·오후로 나누어 살펴보고 연평균 증가율을 비교하여, 증감을 분석하는 것이 중요하다. 이를 통해 주요 도로 교통량과 교통흐름 등을 파악할 수 있으며, 저탄소 교통대책을 수립하는 데 기초자료로 활용할 수 있다.

최근 지자체별로 그린카인 하이브리드차로 관용차를 바꾸는 경우가 늘어나고 있다. 값이 좀 비싼 편이지만 공공에서 그린카 보급을 선도한다는 차원에서 하이브리드차, 전기자동차, CNG버스, 기타 그린카 등 보급이 늘어나고 있는 것이다.

표 5-6. 그린카 보급현황 파악 예시

그린카 보급량(대수)		그린카 투자예산(천 원)	
하이브리드차 등록대수(a)	18	하이브리드차(a)	236,600
전기자동차 등록대수(b)	2	전기자동차(b)	6,200
CNG버스 등록대수(y)	22	CNG버스(y)	181,600
기타 그린카 등록대수(s)	62	기타 그린카(s)	931,370
계(2a+b+y+s)	122	계(2a+b+y+s)	1,592,370

출처: ○○지자체 통계자료실 교통관광 및 정보통신현황

차. 자전거도로 이용현황

자전거도로현황은 자전거 전용도로 총길이(시내, 하천변), 자전거 보행 겸용도로 총길이, 기타 자전거도로로 나누어 살펴보고, 전체 길이가 어느 정도인지 살펴본다.

표 5-7. 지자체의 자전거도로 이용현황 파악 예시

자전거도로현황(m)		
자전거 전용도로	30,215	시내: 3,260 하천변: 26,955
자전거 보행 겸용도로	6,554	
계	36,769	

출처: ○○지자체 통계자료실 교통관광 및 정보통신현황

자전거 교통량을 살펴보게 되면 하루 중 몇 시에 가장 많은 양의 자전거가 이용되고 있고, 지자체 지역 중에서 어떤 도로에서 가장 많은 자전거가 이용되었는지를 파악할 수 있다.

카. 전력에너지 소비현황

전력에너지 소비현황은 지자체의 모든 주거용 사용전력, 업무용, 산업용, 공공용, 농사용, 교육용, 심야전력 등으로 나누어 살펴본다. 조사대상 연도의 월별 통계를 살펴보는데, 통상 전력사용량은 지자체에서 통계를 집계하지 않고 한전에서 관리하고 있으므로 자치구가 속한 한전지사로부터 협조를 구해야 한다. 전력사용량은 추후 자치구의 이산화탄소 배출량을 계산할 때 매우 중요한 데이터이므로 반드시 확보해야 할 데이터이다.

표 5-8. 지자체의 전력사용량 파악 예시

(단위: kWh)

월별	주거용	업무용	산업용	공공용	농사용	교육용	심야전력	총계
1월	25,254,322	31,876,502	41,437,345	1,267,943	233,455	4,819,545	1,514,233	…
2월	23,976,032	34,735,531	47,007,655	1,244,921	200,134	4,927,315	1,386,845	…
…	…	…	…	…	…	…	…	…
11월	22,705,533	32,999,611	43,52,255	1,238,377	156,344	4,450,067	889,733	…

12월	22,955,008	34,843,423	44,68,322	1,259,588	195,355	4,933,654	1,144,456	...
%	20.3%	28.3%	42.8%	1.6%	0.6%	4.4%	2.0%	100%

출차: ○○지자체 통계자료실 에너지현황

타. 도시가스 소비현황

도시가스 소비현황은 가정용, 일반용, 업무용, 산업용으로 나누어 살펴본다. 대략 5년 정도의 추이를 살펴보는 것이 필요하므로 현재로부터 5년 전 데이터까지 확보하여 분석한다. 특히, 사용량이 급증하고 있는 가정용 도시가스의 확대현황 등 특이사항을 집중분석한다. 도시가스 소비현황 역시 추후 이산화탄소 배출량을 계산할 때 매우 중요한 데이터이므로 반드시 확보하여 분석해야 한다.

표 5-9. 지자체의 연도별 도시가스 소비현황 파악 예시

연별	가정용	일반용	업무용	산업용	합계
5년 전	101,539	1,984	1,262	79	104,864
4년 전	104,417	2,245	1,783	82	108,527
3년 전	107,293	2,649	3,092	215	103,249
2년 전	206,331	5,937	7,864	493	232,355
1년 전	100,175	3,224	4,339	268	118,010
현재	111,952	3,475	4,400	272	120,103

출차: ○○지자체 통계자료실 가스 · 상수도 자료

파. 석유류 및 LPG 판매현황

지자체 연도별 석유류 및 LPG 판매량은 휘발유, 경유, 등유, 프로판, 부탄으로 나누어 살펴본다. 2개년 정도를 분석하여 증감을 살펴보는 것이 필요하

다. 석유류나 LPG는 지자체 내에 소재하는 주유소로부터 협조를 구해서 확인해야 하는 것이어서 데이터를 확보하는 일이 쉽지만은 않다. 주유소마다 혹시 판매량을 밝히면 세무조사를 당하는 것이 아닌가 하여 꺼리는 경향이 있기 때문이다. 그럴 염려가 전혀 없음을 이해시킨 후 협조를 구해야 한다.

표 5-10. 지자체의 연도별 석유류 판매현황 파악 예시 (단위: kL)

구분	휘발유	경유	등유	합계	비고
1년 전	44,726	34,307	3,132	82,165	
현재	46,103	40,210	3,530	89,843	

출처: OO지자체 연도별 석유류 판매현황파악 예시

LPG 판매량 역시 프로판과 부탄으로 나누어 살펴보되, 2년 정도 비교하여 증감을 확인하는 것이 필요하다.

하. 폐기물현황

생활폐기물은 일반 생활쓰레기와 소각폐기물, 대형폐기물로 나뉘어 있으며, 재활용이 가능한 생활폐기물로는 음식물류 폐기물과 재활용품 그리고 폐형광등, 폐건전지 등이 있다.

표 5-11. 지자체의 생활폐기물 처리현황 및 재활용 처리현황 파악 예시 (단위: 천 원)

생활폐기물 처리현황				
폐기물 종류 (관련법)	일반 생활쓰레기 (폐기물관리법 지자체 폐기물 관리조례)	소각폐기물 (무단투기 등)	대형 생활폐기물	
발생량 (월/년)	2,540톤/30,480톤 (1일 83.5톤)	150톤/1,800톤	150대/1,000대	25톤/300톤

재활용 처리현황			
폐기물 종류 (관련법)	음식물류 폐기물	재활용품	폐형광등 폐건전지
발생량 (월/년)	음식물 1,980톤/23,760톤 (1일 65톤)	2,100톤/25,200톤 (1일 69톤)	330,100개/6톤

출처: OO지자체 통계자료실 생활폐기물 현황

가. CO_2 배출현황

표 5-12. 자치구별 이산화탄소 배출량 예시 (단위: 만 ton)

구분	CO_2 배출량/인구밀도	CO_2 배출량/인구
OO도	1,644.5	3.88
OO지자체	66.10	4.56

출처: 녹색연합 조사자료 참조

예시에서 보는 바와 같이, 지자체와 광역시도 대비 CO_2 배출량을 비교해 볼 수 있는데, 도 전체 평균보다 주민 1인당 CO_2 배출량이 많은 편으로 나올 수 있다. 해당 지자체가 광역시도 내에서 차지하는 인구비율에 비해서도 CO_2 배출량이 많거나 비율이 높다면 보다 시급한 노력이 필요함을 알 수 있다.

2. 추진 중인 주요 대형사업 현황 및 그린시티 고려사항

가. 계획 · 추진 중인 주요 대형사업 환경성 평가

지자체에 계획 중이거나 추진 중인 주요 대형사업들에 대해 전문가 현지조사 및 자료에 의한 환경성 평가를 실시한다. 계획방향 및 목표에서 환경문제인식,

환경분석 요소 간의 연관성, 생태환경권의 구분과 권역별 환경보전 구상, 인간과 자연의 공존, 기업과 시민의 자발적 참여 유도 등 세부 지표별로 현장조사와 근거자료 분석을 통해 환경성 평가를 실시한다.

표 5-13. 환경성 평가 근거자료 분석 예시

구분		검토항목
기본구상 – 공간구조 설정	개발축에 대응한 보전축의 설정	개발지역을 감싸거나 관통하는 생태녹지축의 존재
		네트워크 형태로서 인접한 생태자원들의 연계성 정도
	생태환경권의 구분과 권역별 환경보전 구상	수계, 지형, 생태자원 등을 기준으로 한 생태환경권의 구분
		생태환경권 단위로 한 환경보전구상 실행
	보전축의 권역별 균형적 입지	계획구역 전체에 걸쳐 생태환경권역별로 고루 배분된 보전축의 입지성
부문별 계획	환경계획과 타 계획과의 관계	환경부문계획과 타 부문계획들과의 환경적 측면에서의 상관성 여부
	부문별계획에서 환경적 구현 목표 및 계획지표 반영	부문별 계획에서 환경적 구현목표 반영 여부(환경적 목표의 구체적인 반영 여부)
		부문별 계획에서 환경적 구현 계획지표 반영(환경적 계획지표의 구체적인 적용 여부)
	인간과 자연의 공존	생물서식기반이 되는 녹지의 조성(도시면적대비 서식지 면적)
	환경오염의 최소화	시가화면적 대비 보전지역(생태보전지역, 역사문화재 보전지구 등) 면적
		전체 도시교통량 중 대중교통 분담률
		도시면적당 자전거도로 및 보행자 전용도로 면적 비율
	물질순환체계유지	1인당 천연가스 사용비율(량)
집행계획	전체 투자계획에서 환경부문 비중	상하수도, 공원, 하천 등의 포괄적 환경분야 투자비율의 증감
		공원녹지, 하천 등 생태환경분야 투자비율 증감
	환경부문투자 우선순위	우선순위 결정기준에 환경부문의 포함 여부
	환경부문에 대한 행정 지원계획 수립	환경성 확보를 위한 전체 행정체계의 지원노력
		환경부무에 대한 인센티브제도 포함 여부

집행계획	기업과 시민의 자발적 참여 유도	환경보전을 위한 주민자치적 참여프로그램존재 여부
		지역 환경단체의 역량을 활용한 환경보전 프로그램의 제시
		환경보전을 위한 기업의 역할 제시 여부

표 5-14. 환경성 평가(전문가 현지 조사) 예시

구분		검토항목
계획방향 목표지표	계획방향 및 목표에서 환경문제 인식	해당 도시, 지구의 환경상황 인식과 해결의지 적시
		계획목적(목표)에서 환경성 구현항목 포함 여부
		환경성 구현 목표의 구체성 · 실현가능성
	계획 전반에서 환경성 구현 목표의 일관성	환경적 목표와 환경현황 분석 간의 논리적 일관성
		환경적 목표와 기본구상 간의 논리적 일관성
		환경적 목표와 부문별계획 목표 간의 논리적 일관성
	계획지표에서 환경적 건전성 실현	전체 계획지표에서 환경보전 지표의 비중
		부문별 계획에서 환경보전지표 달성을 위한 실현방안 제시
기초조사 환경성 분석	환경기초 조사항목의 종합적 구비	자연지리, 기상, 동식물상, 생태녹지, 생활환경, 경관 등 영역별 조사항목의 다양성 정도
	조사항목의 정밀성	조사 · 분석 단위의 정밀성
		조사 · 분석 지도의 정밀성
	환경분석 요소 간의 연관성	환경 조합분석의 실행
	주민환경 의식 조사	해결이 시급한 환경문제의 운선순위 파악
		주민의식 조사결과의 계획에의 반영
기초 조사 환경성 분석	기초 환경정보 시스템화	생태지도(전자지도)의 작성
		조사자료의 DB 구축
	적지분석사의 환경성 고려	보전용도의 적지(적합한 용지) 분석 실행
		부문계획에서 적지(적합한 용지) 분석 결과 고려
	관련 계획의 분석	상위 계획에서의 환경보전 목표의 수용
		환경보전 관련 계획과의 위계와 내용적 연계성
	전기 계획의 환경성 평가 결과 모니터링	금번 계획에서 전기 계획상의 미해결 환경과제의 반영 여부

나. 계획 · 추진 중인 주요 대형사업 그린시티 고려사항

지자체에서 현재 추진 중이거나 계획 중인 각종 사업이 보다 친환경적으로 저탄소 그린시티 구축에 연계되도록 보완사항을 제시할 필요가 있다.

(1) A사업(대형아파트 재개발 사례)

지자체 중심 녹지축 연결을 위한 아파트 각 동의 옥상녹화를 권하고, 지자체의 서측에서 불어오는 바람을 이용한 바람길(→)을 형성하도록 한다. 또한, 단지 내 태양광 패널 시범 설치 및 소형풍력기 시범사업을 실시하고, 효과점검 후에 단계적으로 확대한다. 단지 내 가로등은 LED조명으로 설치하고, 단지 내 열섬현상 방지를 위한 실개천(너비 50cm 규모가 적당)을 형성한다.

(2) B사업(고층빌딩 조성 사례)

단순히 고층빌딩을 구축한다는 것에서 벗어나 '저탄소 친환경빌딩의 상징'으로 브랜드화하는 방안을 고려해 볼 수 있다. 지자체 중심녹지축을 가로지르는 한가운데 위치한 고층건물이라는 점에서 친환경 건축물로 건립할 필요가 있는 것이다. 1~3층 중간턱, 옥상에 Sky Farm 구축도 검토해볼 만하다. 옥상 및 일부 벽면 태양광 패널 설치, 서에서 동으로 부는 바람길을 활용한 소형풍력기 설치도 고려해볼 수 있다.

(3) C사업(낙후지역 재개발 신도시 조성 사례)

통상적으로는 낙후된 지역을 재개발하여 신도시로 만드는 경우는, 지나치게 개발주의적으로 접근하여 환경을 오히려 악화시키는 경우가 있다. 이런 점에 유의하여 재개발되는 신도시는 중심 녹지축 조성과 친환경타운 조성으로 콘셉트를 잡고 추진해야 한다. 신도시 내에 조성되는 상업지역에는 저탄소 친환경산업이나 그린IT산업의 요충지로 발전시킬 계획 등을 면밀히 고려할 필요가 있다.

(4) D사업(녹색조시 체험공원 조성 사업)

저탄소 그린시티의 다양한 모습들을 시민들이 직접 와서 체험할 수 있는 체험공원조성사업이다. 다양한 녹색기술 재현 시범 및 녹색체험교육장으로서의 역할을 강화하고자 하는 사업이다. 태양광실험, 태양열실험, 재활용시험, 재생에너지시험, 자전거발전실험, 전기효율실험 등 특화된 녹색체험교육장으로서의 역할을 다 할 수 있는 부대교육시설 및 대규모 자전거 거치대 설치 등이 중점적으로 고려될 필요가 있다.

(5) E사업(주요 도로 실개천 조성 사업)

도시지역에 위치하여 여름에 열섬현상이 나타나는 문제를 완화하기 위하여 시내 주요 도로변을 따라 실개천을 복원하거나 조성하는 사업이다. 실개천의 너비는 대략 50cm 정도로 하고 물은 빗물을 저장하여 사용하거나 인근 하천의 중수를 활용하는 방안으로 가능할 것이다. 순환도로지역과 일부 외곽지역에는 조성되는 실개천 옆으로 산책로를 만드는 방안도 함께 고려될 수 있다.

3. 저탄소 그린시티 구축 주민의견 조사 및 결과 예시

주민의견 조사는 저탄소 그린시티 구축에 대한 전반적인 주민의견을 수렴하고 나아가 저탄소 그린시티 구축의 주민참여를 이끌어 내기 위한 사업홍보의 성격도 동시에 가지고 있다.

가. 주민의견 조사 개요

(1) 조사대상

전체 설문대상은 연령, 성별, 거주지역, 거주형태를 고려하여 5,000명 이상 주민에게 설문지 배포를 권장한다. 최종 수거인원은 1,000명 이상을 권장한다.

(2) 조사 주요내용

① 저탄소 그린시티 인지도 및 인지경로

② 저탄소 그린시티 추진 시 중점사항

③ 지자체 발전에 따른 그린시티사업 항목별 필요도

④ 저탄소 그린시티 추진 시 장애요인

⑤ 환경, 에너지정책에 대한 태도와 향후 사업 참여 의향 등

(3) 조사방법

방문조사, 전화조사를 사용하는 것이 좋다. 일반주민의 경우, 설문지 배포로는 한계가 있기 때문이다.

(4) 기타

조사일정은 2~4주 정도로 진행하며, 표본오차는 신뢰도 95% 수준 ± 3.0 정도로 한다.

나. 주민의견 조사 설문지 작성(예시)

주민의견 조사를 위한 설문지 구성은 일반주민 대상 조사라는 점에서 표현이나 내용이 쉽게 이해될 수 있도록 되어야 한다. 조사시 작성의 예시를 중심으로 그 내용을 살펴보자.

⚡ OO시 저탄소 그린시티 구축 시민의견 조사

안녕하십니까? 저탄소 그린시티 구축에 대한 OO시의 시민의견 조사를 실시하고 있습니다.

이 조사는 향후 우리 OOO가 저탄소 그린시티로 발전하기 위해 시민들의 소중한 의견을 수렴하고자 하는 것입니다.

여러분께서 응답해 주시는 모든 내용은 통계적인 분석 목적 이외에는 사용되지 않음을 알려드리며, 바쁘시더라도 잠시 시간을 내어 조사에 응해주시면 감사하겠습니다.

문의사항: OO담당관 OOO 이메일(OOOOO@naver.com), 전화번호(000-0000)

⚡ 응답자 특성

1. 귀하께서 현재 거주하시는 지역은 다음 중 어디입니까?

① OOO동　　　② OOO동　　　③ OOO동　　　④ OOO동

⑤ OOO동　　　⑥ OOO동　　　⑦ OOO동　　　⑧ OOO동

2. 귀하의 성별은 어떻게 되십니까?

① 남자　　　　　　　② 여자

3. 귀하의 연령은 만으로 어떻게 되십니까?

① 만 19세 미만　　　② 만 19~29세　　　③ 만 30~39세

④ 만 40~49세　　　⑤ 만 50~59세　　　⑥ 만 60세 이상

4. 귀하께서는 환경보호 및 에너지절약 관련 단체에 가입해서 활동하신 경험이 있으십니까?

① 과거에 가입만 하고 활동한 경험은 없다.

② 현재 가입되어 있으나 활동은 안 하고 있다.

③ 과거에 가입도 하고 활동한 경험이 있다.

④ 현재 가입도 하고 활동도 하고 있다.

⑤ 가입 및 활동 경험이 없다.

5. 실례지만 귀하의 한 달 평균 총 가구소득은 어떻게 되십니까?

① 200만 원 미만   ② 200만~300만 원 미만

③ 300만~400만 원 미만   ④ 400만~500만 원 미만

⑤ 500만~1,000만 원 미만   ⑥ 1,000만 원 이상

6. 실례지만 귀하는 어떤 일을 하고 계십니까?

① 자영사업자   ② 회사임원(사장, 부사장, 이사 등)

③ 회사원(사무직)   ④ 회사원(생산직)

⑤ 회사원(영업직)   ⑥ 전문직(의사, 변호사, 교수, 회계사 등)

⑦ 공무원(정부, 공공기관)   ⑧ 전업주부

⑨ 대학생/대학원생   ⑩ 퇴직/무직

⑪ 농어업   ⑫ 기타(   )

〈저탄소 그린시티 인지도〉 관련 문항 예시

☆ PART Ⅰ. 저탄소 그린시티 인지도

※ 다음은 저탄소 그린시티에 대한 일반적인 사항과 관련 정책에 대해 묻는 질문입니다. 아래 문항

을 잘 읽으시고 답해 주시기 바랍니다.

1. 귀하께서는 최근 '저탄소 그린'이라는 용어를 듣거나 보신 적이 있으십니까?

① 있다.   ② 없다.

1 1. [1에서 ① 응답자만] '저탄소 그린'이란 용어를 어떤 경로를 통해서 듣거나 보셨습니까?

① TV 방송/뉴스   ② 라디오 방송/뉴스

③ 종이신문　　　　　　　　　④ 인터넷 신문

⑤ 잡지　　　　　　　　　　　⑥ 인터넷 사이트(인터넷 신문 제외)

⑦ 정부 부처 홈페이지　　　　 ⑧ 주변 사람들로부터

⑨ 기타(　　　　　　)

2. ○○○의 비전으로서 '저탄소 그린시티'를 추진하려고 할 때, 다음의 의견 중 가장 중점을 두어야

　할 것은 무엇이라고 보십니까?

① 자연 그대로의 환경을 보존하고 생태계를 유지하는 것에 중점을 두어야 한다.

② 개인의 건강을 지키고 생활환경을 개선하는 것에 중점을 두어야 한다.

③ 대체에너지/신재생에너지 개발 등 자원고갈 및 에너지 문제를 해결하는 데 중점을 두어야 한다.

④ 환경 친화적 녹색기술을 개발/산업화를 통해 경제 성장을 촉진하는 것에 중점을 두어야 한다.

⑤ 기타(　　　　　　　　)

3. 귀하께서는 다음 항목들이 앞으로 우리 ○○시의 발전에 얼마나 필요하다고 생각하십니까?

문 항	전혀 필요하지 않다 ①	별로 필요하지 않다 ②	그저 그렇다 ③	필요한 편이다 ④	매우 필요하다 ⑤
1. 저탄소 그린기술의 개발 및 산업 육성 (태양광 · 풍력 · 바이오연료와 같은 재생에너지 개발, 친환경산업 등)					
2. 에너지 저소비/지식정보 산업으로의 전환					
3. 저탄소 그린기술/산업 관련 새로운 일자리 창출					
4. 온실가스 감축 및 이산화탄소 배출규제 관련 법과 제도 강화					
5. 자동차 요일제 강화 및 차 없는 날 확대					
6. 자전거 전용도로를 확충					

문항					
7. 기존 주택 및 아파트의 옥상녹화/벽면녹화 (주택 옥상 · 벽면에 나무나 식물을 심어 녹화)					
8. 신축 아파트의 옥상녹화/벽면녹화					
9. 친환경 그린체험 테마파크 조성					

4. 앞으로 OOO가 '저탄소 그린시티'를 추진하는 데 있어, 가장 큰 장애가 되는 부분은 무엇이라고

　생각하십니까?

① 에너지 절약 및 환경보호에 관한 낮은 시민의식

② 구체적인 정책 뒷받침 미비

③ 환경 · 에너지 기술수준과 산업기반 등에서 경쟁력 취약

④ 친환경에너지 기업에 대한 투자 및 지원 미비

⑤ 법적 · 제도적 측면의 미비(탄소배출 규제, 친환경 세제개편 등)

⑥ 기타(　　　　　　　　　　　　　)

〈환경 · 에너지 문제 인식 및 태도〉 관련 문항 예시

✚ PART II. 환경 · 에너지 문제 인식 및 태도

※ 다음은 환경 및 에너지 문제에 대한 귀하의 인식과 태도에 대한 질문입니다. 아래 문항을 잘 읽

　으시고 답해 주시기 바랍니다.

문 항	전혀 그렇지 않다	그렇지 않은 편이다	보통이다	그러는 편이다	매우 그렇다
1. 가까운 거리는 걷거나 자전거를 이용한다.	1	2	3	4	5
2. 일회용품은 되도록 사용하지 않는다.	1	2	3	4	5
3. 재활용/분리수거를 실천한다.	1	2	3	4	5
4. 자동차/전자제품은 에너지 효율등급이 높은 것 을 구입한다.	1	2	3	4	5

5. 생활 속의 에너지 절약(수돗물 아껴 쓰기, 전기 절약 등)을 실천한다.	1	2	3	4	5
6. 환경 보호 및 에너지 절약 캠페인이 있다면 적극 동참하겠다.	1	2	3	4	5
7. 자전거 전용도로가 잘 갖추어진다면 이동 시 주로 자전거를 이용하겠다.	1	2	3	4	5

다. 주민의견 조사 결과(P지자체 주민의견 조사 결과 예시)

(1) 저탄소 그린시티 인지도

'저탄소 그린시티'라는 용어를 들어보거나 본 경험이 있다고 응답한 사람은 86.0%로 대체적으로 주민들이 저탄소 그린시티에 많은 관심을 가지고 있다고 나타났다. '저탄소 그린시티'라는 용어를 알게 된 경로를 살펴보면 인터넷사이트 (인터넷신문 제외)가 27.4%, 일반신문이 25.6%로 50.0%가 넘는 비율을 나타냈으며, 그 밖에 TV방송/뉴스 12.6%, 인터넷신문이 8.6%의 순으로 나타났다.

'저탄소 그린시티' 추진 시 가장 중점을 두었으면 하는 설문에 개인의 건강을 지키고 생활환경을 개선하는 것에 중점을 두어야 한다는 의견이 52.7%로 과반 이상의 응답률을 보였으며, 그 밖에 의견 응답률은 비슷하였으나, 환경친화적 녹색기술을 개발, 산업화를 통해 경제성장을 촉진하는 것에 중점을 두어야 한다는 의견은 12.4%로 가장 낮은 응답률을 보였다.

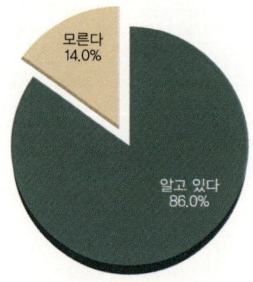

그림 5-3. 저탄소 그린시티 용어를 보거나 들어본 경험(조사결과 예시)

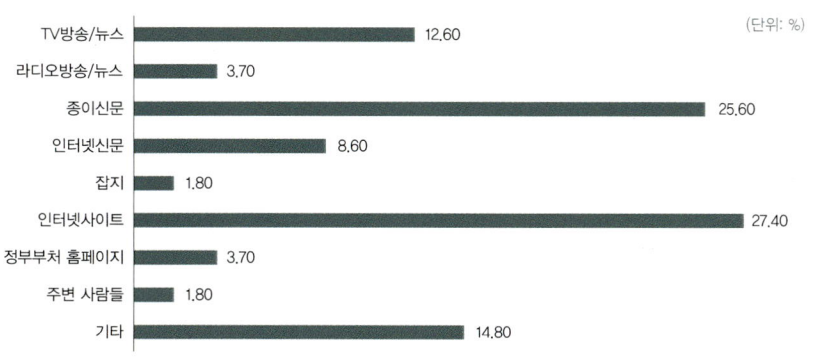

그림 5-4. 저탄소 그린시티 용어를 알게 된 경로(조사결과 예시)

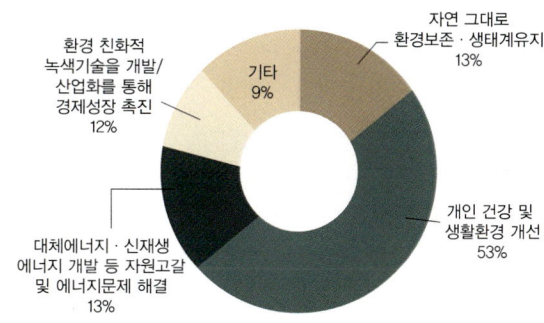

그림 5-5. 저탄소 그린시티 추진 시 중점사항

(2) 지자체 발전에 따른 저탄소 그린시티 구축 항목별 필요도

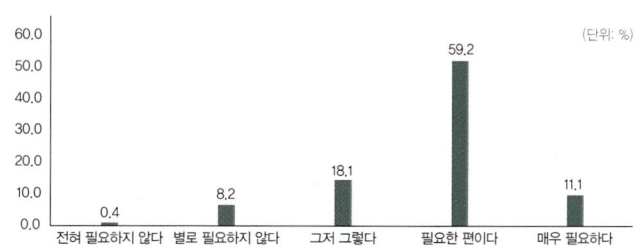

그림 5-6. 저탄소 그린기술의 개발 및 산업육성 필요성(조사결과 예시)

녹색 기술의 개발 및 산업 육성(태양광·풍력·바이오연료와 같은 재생에너지 개발, 친환경산업 등)이 지자체 발전에 필요하다고 보는 긍정응답률은 70.3%로 매우 높게 나타났다.

에너지 저소비/지식정보 산업으로의 전환이 지자체 발전에 필요하다고 보는 의견이 62.0%, 그렇지 않다고 보는 의견이 33.6%로 긍정응답이 부정응답보다 약 2배가량 높게 나타났다.

그린기술/산업 관련 새로운 일자리 창출이 지자체 발전에 필요하다고 보는 의견이 68.6%로 그렇지 않다고 보는 의견 16.9%보다 매우 높은 응답률을 보였다.

온실가스 감축 및 이산화탄소 배출규제 관련 법과 제도 강화가 지자체 발전에 중요하다고 보는 의견이 62.1%로 대체적으로 높은 결과를 보였다.

자동차 요일제 강화 및 차 없는 날 확대가 지자체 발전에 중요하다고 보는 의견은 34.1%에 불과했으며, 중요하지 않다고 보는 의견도 28.2%로 긍정응답과 부정응답의 차이가 크지 않았다.

자전거 전용도로 확충이 지자체 발전에 중요하다고 보는 의견은 59.8%, 그렇지 않다고 보는 의견은 31.6%로 나타났다.

기존 주택 및 아파트의 옥상녹화/벽면녹화가 지자체 발전에 중요하다고 보는 의견은 15.9%에 불과했으며, 오히려 중요치 않다고 보는 의견은 48.0%로 기존 건축물의 옥상·벽면녹화에 대해서는 부정적인 경향을 보였다.

신축 아파트의 옥상녹화/벽면녹화가 지자체 발전에 중요하다고 보는 의견은 50.0%, 그렇지 않다고 보는 의견은 26.1%로 이전 문항의 결과와 비교하여, 신축 아파트에 대한 옥상·벽면녹화는 필요하다고 보는 의견이 크게 나타났다.

친환경 그린체험 테마파크 조성이 지자체 발전에 중요하다는 의견이 47.7%로 다소 높은 결과를 보였다.

지금까지 지자체 발전을 위해 어떠한 것이 우선되어야 하는지에 대한 응답률을 조사하였다. 녹색기술(태양광·풍력·바이오연료와 같은 재생에너지 개발, 친환경산업 등)의 개발 및 산업 육성에 대해서는 긍정응답률이 70.3%로 매우 높게 나타났다. 에너지 저소비/지식정보 산업으로의 전환은 62.0%, 녹색기술/산업 관련 새로운 일자리 창출은 68.6%, 온실가스 감축 및 이산화탄소 배출규제 관련 법과 제도 강화는 62.1%로 대체적으로 긍정적인 응답률을 보였다. 자전거 전용도로 확충은 49.8%, 신축 아파트의 옥상녹화/벽면녹화 50.0%, 녹색체험 테마파크 조성에 대해서는 47.7%가 긍정응답률을 보였다. 자동차요일제 강화 및 차 없는 날 확대 안은 34.1%, 기존 주택 및 아파트의 옥상녹화/벽면녹화는 15.9%만이 긍정적인 응답을 하여 현행 유지되고 있는 제도나 기존 건축물에 대해서는 현재 상태를 유지하고자 하는 경향이 강하게 나타났다.

앞으로 지자체가 '저탄소 그린시티'를 추진하는 데 있어 가장 큰 장애가 된다고 생각하는 요인에서는 에너지 절약 및 환경보호에 관한 낮은 시민의식이 35.6%로 가장 높게 나타났으며, 친환경에너지 기업에 대한 투자 및 지원 미비가 25.8%로 그 뒤를 이었다. 따라서 지자체민들의 의식 전환을 위한 교육 강화는 물론 친환경에너지 기업에 대한 구체적이면서 실현가능한 투자 및 지원이 필요하다.

(3) 환경·에너지에 관한 태도와 참여정도

저탄소 그린시티를 구축해가는 데 있어, 시민들의 참여는 그 성패를 좌우하는 매우 중요한 사안이다.

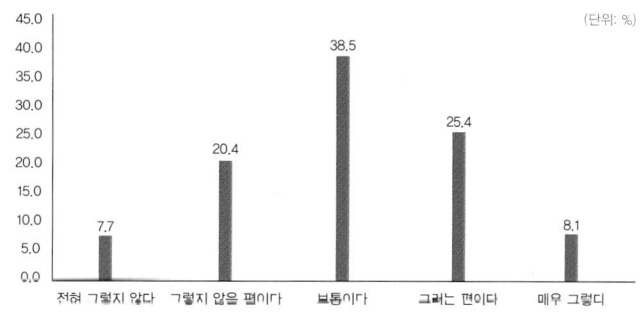

그림 5-7. 가까운 거리 도보 및 자전거 활용 여부(조사결과 예시)

향후 시민참여를 이끌어 내기 위해서는 현재 시민들이 저탄소 그린시티 관련 사안들에 대해 어느 정도 참여하고 있는지 알아봐야 한다. 가까운 거리는 걷거나 자전거를 이용한다는 긍정의견은 33.5%, 일회용품 사용 긍정의견은 34.5%로 나타났다. '보통'으로 나온 의견이 높다는 점에서 향후 정책적 노력이 중요하다는 것을 알 수 있다.

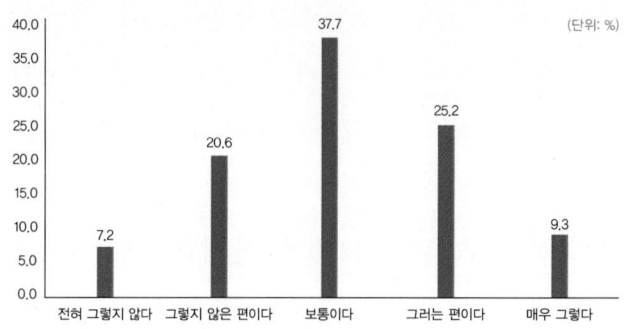

그림 5-8. 일회용품 사용 여부(조사결과 예시)

재활용/분리수거를 실천한다는 응답은 64.1%로 높게 나타났으며, 그렇지 않다고 응답한 경우는 17.2%로 나타났다. 자동차/전자제품 구입 시 에너지 효율등급이 높은 것을 구입한다는 의견은 44.4%로 그렇지 않다는 의견 25.2%와 큰 차이를 보였다.

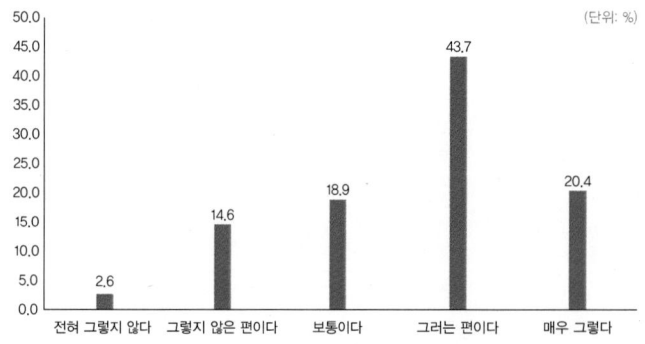

그림 5-9. 재활용/분리수거 실천 여부(조사결과 예시)

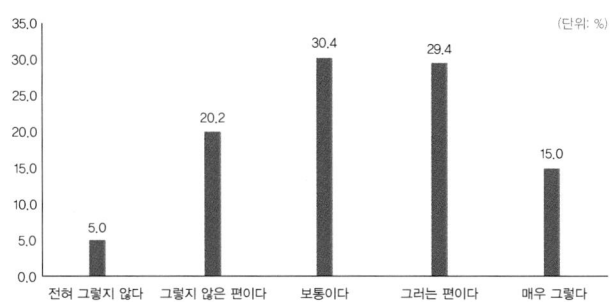

그림 5-10. 자동차/전자제품 구입 시 에너지 효율등급 판단 여부(조사결과 예시)

생활 속에서 수돗물을 아껴 쓰거나 전기를 절약하는 등의 에너지 절약을 실천한다는 응답은 60.9%로 그렇지 않다는 응답 18.4%에 비해 매우 높은 결과를 보였다.

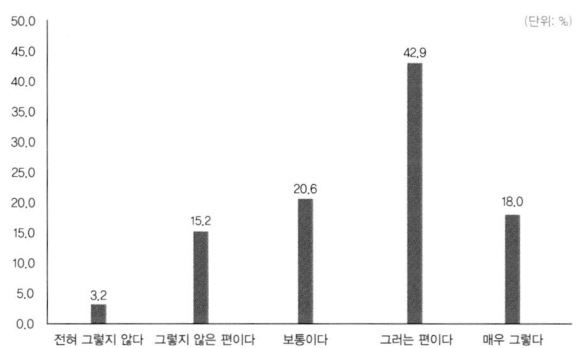

그림 5-11. 에너지 절약 실천 여부(조사결과 예시)

환경보호 및 에너지 절약 캠페인에 대한 참여의사에 대해서는 34.1%가 참여하겠다, 27.1%가 참여하지 않겠다는 응답을 하였다.

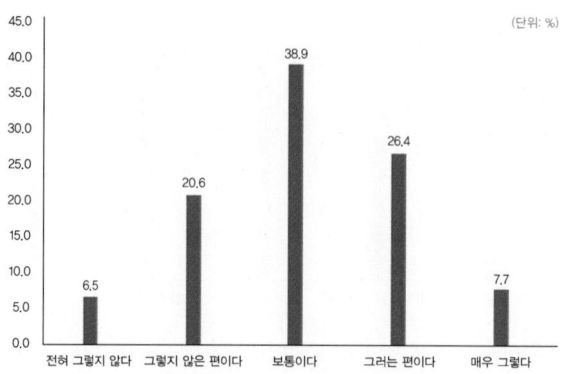

그림 5-12. 환경보호 및 에너지절약 캠페인 참여 여부(조사결과 예시)

　자전거 전용도로가 잘 갖추어진다면 자전거를 이용하겠다는 주민은 52.4% 로 과반이 긍정적인 응답을 하였으며, 이용하지 않겠다는 응답은 23.8%에 불 과하였다.

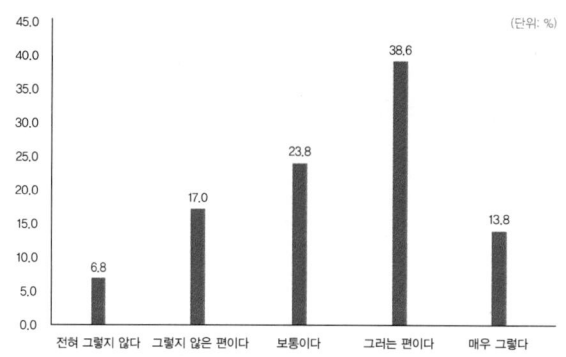

그림 5-13. 자전거도로 확충 시 자전거도로 이용 여부(조사결과 예시)

표 5-15. 환경 및 에너지 문제 태도와 참여정도(조사결과 예시)

항목 \ 결과(백분율%)	전혀 그렇지 않다	그렇지 않은 편이다	보통 이다	그러는 편이다	매우 그렇다	평균 (5점 만점)
1. 가까운 거리는 걷거나 자전거를 이용한다.	7.7	20.4	38.5	25.4	8.1	3.06
2. 일회용품은 되도록 사용하지 않는다.	7.2	20.6	37.7	25.2	9.3	3.09

3. 재활용/분리수거를 실천한다.	2.6	14.6	18.9	43.7	20.4	3.65
4. 자동차/전자제품은 에너지 효율등급이 높은 것을 구입한다.	5.0	20.0	30.4	29.4	15.0	3.29
5. 생활 속의 에너지 절약(수돗물 아껴 쓰기, 전기절약 등)을 실천한다.	3.2	15.2	20.6	42.9	18.0	3.57
6. 환경 보호 및 에너지 절약 캠페인이 있다면 적극 동참하겠다.	6.5	20.6	38.9	26.4	7.7	3.08
7. 자전거 전용도로가 잘 갖추어진다면 이동 시 주로 자전거를 이용하겠다.	6.8	17.0	23.8	38.6	13.8	3.36

지금까지 환경 및 에너지 문제에 대한 주민들의 인식과 태도에 관해 조사하였다. 가까운 거리를 도보나 자전거를 이용하는 주민은 33.5%였으나 자전거 전용도로가 잘 갖추어진다면 이동 시 주로 자전거를 이용하겠다는 주민은 52.4%로 자전거 전용도로에 대한 주민들의 요구가 나타났다. 하천을 활용한 자전거 전용도로를 도심 도로들과 연결하여 자전거 전용도로가 고립되지 않도록 하여 시범운영해 볼 필요가 있다.

또한 재활용/분리수거를 실천하는 주민은 64.1%, 생활 속의 에너지 절약(수돗물 아껴 쓰기, 전기절약 등)은 60.9%로 대체적으로 잘 실천되고 있으나 일회용품을 사용하지 않는다는 응답은 34.5%, 환경 보호 및 에너지 절약 캠페인에 대한 동참 여부는 34.1%로 다소 낮아 주민들의 보다 적극적인 실천과 참여가 요구된다.

> ⚡ 환경보호 및 에너지절약 관련 단체 가입 및 활동 여부
> – 과거에 가입만 하고 활동 경험이 없는 경우: 7.3%
> – 현재 가입되어 있고 활동은 안 하는 경우: 2.3%
> – 과거에 가입노 하고 활동한 경험이 있는 경우: 35.8%
> – 현재 가입도 하고 활동도 하고 있는 경우: 2.6%
> – 가입이나 활동 경험이 없는 경우: 52.1%

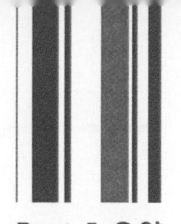

지자체의 현황 조사는 해당 지자체가 어떻게 탄생하여 오늘에 이르고 있으며, 지정학적 위치는 어떻게 되는지, 면적 및 인구는 어떻게 되고, 강우량, 풍속 등 기후현상은 어떤지, 토지현황 및 공원, 녹지면적은 어떻게 되고, 물관리는 어떻게 하는지, 교통관리 및 에너지관리현황(월별/연도별 석유소비량, 가스소비량, 전력소비량) 등 지자체의 일반적인 현황에서부터 구체적인 현황까지 비교적 자세하게 조사해야 한다.

지자체에 계획 중이거나 추진 중인 주요 대형사업들에 대해 전문가 현지조사 및 자료에 의한 환경성 평가를 실시해야 한다. 그 결과 각 사업의 환경성 고려, 공간구조 등은 적절하나 그린시티 추진을 위한 환경성 모니터링, 환경오염 최소화 등은 다소 미흡하며, 그린시티를 향한 몇 가지 고려사항이 제안될 수 있다.

주민의견 조사는 저탄소 그린시티 구축에 대한 전반적인 주민의견을 수렴하고 나아가 저탄소 그린시티 구축의 주민참여를 이끌어 내기 위한 사업홍보의 성격도 동시에 가지고 있다. 조사대상은 OO지자체의 전체설문 대상을 연령, 성별, 거주지역, 거주형태를 고려하여 1,000명 이상 샘플을 확보하여 실시한다. 조사의 주요 내용은 저탄소 그린시티 인지도 및 인지경로, 저탄소 그린시티 추진 시 중점사항, 지자체 발전에 따른 그린시티 사업 항목별 필요도, 저탄소 그린시티 추진 시 장애요인, 환경, 에너지정책에 대한 태도와 향후 사업 참여의향 등이다. 조사방법은 일반 주민을 대상으로 조사한다는 점에서 방문조사, 전화조사로 진행해야 한다. 조사일정은 2~4주 정도 진행한다. 주민의견 수렴 조사결과는 항목별로 분석하여, 추후 저탄소 그린시티 구축을 위한 방안을 찾는 데 반영한다.

1. 저탄소 그린시티 구축을 위한 지자체의 현황 조사는 왜 하는 것이며, 조사를 하려면 어떠한 항목들을 조사해야 하는 것인지 제시해 보자.

2. 저탄소 그린시티 구축을 위해서는 다양한 것을 조사해야 한다. 이미 지자체의 자료실에 있는 자료들도 있지만 지자체 내 주유소의 협조를 받아야 하는 것도 있고, 한전의 협조를 받아야 하는 것도 있다. 또한, 주민들의 의견 수렴까지 다양한 조사방법이 필요하다. 지자체의 현황 조사를 위한 대상별 분야별 조사방법을 제시하고 각 방법의 장단점을 제시해 보자.

3. 내가 속한 우리 지자체의 역사, 인구현황, 토지사용현황, 교통관리현황, 물관리현황, 에너지소비현황(전력, 가스, 석유류 등), 폐기물현황 등 실제 현황 조사 실시계획을 수립해 보자. 모든 데이터를 실제로 모으지 않거나 설문조사를 실제로 실시하지 않더라도, 무엇을 대상으로 어떻게 어떤 방법으로 조사할 것인지 구상해 보자.

Application
for a Green City

Part 6

온실가스 배출량 및 감축잠재량 분석

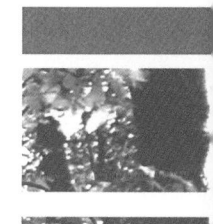

학 습 목 표

1. 국제적인 기준(IPCC 기준)인 온실가스 인벤토리의 주요 항목을 제시할 수 있다.

2. 현재 지자체의 온실가스 배출량 현황 조사 결과를 활용하여 실제로 계산하는 방법을 설명할 수 있다.

3. 현재 지자체의 온실가스 배출량 계산을 바탕으로 장기적인 감축량 전망치 계산방법을 설명할 수 있다.

4. 감축 전망을 바탕으로 향후 우리 지자체의 온실가스 배출 저감을 위한 주요 전략적 시사점을 도출할 수 있다.

1. 온실가스 인벤토리 이해

가. 온실가스 인벤토리의 정의 및 적용기준

온실가스 인벤토리는 온실가스 배출량과 배출원의 정량화된 목록이다. 이를 잘 구축해 놓으면 온실가스가 어디서 얼마나 배출되는지 알 수 있으며, 온실가스를 저감하기 위해서 어떻게 해야 하는지를 알 수 있다.

(1) 방법론

온실가스 인벤토리는 국제기준인 'IPCC Guidelines for National Greenhouse Gas Inventories(이하 IPCC G/L)'에 따른다.[1] 정부에서 유엔기후변화협약[2]에 제출하는 국가 온실가스 인벤토리 보고서 또한 IPCC G/L에 의하여 작성되고 있다. 본 인벤토리는 IPCC G/L을 기준 방법론으로 하였으며, 일부 분야의 경우 국내 활동자료 및 IPCC G/L의 기본 배출계수[3]의 한계로 IPCC G/L 및 GPG[4]를 적용하였다.[5]

(2) 대상 온실가스

IPCC G/L에서는 이산화탄소(Carbon dioxide, CO_2), 메탄(Methane, CH_4), 아산화질소(Nitrous oxide, N_2O), 수소불화탄소(Hydrofluorocarbons, HFCs), 과불화탄소(Perfluorocarbons, PFCs), 육불화황(Sulphur hexafluoride,

---

1 IPCC G/L은 'Revised 1996 IPCC Guidelines for National Greenhouse Gas Inventories(이하 1996 IPCC G/L)', 'Good Practice guidance and Uncertainty Management in National Greenhouse Gas Inventories(이하 GPG)', 'Good Practice Guidance for Land Use, Land-Use Change and Forestry(이하 LULUCF)' 등 기존 지침을 집대성하고 보완한 것으로 이해할 수 있다.
2 United National Framework Convention on Climate Change
3 Default Emission Factors(기본 배출계수 또는 기본값으로 표현)
4 Good Practice guidance and Uncertainty Management in National Greenhouse Gas Inventories
5 인벤토리의 구조는 ICLEI 지침을 참조

SF$_6$), 삼불화질소(Nitrogen trifluoride, NF$_3$), Trifluoromethyl sulphur pentafluoride(SF$_5$CF$_3$), Halogenated ethers(e.g., C$_4$F$_9$OC$_2$H$_5$), 기타 몬트리올의정서에 포함되지 않은 Halocarbons 등을 대상으로 한다. 본 인벤토리는 교토의정서[16]에서 규정한 6개 온실가스 중 산업, 생활, 운송 등 배출요인이 명확한 이산화탄소, 메탄, 아산화질소에 대하여 배출량을 산정하였다.

⚡ 산정 대상 온실가스: CO$_2$, CH$_4$, N$_2$O

표 6-1. 온실가스별 온난화지수 및 기여도

구분	온난화지수 (GWP)	온난화 기여도(%)	주요 발생원
이산화탄소	1	55	산업·생활·운송부문 등의 연료 연소
메탄	21	15	연료연소, 가축의 장내 발효, 생활쓰레기 매립 등
아산화질소	310	6	연료연소 등에 따른 공업프로세스 등 자동차 배출가스, 폐기물 소각, 하·폐수
HFCs (13물질)	140~11,700		대체 프레온가스 생산량 증가, 스프레이 제품의 분사제, 에어컨 등의 냉매용 등에 사용
PFCs (7물질)	6,500~9,200	24	전자부품 등의 기밀성 시스템에 사용하는 불활성 액체, 반도체의 세정용 등에 사용
SF$_6$	23,900		전기 절연가스로 전기기계기구에 사용

출처: 자동차 온실가스 저감대책 연구, 국립환경과학원

나. 인벤토리 분류체계

IPCC G/L에서 제시하고 있는 온실가스 인벤토리 분류체계는 국가 온실가스 배출량을 산정하기 위한 것이다. 지자체 입장에서의 실질적이고 이행 가능한 온실가스 감축 정책을 수립하기 위해서는 이러한 사항이 반영된 온실가스 인벤토리가 필요하다.

....

6 Kyoto protocol(1997.12. 기후변화협약 제3차 당사국회의에서 채택)

온실가스 인벤토리는 기본적으로 IPCC G/L의 분류체계를 따르나 지자체 단위의 온실가스 인벤토리 특성을 반영하기 위해 일부 카테고리는 조정이 가능하다. 기존 통계자료 구축 및 접근성의 한계로 일부 카테고리는 통합, 변경하여 배출량을 산정할 수 있다. IPCC G/L은 ① 에너지부문, ② 산업공정, ③ 농업, 산림 및 기타 토지이용, ④ 폐기물 등 크게 4개 부문으로 구분하여 배출량을 산정할 수 있다.

표 6-2. 우리나라 이산화탄소(온실가스) 배출량(IPCC 가이드라인 배출원 기준)

IPCC 온실가스 배출원 구분	CO_2 배출량 (천tCO_2)	비율 (%)	CO_2 흡수량 (천tCO_2)
온실가스 배출 및 흡수 총량	533,444	100.0	−42,481
에너지부문	490,580	92.0	
연료연소(부문별)	490,580	92.0	−
에너지산업	170,783	32.0	−
제조업 및 건설업	147,467	27.6	−
수송	97,600	18.3	−
광업, 농림어업, 가정·상업, 공공, 기타	74,730	14.0	−
기타	NO	0.0	−
탈루성 배출	0	0.0	
석탄생산	0	0.0	−
석유 및 천연가스	0	0.0	−
산업공정	27,649	5.2	−
광물산업	27,181	5.1	−
화학산업	298	0.1	−
금속산업	171	0.0	−
기타산업	−	0.0	−
HFCs, PFCs, SF_6 생산	−	0.0	−
HFCs, PFCs, SF_6 소비	−	0.0	−
기타	NO	0.0	−

솔벤트 및 기타제품 소비		NE	0.0	−
농업		NE	0.0	NE
	장내 발효	−	0.0	−
	분뇨 분해	−	0.0	−
	벼논 경작	−	0.0	−
	농업용 토양	0	0.0	0
토지이용 변경 및 임업(흡수원)		9,627	1.8	−42,481
	산림 및 기타 목질계 바이오매스 저장량 변화	5,205	1.0	−42,481
	산림 및 초지 전용	371	0.1	0
	경영토지의 방치	NE	0.0	NE
	토양의 CO_2 배출 및 흡수	4,051	0.8	0
	기타	NE	0.0	NE
폐기물		5,588	1.0	−
	고형폐기물 매립	0	0.0	−
	생활하수 처리	−	0.0	−
	산업폐수 처리	−	0.0	−
	폐기물 소각	5,588	1.0	−
	기타	NE	0.0	−

NO: Not Occurring, NE: Not Estimated
출처: 에너지경제연구원 홈페이지

온실가스 인벤토리에서는 에너지부문을 가정, 상업·공공 등으로 세분화시켜 ① 산업, ② 수송, ③ 가정, ④ 상업·공공, ⑤ 농업, ⑥ 폐기물, ⑦ 기타로 구체적으로 분류할 수 있다.

지자체별 온실가스 인벤토리가 작성되면 향후 지자체별 특성에 맞는 온실가스 저감대책을 수립하는 기초 데이터로서 활용 가능하다. 또한 국가 배출량 산정 및 국가 온실가스 저감목표 설정을 위한 기초데이터로도 활용 가능하다.

다. 이산화탄소(CO_2) 배출량 산정 과정

앞서 설명한 바와 같이 우리나라 국가 온실가스 배출량은 IPCC에서 발간한 1996년 개정판 『국가 온실가스 인벤토리를 위한 가이드라인』에 근거하여 산정하고 있다. IPCC 가이드라인(1996)에서 제시하고 있는 이산화탄소 배출량 산정 방법은 다음과 같다. 이산화탄소 배출량을 산정하기 위해서는 기본적으로 에너지소비량, 탄소배출계수, 연소율, 탄소몰입량 등에 대한 자료가 필요하다.

⚡ 이산화탄소 배출량 산정식

$$CO_2 = \sum_{i=1}^{n} \{(\text{연료소비량}_i \times \text{탄소배출계수}_i \times (\text{연소율}_i - \text{탄소몰입율}_i)\} \times \frac{44}{12}, \cdots\cdots$$

i : 연료구분 (석탄, 석유, 가스 등)

IPCC에서 제시하고 있는 연료별 탄소배출계수는 다음과 같다. 단, 에너지 가운데 제품(납사, 아스팔트 등)으로 사용되는 에너지에 의한 이산화탄소 배출량은 대기로 배출되지 않기 때문에 고려하지 않는다.

표 6–3. 연료별 탄소배출계수

구분	휘발유	등유	경유	중유	무연탄	LNG	LPG
kg C/GJ	18.9	19.6	20.2	21.1	18.2	15.3	17.2
톤/천TOE	791.3	820.6	845.7	883.4	1122.1	640.6	720.1

kg C/GJ: 단위열량당 발생하는 탄소의 kg
출처: IPCC 가이드라인(1996)

연료연소에 의한 이산화탄소 배출량 산출에 있어서 불완전 연소되는 부분의 탄소는 이산화탄소로 전환되지 않으므로 제외되어야 한다. 그 이유는 이산화탄소가 대기 중에 배출되기 위해서는 연료의 연소가 필수적이기 때문이다.

따라서 본 연구에서는 배출계수와 마찬가지로 IPCC 가이드라인에서 제시하는 연소율을 적용하기로 한다.

표 6-4. 연료별 연소율

연료 구분	석탄	원유 및 석유제품	가스	발전용 PEAT
연소율	0.98	0.99	0.995	0.99

PEAT: 이탄, 석탄의 일종
출처: IPCC 가이드라인(1996)

재화 생산과정에서 몰입된 탄소량은 연소과정을 거치지 않고 탄소 형태로 남아 있기 때문에 온실가스 배출량에서 제외시켜야 한다. 다시 말해 화석연료를 연료로 사용하지만 실제로 연료의 연소과정이 이용되지 않고 다른 제품의 중간재나 최종제품으로 사용되는 연료는 탄소 배출과 관련이 없기 때문에 이를 보정해 주어야 한다.

라. 지자체 단위의 이산화탄소 배출량 산정

표 6-5. 제품별 탄소몰입률

제품구분	아스팔트	윤활유	원료탄의 Coal Oils 및 Tars	납사	LPG	천연가스	경유
탄소몰입률	1	0.5	0.75 (0.045)	0.075	0.8	0.33	0.5

출처: IPCC 가이드라인(1996)

(1) 산업부문

도시 내 활동 중 산업부문의 이산화탄소 배출량은 IPCC 가이드라인(1996)에 따른 에너지별 이산하탄소 배출량 산정시과 한국은행이 제시한 산업별 이산화탄소 배출계수 자료를 이용하여 산정한다. 여기에서 산업부문의 에너지 사용량은 한국석유공사에서 발행한 석유류수급통계나 에너지경제연구원에서 발행한 에너지 총 조사보고서의 자료를 참고로 하여 산정한다.

단, 운수업의 이산화탄소 배출량은 교통수단으로부터 발생되는 이산화탄소를 제외한 보관 및 창고에서 발생되는 이산화탄소의 양이다. 또한 전기, 가스, 수도 사업에서 가계부문의 전력은 제외한다.

(2) 수송부문

수송부문에서 발생하는 이산화탄소 배출량은 차종별 차속을 이용하여 산정한다. 수송부문에서 차종은 크게 승용차, 택시, 승합차, 버스 그리고 화물차 총 5가지로 구분한다. 수송부문의 이산화탄소 배출량 산정 방법은 다음의 그림과 같다.

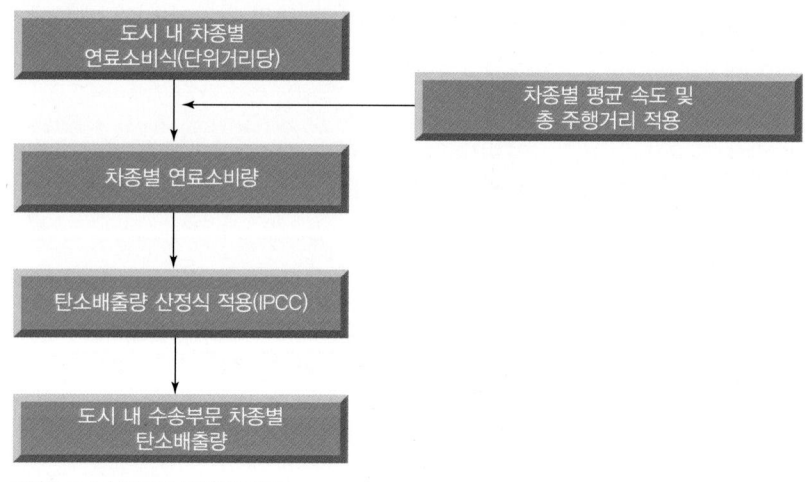

그림 6-1. 수송부문 탄소배출량 산정

차종별 연료별 이산화탄소 배출량 산정은 차종별 차속에 따른 연료소비식과 평균 주행속도를 고려한 단위거리당 연료소비량을 계산한다. 그리고 계산된 단위거리당 연료소비량과 차종별 주행거리로부터 도로이용원의 연료소비량을 산정한다.

차종별 연료별 CO_2 산출량은 차종별 연료소비식에 제시된 차종별 차속에 따른 연료 소비식을 이용해 단위거리당 연료소비량과 우리나라 대도시 평균 주행속도를 이용하여 산정한다. 여기서 우리나라 대도시 평균 주행속도는 통상 20km/h를 적용하여 산정한다.

표 6-6. 차종별 연료소비식

차종			단위거리당 연료소비식
승용차	휘발유		$0.01090 \times v^2 - 1.5100 \times V + 93.672$
	LPG		45
택시			45
승합차	소형	휘발유	$0.01870 \times v^2 - 2.6974 \times v + 156.77$
		경유	$0.00790 \times v^2 - 1.3123 \times v + 83.660$
		LPG	45
	중형		$1425.2 \times v^{-0.7593}$
	대형		$1919.0 \times v^{-0.5596}$
버스			$1919.0 \times v^{-0.5596}$
소형트럭			$0.00790 \times v^2 - 1.3123 \times v + 83.660$
중형트럭			$1068.4 \times v^{-0.4905}$
대형트럭			$1595.1 \times v^{-0.4744}$

출처: CORINAIR(1999)

그리고 우리나라 차종별 연간 운행거리는 차종별 차량등록 대수 및 주행거리에 제시된 자료를 이용하였다.

표 6-7. 차종별 차량 등록대수 및 주행거리

구분		자동차 등록대수	총 자동차 주행거리(D_j) (km/년)
승용차	휘발유	1,617,536	29,082,988,042
	LPG	149,537	2,152,572,490
택시		86,224	6,644,779,726
승합차	소형 휘발유	3,579	75,695,496
	소형 경유	106,816	2,247,842,676
	소형 LPG	85,951	1,808,758,293
	중형	3,998	75,358,642
	대형	2,350	40,532,962
버스		12,102	769,556,539
화물차	소형	564,027	5,102,608,751
	중형	16,304	1,153,418,461
	대형	398,134	1,389,209,231

출처: 국토해양부 홈페이지

구체적으로 수송부문의 연료소비량을 다음 식에 대입하면 탄소발생량을 계산할 수 있다. 여기서 연료소비량($F_{k,\ VC}^r$)은 에너지소비량($EC_{ik,\ VC}^r$)인 석유환산톤으로 전환되어야 한다. 석유환산톤은 원유 1ton의 발열량 10^7kcal을 기준으로 표준화한다. 연료소비량은 에너지소비량인 석유환산톤으로 전환은 각 연료가 가진 에너지 전환 효율에 의해 결정된다. 또한 수송부문의 경우 연료는 거의 다 연소되므로 탄소몰입률을 고려하지 않는다.

(3) 가정부문

가정부문에서 배출되는 이산화탄소의 양은 가정부문에서 사용하는 에너지의 양으로부터 계산한다. 여기서 가정부문의 에너지 사용은 크게 난방과 전력으로 구분한다. 가정부문의 이산화탄소 배출량은 다음 그림에 보이는 바와 같은 과정을 통해 산정한다. 구체적으로 가정부문의 이산화탄소 배출량은 산업부문과 마찬가지로 한국은행(2008)의 자료를 사용하여 산업과 가정부문의 이산화탄소 배출량으로 구분하게 된다. 가정부문의 이산화탄소 배출량은 가정에서 사용되는 부문별 연료소비 규모와 다음 수식을 이용하여 산정한다. 단, 가정부문 역시 연료는 다른 제품으로 전환되지 않고 모두 연소됨을 전제한다.

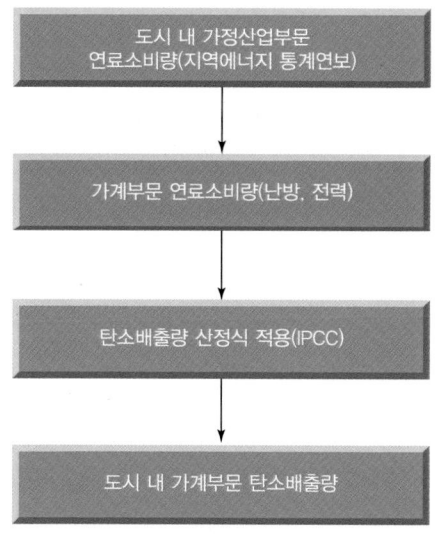

그림 6-2 가정부문 탄소배출량 산정

(4) 폐기물부문

폐기물부문은 폐기물을 처리하는 과정을 의미하며 이러한 폐기물처리 과정에서 탄소 및 오염물질이 발생한다. 폐기물부문에서는 비생물계 소각폐기물로부터 발생하는 이산화탄소 배출량을 산정한다. 폐기물을 소각하면서 발생하는 이산화탄소 양은 각 폐기물의 여가 소각량과 탄수배출계수, 소가효율을 적용하여 구할 수 있다. 폐기물 소각처리에 따른 이산화탄소 배출량은 다음의 식을 이용히여 도출한다.

소각폐기물의 탄소배출계수는 다음 표와 같다.

표 6-8. 소각폐기물의 탄소배출계수

폐기물	폐합성 수지	고무피혁	폐합성 섬유	폐합성 고무	폐피혁	기타 가연분
배출계수	2.347	2.094	1.408	2.299	1.870	1.045

출처: 김운수(2006)

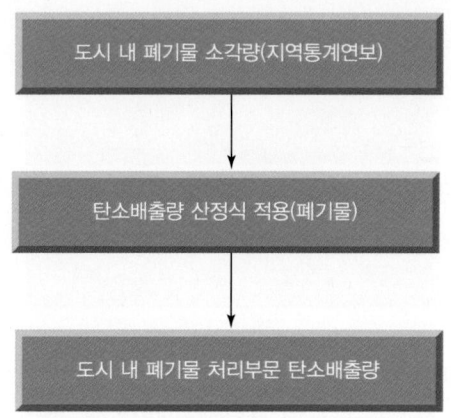

그림 6-3. 폐기물부문 탄소배출량 산정

2. 국내 온실가스 배출량 분석(사례 중심)

가. 광역단위 지자체 온실가스 배출량 분석

우리나라 총 온실가스 배출량(CO_2)은 588백만 톤으로, 산업 294백만 톤 (50.1%), 수송 103백만 톤(17.6%), 가정 74백만 톤(12.6%), 상업·공공 74백만 톤(12.6%), 농업 14백만 톤(2.5%), 폐기물 15백만 톤(2.6%)으로 산정되었다.

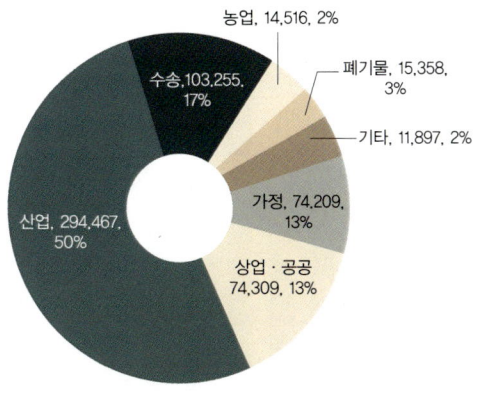

농업, 14,516, 2%

폐기물, 15,358, 3%

기타, 11,897, 2%

수송,103,255, 17%

가정, 74,209, 13%

산업, 294,467, 50%

상업·공공 74,309, 13%

그림 6-4. 우리나라 부문별 온실가스 배출량 예시

전국 16개 광역지자체의 온실가스 배출량(CO_2)은 경기 87백만 톤(14.9%), 전남 73백만 톤(12.4%), 경북 64백만 톤(11%) 순으로 나타났으며, 상위 5개 광역지자체의 온실가스 배출량은 177백만 톤으로 절반 이상(약 56.45%)의 온실가스를 배출하는 것으로 나타났다.

전국 16개 특별·광역시의 부문별 온실가스 배출량의 경우, 서울·부산·대전·광주·제주를 제외한 광역지자체들은 산업부문에서 가장 많은 것으로 나타나고 있다. 서울의 경우 상업·공공부문이 1,866만 톤(35.59%)으로 가장 많은 것으로 나타났으며, 가정부문 1,462만 톤(27.88%), 수송부문 1,305만 톤(24.88%)의 순으로 나타났다. 또한 서울은 지형적 특성으로 농업부문이 약 1만 톤(0.02%)으로 매우 미미한 것으로 나타났다. 대전의 경우도 상업·공공부문이 284만 톤(29.09%)으로 가장 많은 것으로 나타났으며, 수송부문 240만 톤(24.62%), 가정부문 217만 톤(22.30%)의 순으로 나타났다. 부산·광주·제주는 수송부문에서 각각 951만 톤(36.44%), 217만 톤(27.72%), 191만 톤(42.21%)으로 온실가스 배출량이 가장 많은 것으로 나타났다.

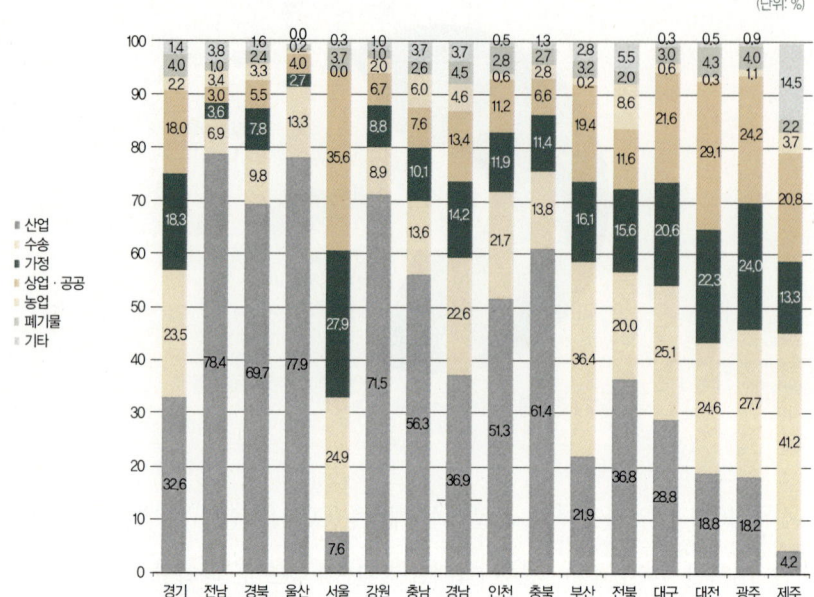

(단위: %)

그림 6-5. 광역시 · 도별 온실가스 배출량 예시

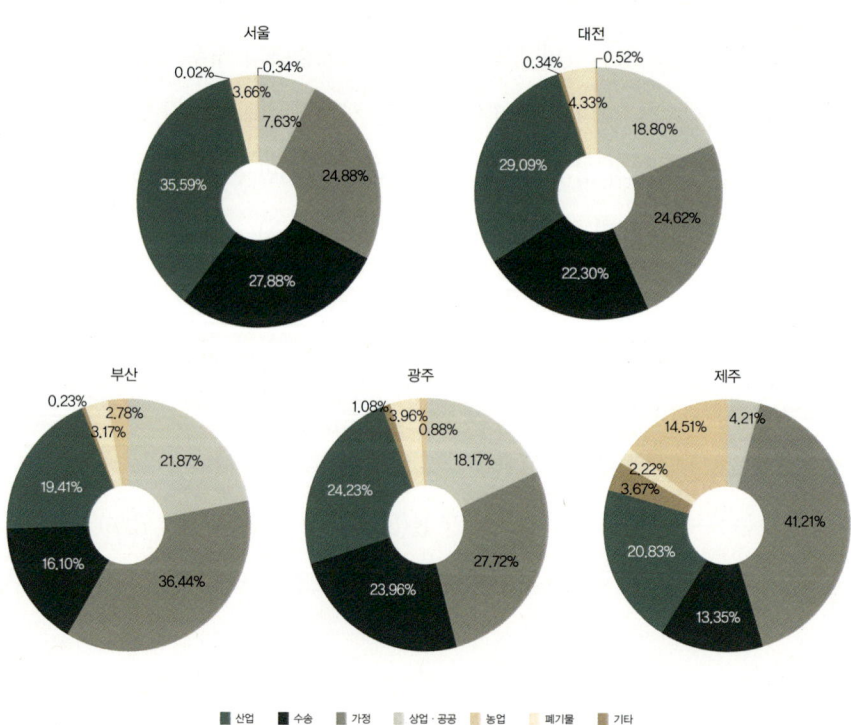

그림 6-6. 부문별 온실가스 배출량 예시

188

나. 온실가스 배출량 산출사례: A지자체 산출사례

온실가스 배출량 현황부터 살펴보아야 한다. 배출량 현황은 산업부문, 상업·공공부문, 가정부문, 수송부문 등으로 나누어 살펴볼 수 있다. A지자체의 경우, 온실가스 배출량 현황을 살펴보면 상업·공공부문이 626,714톤 (33.96%), 가정부문 519,965톤

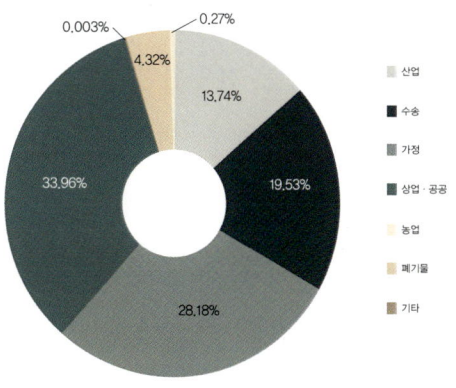

그림 6-7. A지자체 부문별 온실가스 배출량

(28.18%), 수송부문 360,434톤(19.53%), 산업부문 253,604톤(13.74%)의 순으로 나타난다.

표 6-9. A지자체 부문별 온실가스 배출량 현황 예시 (단위: 톤)

구분	CO_2	CH_4	N_2O	CO_2 eq.	비중(%)
산업	218,058	1,655	3	253,604	13.74
수송	347,977	65	36	360,434	19.53
가정	516,556	111	3	519,965	28.18
상업·공공	624,189	22	7	626,714	33.96
농업	–	3	–	53	0.00
폐기물	4,873	3,204	24	79,626	4.32
기타	4,886	–	–	4,886	0.27
합계	1,716,539	5,060	73	1,845,303	100.00

여기서는 온실가스 배출량 구성비를 면밀히 살펴볼 필요가 있다. 가정부문, 상업부문, 공업부문, 수송부문 등으로 나누어 살펴보아야 한다. 우선 각 부문의 배출량 비율을 계산하여, 이를 전국의 부문별 온실가스 배출량 비율과 비

교해 볼 필요가 있다. 이를 통해 해당지자체의 온실가스 배출상의 특징을 도출할 수 있다.

A지자체의 경우, 온실가스 배출량 부문별 구성비를 살펴보면 가정부문과 상업·공공부문은 전국 단위 부문별 비중보다 높게 나타나고, 산업부문과 수송부문은 전국 단위 부문별 비중에 비해 낮게 나타나는 특징이 있다.

표 6-10. A지자체와 전국 부문별 온실가스 배출량 비교

구분		부문별 배출량(CO_2)						
		산업	수송	가정	상업·공공	농업	폐기물	기타
A지자체	배출량 (톤)	253,604	360,434	519,965	626,714	53	79,626	4,886
	비율	13.74	19.53	28.18	33.96	0.00	4.32	0.27
전국	배출량 (천 톤)	294,467	103,255	74,209	74,309	14,516	15,358	11,897
	비율	50.08	35.06	12.62	12.64	2.47	2.61	2.02

다. 2020년 온실가스 배출 전망(BAU)

(1) 정부 온실가스 배출 전망(BAU)

정부의 온실가스 배출 전망(BAU) 설정방법에 따라 지자체 온실가스 배출 전망을 실시한다. 정부에서는 BAU에 직접적인 영향을 미칠 수 있는 주요 경제변수(유가, 인구, 경제성장률) 등을 전망하여 사용하였다. 유가는 미국 에너지정보청(EIA: Energy Information Agency)에서 발간한 국제전망(International Energy Outlook, 2008)을 토대로 전망한다. 인구는 통계청의 인구전망 자료를 활용하였으며, 2018년 4,900만 명을 정점으로 감소할 전망이다. 경제성장률은 2020년부터 점차 둔화되어 2030년 2.24%로 하락할 전망이다(KDI).

표 6-11. 정부 온실가스 배출 전망을 위한 경제변수 전망

구분	현재	2020년	2030년
유가($/bbl)	93	104	135
인구(백만 명)	48.9	49.3	48.6
경제성장률(%)	4.75	3.66	2.24

(단위: $/bbl)

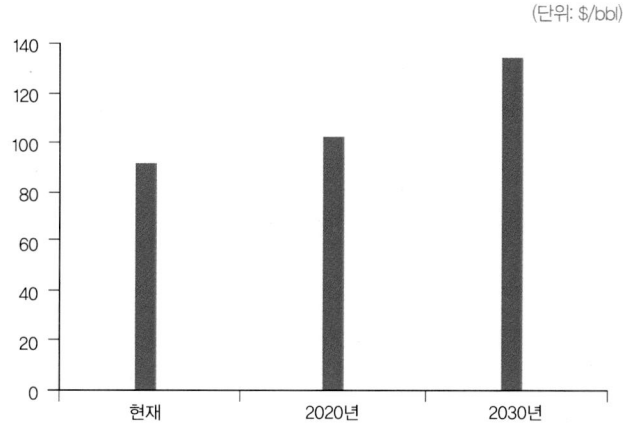

그림 6-8. 정부 온실가스 배출 전망을 위한 경제변수 전망–유가

(단위: 백만 명)

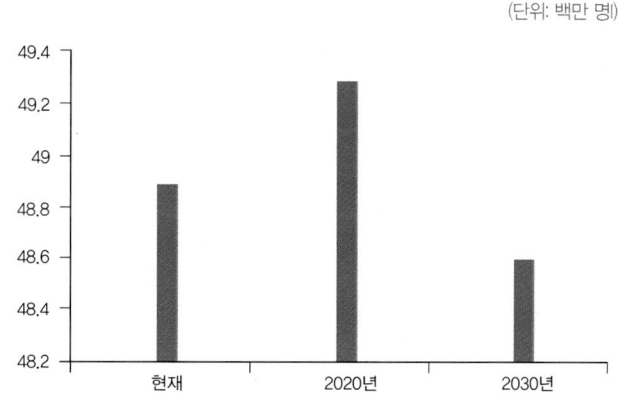

그림 6-9. 정부 온실가스 배출 전망을 위한 경제변수 전망 유가-인구

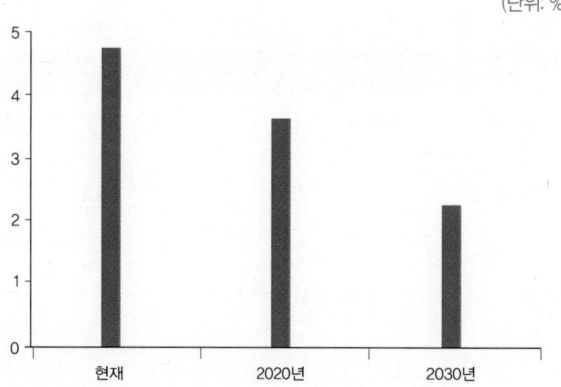

(단위: %)

그림 6-10. 정부 온실가스 배출 전망을 위한 경제변수 전망 유가-경제성장률

　BAU 전망 결과, 현재 대비 2020년은 약 37%, 2030년은 약 49% 증가할 것으로 예측하였다.

(2) 지자체 단위 온실가스 배출 전망(BAU)

　정부의 2020년 온실가스 배출 전망에 근거하여 지자체 단위의 2020년 온실가스 배출량을 전망할 수 있다. 정부 온실가스 배출 전망은 현재의 온실가스 데이터를 기초로 2020년은 약 37%의 온실가스 배출 증가를 예상하였다. 따라서 지자체의 현재 온실가스 데이터를 활용하여 예측할 수 있다. 예를 들어, A 지자체의 현재 온실가스 배출량이 1,845,303톤이라는 가정하에 2020년 온실가스 배출량을 전망(약 37% 증가)한 결과 약 250만 톤으로 예상할 수 있다.

표 6-12. 지자체 단위 온실가스 배출 전망 예시

구분	현재 온실가스 배출량	2020년 온실가스 배출 예측(BAU)
A지자체	1,845,303톤	약 2,500,000톤
전국	594,000,000톤 (전국 데이터는 2009년 정부 발표 데이터를 참조)	약 813,000,000톤
비고	–	현재 대비 약 37% 증가

정부의 2020년 온실가스 배출 전망에 근거하여 지자체의 2020년 온실가스 배출량을 연도별로 전망해 보자. 현재 온실가스 배출량은 서서히 증가하며 2020년 온실가스 배출량은 현재 대비 37%가 증가된 250만 톤에 이를 것으로 예상할 수 있다.

표 6-13. 지자체 단위 연도별 온실가스 배출량 전망 예시

구분	2011	2012	2013	2015	2017	2020	비고
A지자체 온실가스 배출 전망	1,845,303	1,852,684	1,925,956	1,958,698	2,098,010	2,500,000	37% 증가

이 배출 전망치는 A지자체가 온실가스 배출 저감을 위한 아무런 노력도 하지 않고 현재와 같이 그냥 갈 경우에 예상되는 배출 전망을 가리킴

3. 온실가스 감축잠재량 추정

가. 개요

온실가스 감축잠재량이란 주어진 탄소 가격을 기준으로 기준선(baseline) 대비 감축할 수 있는 온실가스의 크기를 의미한다.[7] 온실가스 감축잠재량 분석의 접근방식은 두 가지로 구분 가능하다.

첫째, 상향식(Bottom-up) 방식으로, 기술과 정책규제에 근거하여 감축대안을 평가하고, 부문별로 에너지 효과 개선이나 정책효과를 분석한다. 탄소포인트제나 탄소마일리지제도와 같은 수요자 관리 중심의 정책효과를 검토하는 데 유리하다. 대표적인 분석방법으로는 시장할당(MARKAL: MARKet ALlocation) 모형이 있다.

---

7 기후변화에 관한 정부 간 협의체의 온실가스 감축에 관한 제4차 보고서

둘째, 하향식(Top-down) 방식으로, 거시경제와 시장반응에 따라 경제 전반에 미치는 파급효과를 고려하여 감축대안을 평가한다. 탄소세와 같이 온실가스 감축대안이 부문 간 혹은 경제 전체에 미치는 파급효과를 분석할 수 있다. 구체적인 방법으로는 거시경제일반균형(CGE: Computable General Equilibrium) 모형을 들 수 있다.[8]

지자체 단위의 온실가스 감축잠재량은 온실가스 대응책 마련으로 활용되는 점을 고려하여 정책효과 분석에 중점을 두고 추정할 수 있다(상향식 접근).

나. 저탄소 그린시티 구축을 위한 온실가스 감축잠재량 추정: A지자체의 예

A지자체의 부문별 온실가스 2020년 배출 전망(BAU)을 다음 표와 같이 가정하고, 이하의 정책사업을 추진한다고 전제하였을 때 온실가스 감축잠재량을 추정해 보기로 한다.

표 6-14. A지자체의 2020년 배출 전망(BAU) 부문별 배출량 가정

구분	2020년 배출 전망(BAU) 부문별 배출량(CO_2, 톤)						
	산업	수송	가정	상업·공공	농업	폐기물	기타
배출 전망	344,484	489,597	706,297	851,300	72	108,160	6,637

(1) 정책사업 1: 저탄소 녹색에너지 활성화

A지자체는 저탄소 그린시티 구축을 위해 저탄소 녹색에너지 활성화 정책사업을 추진하고자 한다. 에너지 경제연구원 자료에 의하면 고단열 창호 및 외벽단열 등을 통해 30% 이상 난방에너지의 절약이 가능하다. 최근 지식경제부

---

8 시장할당(MARKAL: MARKet ALlocation)이나 거시경제일반균형(CGE: Computable General Equilibrium) 모형 모두 국가 단위를 분석대상으로 하고 있다. 따라서 지역단위에 적용시켜 잠재량을 분석하기에는 무리가 따른다.

자료에 따르면 우리나라 건물에너지 소비율은 약 24%로 전체 국가 에너지의 4분의 1을 차지하고 있으며, 건물에너지 사용비율은 난방에너지(58%), 급탕에너지(16%), 가전기기(12%), 냉방에너지(11%), 환기에너지(3%) 등이 차지하는 것으로 나타났다. 따라서 다음과 같이 감축잠재량을 추정할 수 있다.

> 가정부문 온실가스 감축잠재량
> = 가정부문 배출 전망치 × 0.58(건물에서의 난방에너지 사용비율) × 0.3(절약률)
> = 약 122,895톤

또한 A지자체는 상업 및 공공에서 하천수 및 지열 등을 활용하여 냉난방에너지의 10%를 절약하고자 한다.

> 상업·공공부문 온실가스 감축잠재량
> = 상업·공공부문 배출 전망치 × 0.85(건물에서의 냉난방/급탕에너지 사용비율) × 0.1(절약률)
> = 약 72,360톤

A지자체의 산업부문 전력사용량에 따른 온실가스 2020년 배출 전망치가 약 766,906톤이라고 가정하고, 태양광, 소규모 풍력 등을 통한 신재생에너지를 전체 전력사용량의 5%가량 확보한다면 감축잠재량은 다음과 같다.

> 산업부문 온실가스 감축잠재량
> = 전력사용량에 따른 온실가스 배출 전망치 × 0.05(절약률)
> = 약 38,345톤

표 6-15. A지자체의 녹색에너지 활성화를 통한 온실가스 감축잠재량 추정

구분	2020년 배출전망(BAU) 부문별 배출량(CO_2, 톤)						
	산업	수송	가정	상업·공공	농업	폐기물	기타
배출 선망	344,484	489,597	700,297	851,300	72	108,160	6,637
감축잠재량	38,345	–	122,895	72,360	–	–	–

(2) 정책사업 2: 지능형 교통체계, 자전거 생활화 등 녹색교통 활성화

A지자체에서는 녹색교통 활성화 정책 추진을 위해 단계적으로 저탄소 교통체계기반 조성(2010~2011), 저탄소 교통체계 구축(2012~2016), 비탄소 녹색성장 교통체계 완성(2017~2025)을 통해 2020년까지 수변 자전거도로 확충, 자전거도로와 실개천의 연계 및 자전거 교통수송분담률 30% 달성을 목표로 하고 있다. 이 경우 수송부문에서 발생하는 온실가스 146,879톤을 감축할 수 있을 것으로 예상된다.

수송부문 온실가스 감축잠재량
= 수송부문 배출 전망치 × 0.3(절약률)
= 약 146,879톤

표 6-16. 녹색교통 활성화를 통한 온실가스 감축잠재량 추정

구분	2020년 배출전망(BAU) 부문별 배출량(CO_2, 톤)						
	산업	수송	가정	상업·공공	농업	폐기물	기타
배출 전망	344,484	489,597	706,297	851,300	72	108,160	6,637
감축잠재량	–	146,879	–	–	–	–	–

(3) 정책사업 3: 폐금속자원 재활용 등 폐자원 재활용 강화

A지자체에서는 폐기물 관리계획 및 폐기물 자원화 프로그램을 바탕으로 2015년까지 자원재활용률 20% 향상을 목표(생활폐기물 재활용률 60%)로 하고 있다. 폐기물 구성비율을 살펴보면(전국 폐기물 발생 및 처리현황) 사업장 배출 시설폐기물은 33.5%, 생활폐기물은 17.2%, 건설폐기물은 49.3%로 나타났다. 따라서 산출식은 다음과 같다.

폐기물부문 온실가스 감축잠재량
= 폐기물부문 배출 전망치 × 0.172(생활폐기물 비율) × 0.6(생활폐기물 재활용률 목표치)
= 약 11,162톤

표 6-17. 폐금속자원 재활용 등 폐자원 재활용 강화를 통한 온실가스 감축잠재량 추정

구분	2020년 배출전망(BAU) 부문별 배출량(CO_2, 톤)						
	산업	수송	가정	상업 · 공공	농업	폐기물	기타
배출 전망	344,484	489,597	706,297	851,300	72	108,160	6,637
감축잠재량	–	–	–	–	–	11,162	–

(4) 정책사업 4: 지속적 시민참여를 통한 녹색소비 및 녹색생활 실천 강화

국립환경과학원 보도자료에 의하면 난방 시간 줄이기, 난방 온도 줄이기, 냉방 시간 줄이기, 조명 시간 줄이기, TV시청 시간 줄이기, 컴퓨터 사용 줄이기, 냉장고 적정용량 유지, 세탁 사용시간 단축, 승용차 공회전 금지, 경제속도 준수 등을 통해 온실가스 배출 전망치(BAU)의 9.4%를 줄일 수 있는 것으로 나타났다. A지자체는 온실가스 감축을 위한 녹색생활의 경우 냉 · 난방온도 및 시간 줄이기, 조명시간 줄이기, 녹색운전 습관 등을 통해 온실가스 배출 전망치(BAU)의 9.4%를 저감할 수 있다. 따라서 녹색소비 및 녹색생활 실천으로 온실가스 감축이 가능한 산업, 수송, 가정, 상업 · 공공부문에 대해서 총 224,816톤의 온실가스를 감축할 수 있다.

> 산업/수송/가정/상업 · 공공부문 온실가스 감축잠재량
> = 산업/수송/가정/상업부문 배출 전망치 × 0.094(절약률)
> = 약 224,816톤

표 6-18. 녹색소비 및 녹색생활 실천 강화를 통한 온실가스 감축잠재량 추정

구분	2020년 배출 전망(BAU) 부문별 배출량(CO_2, 톤)						
	산업	수송	가정	상업 · 공공	농업	폐기물	기타
배출 전망	344,484	489,597	706,297	851,300	72	108,160	6,637
감축잠재량	32,381	46,022	66,391	80,022	–	–	–

(5) A지자체 저탄소 그린시티 구축사업 감축잠재량 종합

다음 표와 같은 온실가스 저감 시나리오에 따라 온실가스 감축효과를 종합한 결과 A지자체는 2020년 온실가스 배출 전망치(250만 톤) 대비 약 30.40%(약 76만 톤)의 온실가스가 감축 가능한 것으로 추정할 수 있다. A지자체에서 저탄소 그린시티 구축사업의 일환에 따라 저탄소 녹색에너지 활성화, 녹색교통 실천, 폐자원 재활용, 녹색소비 실천 등을 생활화한다면 2020년의 온실가스 배출량은 현재 기준 1,840,396톤에서 2020년에는 1,080,439톤으로 줄일 수 있으며, 온실가스 배출 전망치 250만 톤에 대비해 30.4%가 감축될 것이다. 부문별로는 산업부문에서 3.65%, 수송부문에서 8.89%, 가정부문에서 9.28%, 상업·공공부문에서 8.13%, 폐기물부문에서 0.45%가 감축될 것으로 전망할 수 있다. 이러한 온실가스 감축률(30.40%)은 최근 정부에서 발표한 온실가스 감축 목표(2020년 배출 전망치 대비 30%)와 유사하다.

표 6-19. A지자체의 온실가스 저감 시나리오 예시

구분	2020년 장기목표(안)	감축잠재량 (CO_2, 톤)	비고
산업	• 신재생에너지 사용비율 5% 확대	38,345	1.53%
	• 그린IT 등 U-City 조성(온실가스 6% 감축)	20,669	0.83%
	• 녹색생활 실천(배출 전망치의 9.4% 감축)	32,381	1.29%
수송	• 교통 및 안전관리 등 유비쿼터스 관리 강화(온실가스 6% 감축)	29,376	1.17%
	• 자전거 교통수송분담률 30% 확보	146,879	5.88%
	• 녹색생활 실천(배출전망치의 9.4% 감축)	46,022	1.84%
가정	• 냉·난방에너지 30% 절약(도시가스 확대, 신재생에너지 활용, 하천수 활용 냉난방 확대)	122,895	4.92%
	• 건물관리 및 원격진단 유비쿼터스 관리 강화(온실가스 6% 감축)	42,377	1.70%
	• 일상생활 녹색생활 실천(배출 전망치의 9.4% 감축)	66,391	2.66%

상업 · 공공	• 지열 등을 통해 냉난방에너지 10% 절약	72,360	2.89%
	• 화상회의 및 paperless행정 등 U-City 조성(온실가스 6% 감축)	51,078	2.04%
	• 상업부문 녹색생활 실천(배출 전망치의 9.4% 감축)	80,022	3.20%
농업	–	–	–
폐기물	• 생활폐기물 재활용률 60%(재활용, 재사용)	11,162	0.45%
합계		759,957	30.40%

A지자체의 저탄소 그린시티 구축사업에 따른 온실가스 배출량을 연도별로 전망해보면 다음과 같다.

표 6-20. A지자체의 저탄소 그린시티 구축사업에 따른 연도별 온실가스 배출량 전망 예시

구분	2011	2012	2013	2015					
산업	253,604	251,068	242,356	213,657					
수송	360,434	356,830	349,729	258,591					
가정	519,965	509,566	479,450	390,472					
상업 · 공공	626,714	620,447	617,348	599,032					
농업	53	–	–	–					
폐기물	79,626	79,546	78,911	76,647					
합계	1,840,396	1,817,457	1,767,795	1,538,400					
구분	–	2016	2017	2018	2019	2020	감축량(%)		
산업		204,043	193,841	178,333	165,850	162,209	3.65		
수송		230,146	197,925	166,257	141,319	138,157	8.89		
가정		370,948	350,546	329,514	296,562	288,302	9.28		
상업 · 공공		581,061	563,630	541,084	508,619	423,254	8.13		
농업		–	–	–	–	–	–		
폐기물		75,881	74,970	73,846	72,369	68,464	0.45		
합계		1,462,080	1,380,913	1,289,035	1,184,719	1,080,439	30.4		

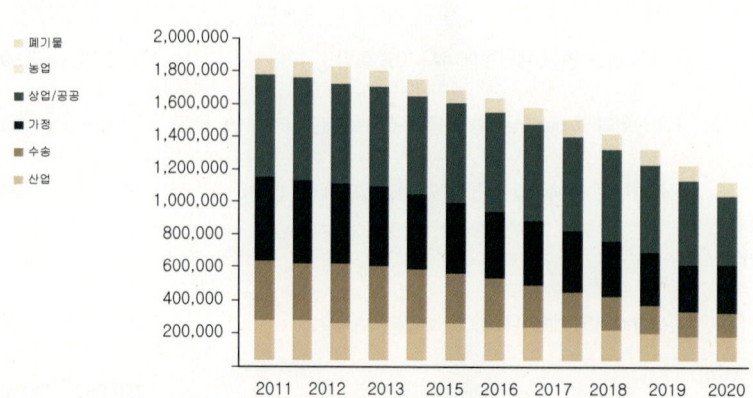

그림 6-11. A지자체의 저탄소 그린시티 구축사업에 따른 연도별 온실가스 배출량 전망 예시

Part 6 요약

　온실가스 배출량 계산은 IPCC가 제시한 국제적인 기준인 온실가스 인벤토리에 의거하여 산출한다. 현재 해당국가·해당지역·해당지자체에서 배출되는 모든 온실가스 현황을 찾아내어 그 값을 인벤토리에 구성항목에 대입하고, 이를 계산식에 넣어 산출한다. 정부의 2020년 온실가스 배출 전망에 근거하여 지자체 단위의 2020년 온실가스 배출량을 전망할 수 있다. 정부 온실가스 배출 전망은 현재의 온실가스 데이터를 기초로 2020년은 약 37%의 온실가스 배출증가를 예상하였다. 따라서 기초단위 지자체의 경우도 현재의 온실가스 데이터를 활용하여 예측할 수 있다. 예를 들어 설명한 A지자체의 경우, 현재 온실가스 배출량이 1,845,303톤이라는 가정하에 2020년 온실가스 배출 전망(약 37% 증가)을 한 결과 약 250만 톤으로 예상할 수 있었다.

　이러한 온실가스 배출량전망치를 바탕으로 온실가스 감축잠재량을 예측해 볼 수 있다. 감축잠재량이란 주어진 탄소 가격을 기준으로 기준선(baseline) 대비 감축할 수 있는 온실가스의 크기를 의미한다. 예를 들어 설명한 A지자체의 경우, 부문별 온실가스 2020년 배출 전망(BAU)을 가정하고, 다양한 그린시티 사업을 추진한다고 전제하였을 때 온실가스 감축잠재량을 추정해보았다. 저탄소 녹색에너지 활성화, 녹색교통 활성화, 폐기물 재활용 강화, 시민의 녹색생활실천 강화 등 주요 예상정책을 바탕으로 감축잠재량을 추정하고, 종합적인 감축잠재량을 전망하였다. 부문별 감축잠재량을 계산하여 그린시티 구축을 위한 전략적 시사점도 도출해 볼 수 있다. 이는 추후 저탄소 그린시티 구축을 위한 핵심전략 수립 시 반영하게 된다.

1. 국제적인 기준(IPCC 기준)인 온실가스 인벤토리 구성의 의미를 설명해 보고, 인벤토리의 주요 항목을 제시해 보자. 이산화탄소 외에 인벤토리에 포함된 다양한 온실가스의 종류를 제시해 보자.

2. 온실가스 배출량을 실제로 계산하는 방법을 설명해 보자. 에너지·교통·폐기물 등 산업부문, 상업·공업부문, 가정부문, 수송부문 등으로 나누어진 배출현황을 활용하여 내가 속한 지자체의 온실가스 배출량을 계산하기 위한 방법을 설명해 보자.

3. 온실가스 배출량 계산을 바탕으로 장기적인 감축량(2020년) 전망치를 계산하는 방법을 설명해 보자. 산업부문, 상업·공업부문, 가정부문, 수송부문 등으로 나누어진 배출현황을 활용하여 내가 속한 지자체의 온실가스 감축잠재량을 계산하기 위한 방법을 설명해 보자.

4. 감축전망을 바탕으로 향후 내가 속한 지자체의 온실가스 배출저감을 위한 주요 전략적 시사점을 도출해 보자. 이 전략적 시사점은 향후 내가 속한 지자체가 저탄소 그린시티를 구축해 가는 구체적인 핵심전략에 포함되어 반영될 포인트이다.

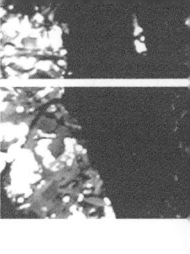
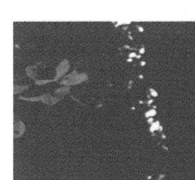
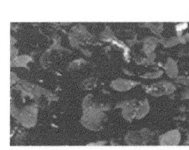

Part 7

저탄소 그린시티 구축 방향 및 전략

▼

1. 저탄소 그린시티의 개념과 개념구조를 정의하여 제시할 수 있다.

2. 저탄소 그린시티 구축 핵심전략을 제시할 수 있다.

3. 저탄소 그린시티 구축 핵심전략별 주요 포인트를 설명할 수 있다.

1. 저탄소 그린시티 개념구조

저탄소 그린시티는 기존의 회색 개발을 지양하고 인간과 자연이 조화를 이룬 자연친화적 생태도시를 말한다.

가. 저탄소 그린시티의 개념적 구조

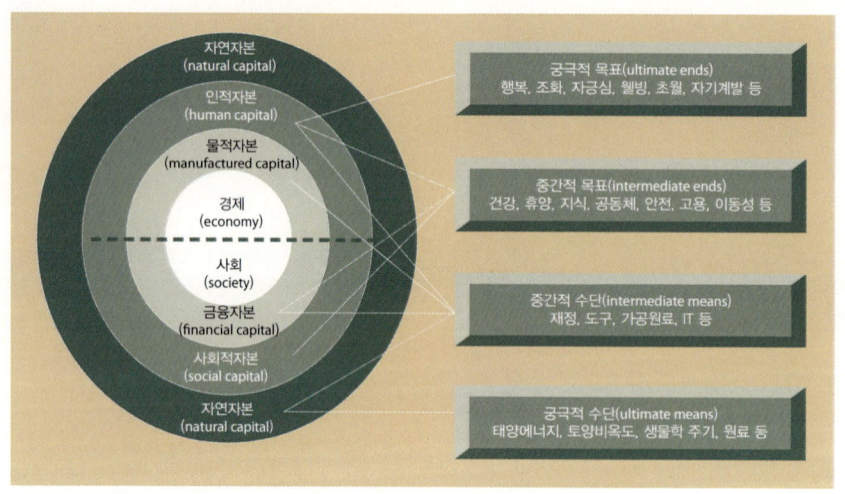

그림 7-1. 저탄소 그린시티의 개념구조
출처: Green growth at a glance, 2006, ESCAP

저탄소 그린시티는 자연과 인간이 조화를 이루고 과거와 미래가 공존하는 자연친화적 과학생태도시이다. 저탄소 그린시티는 공간적으로는 자연생태(녹지축, 녹지회랑)와 인간(행복, 건강)이 조화를 이루는 생명공동체를 뜻하며, 시간적으로는 과거(문화적 전통)와 현재·미래(녹색첨단과학)가 공존하는 행복삶터를 말한다. 또한 화석연료 사용(온실가스 배출) 자제, 쓰레기 재활용 및 자원화, 자연과 과학을 활용한 신재생에너지 활용이 주를 이루며, 녹지공간이 조성된 시민참여형 도시이다.

나. 저탄소 그린시티의 핵심요소

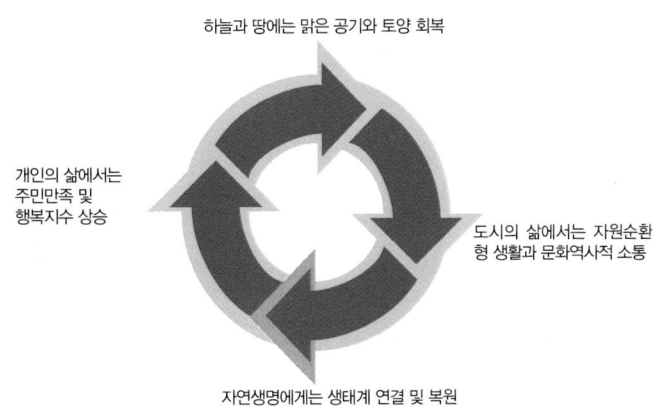

그림 7-2. 저탄소 그린시티 핵심요소

저탄소 그린시티는 하늘과 땅에는 맑은 공기와 토양이 회복되어 있고, 도시의 삶에서는 자원순환형 생활과 문화역사적 소통이 이루어지며, 도시 내 존재하는 자연생명체에게는 생태계가 복원되어 연결되어 있으며, 개인의 삶에서는 주민들의 삶의 만족도가 높고 행복지수가 지속적으로 상승하는 도시이다.

2. 저탄소 그린시티의 비전

가. 저탄소 그린시티의 Vision Concept

저탄소 그린시티 비전은 지자체가 신재생에너지 활용계획, 친환경 교통체계 구축, 자원재활용, 녹지공산 조성, 물순환 체계 구축 등 그린시티 구축사업을 통해 일정시간 후에 도달하고자 하는 아웃풋이미지를 말한다. 해당 지자체가 위치한 입지조건이나 자연환경, 역사·문화적 특색을 활용하여 비선을 실정할 수 있으며, 이때 비전을 구성하는 핵심키워드나 콘셉트를 포함시키는 것이 좋다. 가령, 해당 도시가 대규모 강이나 대형하천을 끼고 있다면, 수변 중심을 핵심키워드나 콘셉트를 '수변문화가 꽃 피는 녹색행복도시'라고 할 수 있다. 해당 지자체가 광역도시의 배후에 위치하고 있으면서 예전부터 대도시로부터 나오는 각종 금속자원을 재활용하는 '도시광산' 산업을 핵심키워드로 하면 '세계적인 녹색자원 순환도시'라는 비전을 설정할 수도 있을 것이다.

저탄소 그린시티 구축은 해당 지자체의 특색을 살려, 가령 일조량이 좋은 완만경사의 유휴지에서는 태양광, 해안가를 따라 바람이 많이 부는 지역이면 풍력, 갯벌이 넓고 조수간만의 차가 큰 지역이면 소수력 등 신재생에너지를 생산할 수 있으며, 이를 핵심 콘셉트로 할 수 있다. 하천을 따라 긴 둑방길이나 고수부지가 잘 발달되어 있으면 자전거길을, 크고 작은 산과 주변에 작은 마을들이 산포하고 있다면 황토산책길 등을 핵심 콘셉트로 가져갈 수 있다. 저탄소 그린시티 비전은 향후 지자체가 '녹색생활'을 직접 눈으로 보고 경험할 수 있는 체험공간이 된다는 점에서 의미가 있으며, 지자체 전체가 관련 녹색생활의 체험교육장이 된다는 점에서 의미가 있다.

지자체에서는 비전이 실현될 수 있도록 핵심 콘셉트를 바탕으로 관련 사업들이 조각조각 떨어지지 않도록 통합 추진하는 것이 필요하다. 이를 위해서는 저탄소 그린시티 구축의 각 사업들이 일회성으로 그치지 않고 지역주민들의 생활 속으로 파고들 수 있도록 에너지관, 교통관, 재활용관, 물과학관, 그린IT관, 녹지생태관, 녹색시민교육장 등을 만들어 체험을 기반으로 한 체험교육장을 함께 만들어야 한다.

⚡ P지자체 저탄소 그린시티 비전

- ○○년 ○○ 중심 저탄소 녹색생활실천 세계적인 모델도시

⚡ P지자체 저탄소 그린시티 비전 실현 핵심사업

- 시청사 건물 및 공공건물 친환경에너지 1등급화
- 인근 하천의 좋은 풍향과 풍속을 따라 전개되는 소형풍력
- 지자체 배후지의 높은 일조량을 활용한 태양광 발전
- 상업지 재개발지구 그린IT산업단지 조성
- 주택재개발지 친환경에너지 및 옥상녹화 시범단지
- 전통주거지역의 벽면녹화 시범사업
- 시내 버스정류장 태양광 패널 설치
- 시내 주요 도로 CO_2 흡수율 높은 가로수 수종 변경

나. 저탄소 그린시티 구축 핵심사업과 기추진 사업과의 연계

저탄소 녹색정책이 추진되기 이전부터 전국 대부분의 시군구 지자체들은 다양한 관련 사업들을 추진하여 왔다. 가령, 건물관리분야에서는 신축건물 신생에너지 설비 의무화, 에너지 절약, 백열등 제로화 사업 등이 추진되는 경우가 많고, 교통분야에서는 하이브리드카 보급, 자전거 이용 활성화, 자동차 탄소배출 저감사업 등이 추진되는 경우가 많다. 또한, 대기분야에서는 신재생에너지 시설 설치기업 인센티브 부여, 탄소 마일리지제 사업 등이 추진되고 있고, 에너지 감축 및 기후변화 대응 기반조성 분야에서는 시청사 에너지소비총량제 강화사업 등이 추진되는 경우가 많다. 시민 대상 사업분야에서는 에너지 절약 생활실천 교육 등이 추진되는 경우가 많다. 그러한 기존 추진사업들과 새롭게 추진되는 저탄소 그린시티 구축사업이 서로 연계되지 못한 채, 충돌을

일으키거나 중복되지 않도록 사전에 충분히 사업들을 연계시키는 노력이 필요하다.

3. 저탄소 그린시티 구축 핵심사업전략

저탄소 그린시티 구축은 비전 구축과 더불어 구체적인 사업전략을 통해 실현될 수 있다. 핵심사업전략은 비전 달성을 위해 필요한 여러 사업들 중 전략적 중요도, 긴급도, 실현가능성이 높은 사업들을 선정하여 도출한다. 지방정부만 해도 종합적인 도시생활이 전개되는 곳이기 때문에 핵심사업은 녹색에너지 대책에서부터 녹색교통관리 대책, 물관리 대책, 폐기물 등 자원재활용 대책 등 매우 광범위한 대책들이 포함될 수 있다.

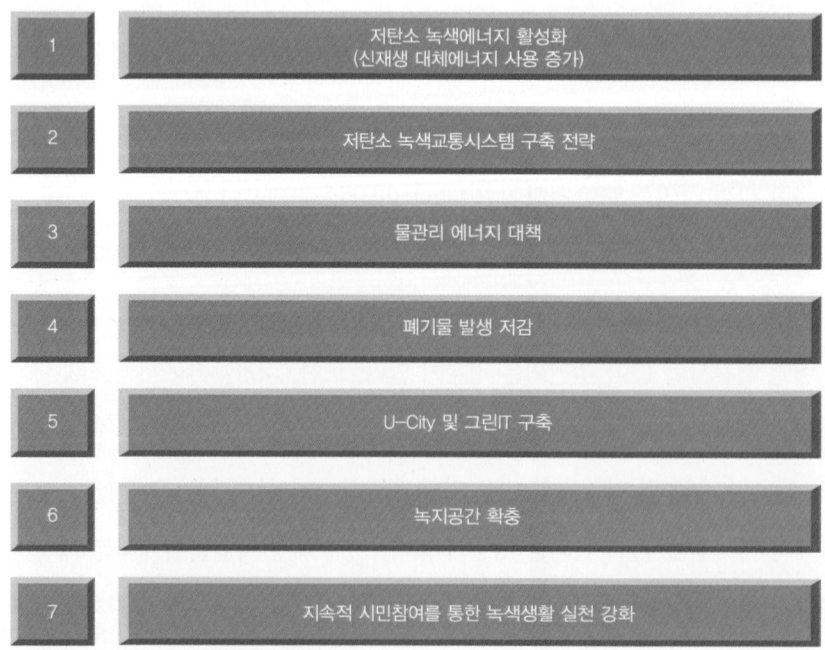

1	저탄소 녹색에너지 활성화 (신재생 대체에너지 사용 증가)
2	저탄소 녹색교통시스템 구축 전략
3	물관리 에너지 대책
4	폐기물 발생 저감
5	U-City 및 그린IT 구축
6	녹지공간 확충
7	지속적 시민참여를 통한 녹색생활 실천 강화

그림 7-3. 저탄소 그린시티 구축이 가능한 핵심사업 예시(P지자체 사례)

가. 저탄소 녹색에너지 활성화

⚡ 학습목표

가-1. 태양광, 풍력 에너지 사용 등 저탄소 그린시티 구축 신재생에너지 활용방안을 제시할 수 있다.

가-2. 신재생에너지 활성화를 위한 정책적 고려사항들을 강구하여 제시할 수 있다.

가-3. 신재생에너지 활성화 시 우리 지자체 내 적합한 구축방안을 설계할 수 있다.

(1) 태양광 및 태양열에너지

산업혁명 이후 온실가스 배출의 급증으로 지구의 기온 상승이 가속화됨에 따라, 세계 각국은 에너지, 특히 화석연료 사용으로 인한 환경문제를 해결하기 위해 애쓰고 있다. 향후 신재생에너지로의 에너지활용 대체, 기존 시내 주거지역 도시가스 사용 확대, 전기효율이 높은 LED로 상업지역 조명 교체 등 체계적인 녹색에너지 대책이 수립 가능하다.

표 7-1. 녹색에너지 활성화 세부전략 예시(H지자체 사례)

추진과제	세부계획	추진시기	유관부처	추진부서
도시가스 사용 확대	-LNG전환을 통한 이산화탄소 절감	○○년 1월~	환경부	지역경제과
온실가스 감축 세부계획 마련	-온난화대책 제도화 -대중교통 이용의 날 제정	○○년 1월~	지식경제부	환경과
신재생에너지 확대	-배후 유휴지 활용 태양광·풍력 시범 설치	○○년 7월~	지식경제부	지역경제과 치수방제과
친환경에너지 시범단지 조성	-친환경 주거단지 구축 -친환경 관광 산업 프로젝트 개발	○○년 1월~	환경부 국토해양부	지역경제과 주택과
LED조명기구 통한 전기효율 향상	-가로등 교체 -건물·상가 확대 보급	○○년 9월~	국토해양부 지식경제부	지역경제과 교통행정과 건축과
지역난방 보급 확대	집단에너지 보급을 통한 지역난방 실시	○○년 7월~	국토해양부 지식경제부	지역경제과 수택과
친환경 건축물 인증제 및 환경계획서 제도 도입	-기준 이상 건물 환경계획서 제도 도입	○○년 7월~	국토해양부	건축과

공공건축물의 에너지효율 개선	− 공공기관 에너지효율 개선 진단 − 친환경 학교 조성	○○년 4월~	국토해양부	건축과
기존 건물 에너지 사용량 감소	− 에너지 소비증명서 발급 의무화 − 건축물 에너지 성능 진단 제도 수립	○○년 4월~	국토해양부	건축과

신에너지 가운데 태양열은 태양으로부터 오는 복사광선을 흡수해서 열에너지로 변환시켜 물의 냉난방 및 급탕, 산업공정, 열발전 등에 활용하는 기술을 이용하는 것으로 주로 급탕 에너지원으로 사용한다. 태양열 $1m^2$ 설치는 연간 도시가스 $54.34m^3$ 연료소비를 대체할 수 있으므로, $50m^2$의 태양열을 설치한 몇몇 학교 사례를 살펴보면 화장실 급탕에 필요한 난방용 가스를 대체하여 9.4~22.8% 정도의 에너지를 절감하였음을 알 수 있다.

표 7-2. 태양열 이용에 따른 에너지 절감효과(초등학교 사례)

시설명	태양열 설치면적	난방가스 사용량(m^3/년)	대체 에너지량 (TOE)	에너지 절감
○○초등학교	$48m^2$	24,943	2.7648	40.46%
○○초등학교	$20m^2$	11,517	1.152	9.44%
○○초등학교	$48m^2$	11,443	2.7648	22.79%

신에너지 가운데 태양광 발전은 태양의 빛에너지를 변환시켜 전기를 생산하는 것이다. 이는 햇빛을 받으면 광전효과에 의해 전기를 발생하는 태양전지를 이용한 발전기술을 활용하고 있다. 태양광 1kW를 설치할 경우 3.72kWh/일 에너지를 공급할 수 있어, 현재 몇몇 학교들에서 태양광 발전 시설을 통해 연간 16~27%의 에너지 소비를 절감하고 있다. 즉, 한 건물에 50kW 설비용량의 태양광을 설치할 경우 연간 약 30톤의 CO_2 삭감이 가능하다.

표 7-3. 태양광 이용에 따른 에너지 절감 효과(초·중·고교 사례)

시설명	태양광 설비용량	연간전력 사용량(kWh)	태양광 전력량(kWh)	에너지 절감
○○고등학교	50kW	249,762	67,890	27.18%
○○중학교	30kW	136,705	40,734	29.80%
○○초등학교	30kW	261,141	40,734	16.38%

각 단위지자체에서는 주요 건물부터 태양광 발전시설을 설치하고, 태양열 주택 보급사업을 실시함으로써 에너지 자급률을 높일 필요가 있다. 먼저 공공건물을 대상으로 시범사업을 한 후, 이에 대한 효과 검증을 토대로 아파트, 상가로 확산하고 이후 전통 주거지역으로 확산하는 것이 바람직할 것이다.

통상, 태양열 집열판 $1m^2$ 설치 시 도시가스 $54.3m^3$의 연료 대체효과를 볼 수 있으며 $50m^2$ 설치 시 6.4ton의 CO_2 삭감이 가능하다. 지자체 산하 공공청사의 건축이나 학교 증·개축, 관내 재건축사업에 우선 적용하고, 일조량이 연간 1,800시간이 넘어간다면 하천둑을 활용하여 태양광 패널 설치도 가능하다.

그림 7-4. 건물 태양광패널 설치 전후이미지
출처: 기후변화센터

태양에너지를 이용한 '태양광LED간판'은 태양광 축전지에 전기를 모았다가 조명제어시스템(Controller)을 통해 전력을 공급하는 방식이다. LED는 환경친화적 그린제품으로 LED전구, LED가로등, AMOLED 등 다양한 응용제품이 출시되어 재조명되고 있다. 「옥외광고물 등 관리법 시행령」 제31조에 따르면, 전용주거지역과 일반주거지역, 시설보호지구에는 LED광고물을 사용할 수 없도록 규정하고 있다. 또한 교통신호기로부터 직선거리로 30m 이상 거리를 둬야 하고, 도로와 인접해 차량의 진행방향과 직각이 되게 표시하는 경우는 하단이 지면으로부터 10m 이상 떨어지도록 제한하고 있다. 이는 도시 미관 저해와 야간 착시현상으로 인한 교통사고 가능성을 차단하는 데 목적이 있다. 이 같은 규정을 토대로 불법적으로 설치되는 LED광고판에 대해 단속을 철저히 하고 도시와 어울리는 다양한 형태의 LED간판 디자인이 출시되고 있다.

서울의 B지자체의 경우, 국내 최초로 대로변 2개 건물에 태양에너지를 이용한 '태양광 LED간판' 14개를 시범설치하여 운영 중이며, '태양광 LED간판'을 설치하는 업소에 태양광전지 설치비를 업소당 150만 원 지원하고 일반 간판개선사업과 마찬가지로 제작설치비도 50%(단, 250만 원 이하)를 지원한 바 있다. 이로 인해 전력 소비량을 줄여 온실가스도 줄이고, 도시 디자인 개선효과를 얻게 되었다.

그림 7-5. 공원산책로 LED 가로등 설치 사례

이처럼 태양광 LED간판을 도시와 어울리는 다양한 형태로 디자인함으로써 도시미관 개선 사업 측면에서도 효과를 거두었다. 태양광을 이용한 LED간판을 도입함으로써 에너지 비용과 유지관리비 등이 대폭 절감할 것으로 예상되며, 실제로 형광등 차이에 따라 94~96%의 전기절약 효과가 있는 것으로 나타나고 있다.

(2) 풍력에너지

연간 일조량이나 풍속은 지자체별로 다르지만, 일조량이 연간 평균 1,800시간이 넘고 연간 평균 2.0m/s 이상의 풍속을 보인다면, 태양과 바람을 이용한 태양열, 태양광, 소풍력 대체에너지 개발을 통해 저탄소 그린시티 구축에 기여할 수 있다. 바람이 좋은 하천변을 따라 설치 가능한 소규모 풍력장치는 기후변화와 환경훼손을 줄이고 청정에너지와 녹색기술의 연구개발로 새로운 성장동력을 확보해 나가는 데 그 의의가 있다. 풍력에너지는 깨끗하고 고갈된 염려가 없지만, 에너지 밀도가 낮아 바람이 안 불면 발전을 할 수가 없으므로 특별한 지점에만 설치가 가능하다.

먼저, 시청, 지자체 설립 도서관, 각 주민자치센터 등 공공건물에 시범적으로 설치하여 효과를 검증하고, 시내의 시범빌딩, 철도역이 있는 경우 역사 지붕, 아파트 공터 등에 소규모 풍력발전을 시범적으로 설치하여 건물의 자체발전을 유도한 후 설치범위를 확대하는 것이 좋다.

시내나 도시 주변, 특히 하천변으로 고속화도로나 간선도로가 지나갈 경우, 원래의 풍속에 10~20% 풍속 증가효과가 나타난다. 고속화도로나 간선도로의 차량주행방향과 하천의 바람을 최대한 활용하여, 풍향에 따른 소형풍력기 설치방향 및 위치를 정할 수 있다. 더구나 해당 간선도로가 교통량에 비해 소통이 원활하다면 너더욱 효율성이 높아진다. 하천변을 달리는 시내 간선도로이 경우, 출·퇴근시간을 제외하고는 양방향 통행속도가 60~80km/h로 평균 70km/h의 통행속도를 나타내는 경우가 많다(교통정체가 심한 특정도시 일부 간선도로 제외). 기존 소형풍력기의 경우, 평균 5m/s의 풍력이 있으면 발전기가 작동 가능하고 최근에는 2.5m/s의 풍력을 가지고도 발전이 가능한 제품이 개발되었기 때문에 좀 더 유리한 환경이다.

최근 국내 일반 주택에 설치된 소형 풍력발전기의 경우, 풍력만으로 전기 생산이 부족하

그림 7-6. 소형풍력기가 결합된 하이브리드 가로등

면 그만큼 일반 전기를 사용하고, 바람이 많이 불 경우, 발전효과로 전기가 남으면 계량기를 거꾸로 돌리는 기능을 갖춘 제품이 보급되고 있다. 개조식 소형풍력기 설치를 통해 풍력에너지를 최대한 활용하는 것도 한 가지 방안이 될 수 있다.

일부 소형풍력발전기는 초속 1m/s의 약한 바람에도 발전이 가능하고 가벼워 전력공급이 어려운 도서지역이나 관공서 · 학교 · 일반가정 등 소규모 분산전원으로도 활용이 가능하다. 소형풍력발전기는 영구자석을 채택해 소음이 적고 안정적인 발전이 가능하며, 전기브레이크와 구조를 개선해 센 바람에도 강한 것이 특징이다. 15m/s 이상의 강풍에는 자체 브레이크가 작동되고, 태풍과 같은 초강풍에는 몸체가 뒤로 젖혀지는 기능을 적용하여 안전성을 높이고 있다. 풍속 3m/s일 때 25W, 7m/s일 때 100W의 출력을 내며 날개의 유무에 따라 출력에 차이가 있는데, 우리나라 평균 풍속이 3~3.5m/s로 저풍속인 점을 고려하면 적합한 성능을 갖추고 있다. 신재생에너지원을 기반으로 하여 소형풍력기와 하이브리드 가로등을 결합함으로써 에너지효율을 높임은 물론 도시미관에도 기여할 수 있다.

표 7-4. 단위지자체의 기상현황(일조량, 풍속 포함) 사례

강수량 (mm)	상대습도(%)		이슬점 온도 (℃)	평균 운량 (%)	일조 시간 (h)	바람(m/s)		
	평균	최소				평균 풍속	최대 풍속	최대 순간 풍속
1,212.3	62	13	5.6	5.2	1,847.3	2.4	10.0	18.7

평균기온 및 평균습도는 매일 3시, 6시, 9시, 12시, 15시, 18시, 21시, 24시의 8회 관측치를 산술평균한 것임

(3) 지열에너지

우선 지자체 내 공공청사나 공공도서관부터 지열에너지를 활용하여 냉난방을 시범적으로 도입할 수 있다. 지열시스템은 기름 한 방울 안 들이고 약간의 전기료만으로 냉·난방 및 급탕을 동시에 해결하는 친환경적인 시스템이다. 지열에너지 활용은 설치 3~4년 정도면 절약되는 전기료·유류비로 시설투자비 회수가 가능하며 반영구적(수명 50년)으로 저렴하게 사용가능하다. 초기 설치비용 지원이나 설치비용에 대한 유리한 조건의 대출 등 각종 지원제도가 존재한다.

시·군·구청사 등 공공건물부터 지열 냉난방을 설치하는 것이 필요한데, 기존의 도시가스, 등유 보일러에 비해 각각 16%, 27% 정도 연료절감이 가능하다.

(4) 소수력에너지

지자체를 관통하거나 인근을 흐르는 대형하천이 있는 경우(특히, 물살이 센 지역이면 유리), 하천 유지용수를 이용한 발전용량은 1,500~1,600kW급으로 소수력 사업이 가능하다. 하수처리장이 있는 경우, 하수처리용량의 약 10% 정도 소수력 활용이 가능하다.

① 수차

표 7-5. 소수력 발전사업 관련 수차 시스템 예시

형식	효율[%]	수량[m³/sec]	회전량[rpm]
입축프로펠러	78	47	182

표에 제시된 사례를 가지고 계산하면, g 중력가속도, Q 하수유량, H 높이 차, η_1 수차효율, η_2 발전기이용효율을 기본으로 다음과 같은 발전용량을 도출할 수 있다.

$$P(kW) = g(m/s^2) \times Q(m^3/sec) \times H(m) \times \eta_1 \times \eta_2$$
$$= 9.8(m/s^2) \times 47(m^3/sec) \times 5(m) \times 0.78 \times 0.89$$
$$= 1,606$$

② 발전기

표 7-6. 소수력 발전사업 관련 발전기 시스템 예시

형식	설비이용률(%)	용량(kW)	회전량(rpm)	대수
3상교류유도형	89	282	910	6

③ 변압기

표 7-7. 소수력 발전사업 관련 변압기 시스템 예시

형식	출력(V)
몰드형	1차 600, 2차 22,900

④ 송전설비

표 7-8. 소수력 발전사업 관련 송전설비 시스템 예시

긍장(m)	전기방식	설치방식	회선	전압
100	3상4선식	케이블지중선로	1	22.9

앞의 사례를 기초로 소수력 발전사업의 발전 편익을 계산해 보면 다음과 같다.

- 연간 생산전력: 10GWh

  1,606kW×335day/yr×24hr/day×0.85(안전계수)=10,975,404kWh

- 연간 매전액: 4억 원

  전력거래가격 SMP(System Marginal Price)+ALPHA=80원/kWh

  10,975,404kWh×80원/kWh=878,032,320원=8.5원

- 연간 온실가스 절감량: 1,240tonCO$_2$

  4,103tonCO$_2$ 배출 절감(탄소배출계수 1.210 적용)

- 연간 온실가스 판매액: 18,600,000원

  4,103tonCO$_2$ × 15,000원/tonCO$_2$ = 61,575,714원

(5) 시 · 군 · 구청사 이중외피

전국 대부분의 시 · 군 · 구청사들은 수많은 시민들이 출입하기 때문에 대체로 냉난방에너지를 많이 소비한다. 최근 10년 내에 건축된 청사들의 경우, 유리 외벽 건축물인 경우가 많다. 이런 유리커튼월 건축구조인 경우, 특히 건물 내부에 냉방 부하가 많이 걸리기 때문에 이중외피 설치가 필요하다.

- 시 · 군 · 구청사 동남 측면 이중외피+BIPV 설치

- 스판드럴 부위에 BIPV 설치

- 냉 · 난방에너지 절약과 BIPV 효율 향상을 동시에 실현

- 이중외피를 설치함으로써 냉방에너지를 80% 절감할 수 있고(봄, 여름, 가을), 난방에너지도 절감 가능(동절기)

  – BIPV 발생열과 복사열을 활용하여 난방에너지 절감(동절기)

- 기존의 BIPV 문제점 해결

  – BIPV에서 발생하는 열로 인해 전기생산량의 8~10배 냉방부하 발생 방지

  – 모듈 온도 상승으로 전력생산 효율이 저하되는 것을 방지(60~70%)

  – 고장과다 수명단축 방지(2~3년에서 20~30년 수명 연상)

  – 건축법 준수가 불가능한 것을 건축법 준수 가능

그림 7-7. 유리 벽면 구조 청사 이중외피 시범적용 가능성 탐색
출처: 성동구(2010)

(6) 녹색에너지

1) 도시가스 사용 확대

대부분의 지자체의 난방연료는 도시가스·유류·연탄 등이며, 취사연료는
도시가스·LPG 등이다. 연료 종류별 난방과 급탕에 필요한 연료소비량 산정
을 통해 온실가스 배출량을 산출해 보면, 경유에서 도시가스(LNG)로 전환할
경우 1가구당 연간 $0.39tonCO_2$/년의 이산화탄소를 절감할 수 있으며, 보일러
등유에서 도시가스로 전환할 경우에는 1가구당 $0.43tonCO_2$/년 정도를 절감
할 수 있다.

각 광역시도에서는 환경친화적 에너지 보급사업으로 청정연료(도시가스)
사용을 확대하고 있다. 상대적으로 도시가스 보급률이 떨어지는 기초단위지
자체부터 도시가스 보급을 확대하는 정책을 펼치고 있다. 특히, 노후건축물에

대한 재개발 및 재건축사업을 추진할 때, 도시가스 보급 취약지역에 보급을 확대함으로써 환경친화적 에너지 사용을 늘리는 정책을 추진하고 있다.

2) 지역난방 보급 확대

집단에너지는 다수의 열수용자가 밀집된 지역을 대상으로 열과 전력을 생산하는 설비로부터 에너지를 공급받도록 하는 사업이다. 발전과정에서 발생하는 열에너지를 난방용 에너지나 온수의 공급에 활용하기 때문에 에너지 전환 효율성을 크게 향상시킬 수 있다는 것이 가장 큰 장점이다.

구역형 집단에너지(CES)는 집중된 열생산시설에서 도심과 같은 일정지역 내에 집중되어 있는 주택, 상업, 업무, 병원, 정보통신시설 등 건물의 냉난방용, 급탕용 및 산업단지 공정용 열 또는 열과 전기를 공급하는 방식이다. 이는 높은 에너지 이용효율에 의해 에너지 절감(20~30%), 대기 오염물질 및 온실가스 배출 저감(20~30%) 효과를 지닌다. 특히 공동주택이 많고, 노후된 단독주택이 많은 지역의 경우, 향후 에너지 저감에 적극 대응한다는 차원에서 필요한 정책이다.

3) 에너지 시범단지 조성

에너지 시범단지는 거주자에게 쾌적한 주거환경 확보와 에너지 비용 부담을 완화함으로써 거주 만족도가 아주 높은 대표적 친환경 주택단지의 모델이될 것이다. 또한 신재생에너지 관련 산업의 육성과 국내외적으로 다양한 에너지체험 및 교육, 세미나 등 관련분야 산·학·연이 함께 모여서 연구하고 토론할 수 있는 공간을 마련하고, 태양관광(Solar Tourism)과 같은 새

그림 7-8. 지역난방적용 공동주택

로운 관광산업 프로젝트를 통하여 신재생 에너지에 대한 시민들의 인식제고를 도모할 수 있다.

서울시의 경우, 하늘공원의 풍력시설을 통한 전력 공급과 난지도 매립가스를 포집하여(포집공: 노을공원 58개, 하늘공원 48개) 월드컵 주경기장과 주변지역에 약 3,000가구의 아파트에 냉난방을 공급하고 있다.

에너지 시범단지는 총 가구의 30% 이상이 전통적인 주택지역에 거주하고 있으며, 지자체 내에 재개발, 재건축지역이 많은 경우 지정하여 시범사업을 추진할 수 있다. 1,000가구 이상 참여한 에너지 시범단지 사업으로 연간 500~1,000tonCO$_2$를 절감할 수 있다.

그림 7-9. 서울 하늘공원의 풍력시설
출처: 서울시 월드컵공원 홈페이지

그림 7-10. 하늘공원 풍력활용 에너지 시범단지(서울의 상암지구 사례)

(7) 에너지 사용 절감제도

1) 온실가스 감축 세부계획

　기초단위지자체 차원에서 효율적인 이산화탄소 저감을 위해서는 전기와 도시가스 등 가정에서 사용하는 에너지의 양을 저감시키는 전략이 유효하다. 통상, 주거지역이 주를 이루는 기초단위지자체에서 배출되는 온실가스의 50~70%는 가정에서 배출되며, 주로 전기에 의한 배출량(A지자체의 경우, 전체 배출량 360,969tonCO$_2$ 중 169,502tonCO$_2$가 주거용으로 47%를 차지)과 도시가스에 의한 배출량(A지자체의 경우, 전체배출량 305,443tonCO$_2$ 중 283,878tonCO$_2$가 주거용으로 84%를 차지)이 대부분을 차지한다(물론, 산업단지가 밀집한 시군구는 제외).

　지자체 주민 모두가 10% 에너지 사용을 줄이면 이산화탄소 배출량은 그만큼 감소하는 것이다. 그만큼 가정에 의한 에너지 절약이 중요성을 가지므로, 일부 지자체에서는 '인터넷 환경가계부제도'를 도입하여 온실가스 저감 에너지사용을 생활화하고 있다. 기초단위 지자체에서 실천가능한 온실가스 저감 세부계획에는 다음과 같은 활동들이 있다.

- 온실가스 감축계획서를 작성하여 주기적인 에너지 사용량 확인
- 에너지 사용 감소에 미치는 요인파악 후 직원 행동양식 제정
- 월별로 온실가스 배출량을 산정하여 감축효과를 분석 평가
- 감축목표 재설정 및 감축방안 연구
- 대중교통 이용의 날(승용차요일제와 연계) 제정
- 일주일에 하루는 전 직원이 대중교통을 이용 권장
- 차 없는 날 제정하여 실시 및 확대

2) LED조명기구 통한 전기효율 향상

LED는 화합물 반도체의 특성을 이용해 전기신호를 적외선 또는 빛으로 변

환시켜 신호송 수신에 사용되는 반도체 소재이다. 일반전구의 1/8, 형광등의 1/2 정도의 광변환 효율이 높기 때문에 소비전력이 매우 적은 편이다.

LED의 광효율은 각종 신호용 조명기구에서 경이적인 에너지 효과를 발휘하고 있으며 백색전구 신호등과 비교 시 90% 이상의 에너지 절약이 가능하다. 기초단위 지자체를 관통하는 중심도로부터 시범사업을 실시할 수 있다.

시범사업으로 효과가 확인되면, 공공청사, 공공도서관, 주민자치센터 등으로 확대하고 시내 신축빌딩 등으로 확대해 갈 수 있다. 중장기적으로는 대형 아파트단지나 전통주거지역으로 단계적 확대 적용도 가능하다.

- 공공건물, 빌딩, 상가, 대학으로 확대
- 공공청사, 공공도서관, 주민자치센터 등 공공건물
- 시내 초 · 중 · 고교
- 아파트지역
- 상업지역
- 전통주거지역

구분(17평) 기준					
적용실	거실	방등	식탁등	복도/현관/발코니	주방등
사양	LED 60W	LED 21W	LED 13W	LED 3W	LED 30W
적용개수	1	2	1	3	1
평균수명	50,000h	50,000h	50,000h	50,000h	50,000h

그림 7-11. 고효율 LED 조명기구 예시

그림 7-12. 175W 기존 가로등(교체 전)    그림 7-13. 70W LED 가로등(교체 후)

(8) 친환경 건축물 강화

1) 친환경 건축을 위한 요소기술

친환경 건축을 위한 기술은 총 162종이 있으며 대다수 기술은 국산화율이 낮고 경제성 및 실용성이 확보되어 있지 않다. 상품성과 경제성 및 적용성이 확보된 기술을 우선 적용해야 한다.

2) 친환경건물인증제 및 환경계획서 제도 도입

서울시의 경우 신축이나 증축, 연면적이 100,000㎡ 이상에 대해서는 서울시 조례에 따른 환경영향평가를 실시토록 하고 있고, 「에너지 이용 합리화법」에서는 대규모 개발 사업 시, 에너지 사용계획서를 제출, 심의토록 하고 있으나 소형건축물에 대한 규정은 없다. 따라서 소형건축물에 대해서도 온실가스와 관련된 환경계획서 제도의 도입, 운영이 필요하다.

친환경 건축물 인증제도는 2002년 도입되어 여러 건물들이 친환경 건축물 인증받은 바 있다. 인증내용은 에너지자원 및 환경 분야에서 에너지 소비량, 환경친화제품 사용, 이산화탄소 배출 저감, 재활용 생활폐기물 분리수거 실시 여부와 토지이용 및 교통 분야에서는 자전거도로 설치와 보행자 전용도로 설치, 생태환경에서는 녹지 공간비율 등으로 평가한다.

국토해양부에서는 친환경 인증 아파트에 대하여 건축기준을 완화하여 용적률을 증가시키는 안을 검토 중이다. 향후 친환경 건축물을 건축할 시에 용적률 상향 조정 등의 인센티브를 부여할 수 있을 것으로 전망된다. 기초단위지자체에

그림 7-14. 국내 최초 친환경 건축물 인증
 - SK케미칼 연구소
출처: 뉴시스와이어(2008. 7. 17)

서는 이러한 흐름에 맞추어, 장래 신축되는 공동주택을 대상으로, 건축심의 시 건물의 설계 · 시공 단계에서 친환경 건축물 인증을 받도록 유도 · 권고할 수 있을 것이다. 일시적으로 사업비가 증가할 수 있으나 지자체가 장래 친환경도시로 도약하기 위해서는 신규 건축물의 친환경성 확보는 필수적이 다. 또한 기존 건축물에 대해서는 난방시스템을 효율화하고, 직사광선을 차단하도록 그늘을 만들며, 조명의 효율을 높여야 한다.

3) 기존 건물의 에너지 사용량 감소

에너지 절감형 도시계획과 건축에 대한 정책적 지원과 관심이 필요한 시점에서 건축물의 에너지 고효율화는 탄소배출량을 많이 감축할 수 있는 유용한 수단이다. 노후건물을 약간만 개조하면 에너지 사용량을 크게 줄일 수 있다. 독일은 프랑크푸르트 인근 도시인 만하임에서 1930년대에 지어진 2층 주택 24가구를 리모델링하여, m^2당 1시간 소요전력을 185kW에서 57kW로 69.2%나 절감한 바 있다. 리모델링 내용은 태양열 설비와 2중창, 열교환형 환기장치를 설치하고 단열을 보강한 것이었다.

독일 등 유럽에서는 건축물 임대 · 매매 시, 연간 에너지소비량 및 온실가스 배출량 등을 표시한 에너지소비증명서 발급을 의무화하고 있다.

향후, 에너지등급이 낮은 저효율 건축물은 에너지 성능 진단을 의무화하고, 개선을 권고한다. 중소형 건축물의 경우 진단비용을 지원하여, 비용효과적인 개선방안을 도출하고, 일정기간 내에 에너지성능 개선작업을 하도록 권고할 필요가 있다. 녹색건축물 관련 인증제도를 기존 건축물까지 확대하는 이유도 자발적 참여에 의한 온실가스 감축을 유도하려는 것이다. 인증받은 건축물에 대해서는 취득·등록세를 일부 깎아주고, 환경개선부담금을 감면 또는 장기적으로 면제해 줄 수 있다. 건축물의 신재생에너지 적용 촉진을 위해 신재생에너지 건축물 인증제도를 보다 강화할 필요가 있다.

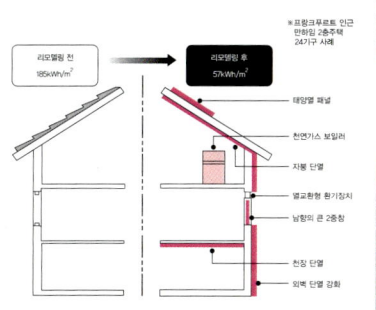

그림 7-15. 독일의 에너지 절약형 주택 리모델링　그림 7-16. 독일 만하임의 패시브 하우스로 리모델링한 주택

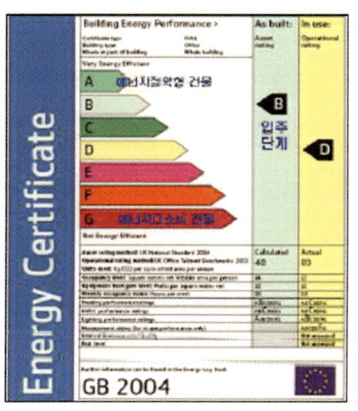

그림 7-17. 유럽의 에너지소비증명서
출처: 국토해양부 공식블로그

그림 7-18. 건물 옥상녹화 사례 - 헌법재판소 옥상

기존 주택은 그린홈화해야 한다. 부분 개보수, 전면 리모델링, 재개발·재건축 등을 통한 기존주택의 에너지효율성을 강화하는 것이다. 건축물의 옥상·벽면 녹화 비용을 일부 지원해줌으로써 건축물의 냉난방 에너지 절감 및 도시 열섬현상을 완화해 줄 수 있을 것이다.

- 건축물 녹화 시 도심 열섬현상 완화에 의해 여름철 에너지 소비 저감
- 여름철 30℃ 기준, 녹화지가 주변 콘크리트 바닥보다 평균 7℃ 낮음
- 녹지가 부족한 도심지역, 일반인의 이용이 많은 건축물(공공도서관, 문화회관 등)을 중심으로 우선 적용 가능

일부 광역시나 신도시를 제외하고는, 대부분의 지자체의 경우, 아직도 전통주택에 거주하는 비율이 높은 편으로, 기존 주택의 단열성을 높이고 에너지효율을 증가시킨다면 적은 투자에 비해 효과적으로 탄소배출량을 저감할 수 있다. 또한, 주민이 스스로 노후주택을 개량(신축, 증축, 개축)하여 현재 살고 있는 주민이 다른 곳으로 이주하지 않고 현지에서 거주할 수 있도록 노후건물을 고효율 단열주택으로 개조하는 방안도 함께 고려할 필요가 있다.

4) 공공건축물의 에너지효율 개선

- 태양열 급탕, 지열난방, 청정형 원적외선 난방 등 설치, 스팀보일러를 온수보일러로 교체, 경량형 옥상녹화 등 검토
- 시·군·구청사의 에너지효율 개선 추진
- 지열냉난방시스템 설치를 확대하고, 정부청사에 대한 에너지진단 실시
- 시·군·구청사에 대해서는 에너지효율 정밀진단을 실시하여 에너지 절감 목표 및 시행계획수립 및 추진
- 신·증축 지원을 위한 "청사정비기금"을 청사에너지 절약 사업으로 확대하여 효율개선 지원(자치단체당 5억 이내)
- 향후 공공건물 대부분을 단계적으로 전기효율이 높은 LED로 교체
- 초·중·고 학교 건축물을 친환경 건축물로 개선

- 생태연못, 옥상정원, 자전거길 조성 등
- 연간 에너지소비량 2천TOE 이상인 대학을 그린캠퍼스로 개선
- 공공건물 중수도 및 빗물 이용 강화 등

5) 시 · 군 · 구청사의 친환경 건축물 전환

노후된 청사는 물론 최근에 지어진 청사들도 유리 외벽으로 지어지는 등 전국의 기초단위 지자체의 청사 대부분이 친환경 건축물 전환이 시급히 필요하다. 정부는 이러한 문제의식 속에, 공공기관이 신축하는 연면적 3,000m² 이상의 건축물에 대해 건축 공사비의 5% 이상을 신재생에너지 설비 설치로 의무화하였다.

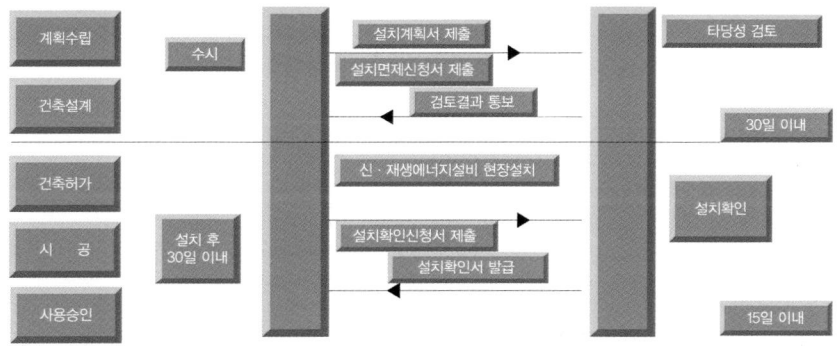

그림 7-19. 공공건물 신재생에너지 이용 의무화 흐름
출처: 에너지 관리공단(2011)

(9) 시 · 군 · 구청사 설계상의 문제

- 많은 경우, 남서향으로 복사열로 인한 냉방 부하가 많이 발생할 수 있는 조건
- 정면 외벽의 경우 유리 외벽이 많고, 아닌 경우도 목재사이딩 패널(T15) 및 노출 콘크리트로 설계되어 원가 상승 및 유지관리에 문제 발생
  - 유리 외벽의 경우, 복사열로 인한 청사 실내에 냉방부하가 과하게 걸림
  - 목재사이딩 패널 및 노출 콘크리트 패널의 경우, 시공 시 원가가 높고,

습윤건조가 반복되는 등 유지관리비 상승
- 노출 콘크리트 패널은 대기 중에 존재하는 미세먼지와 매연의 부착으로 청소가 곤란하고, 외관이 쉽게 오염
- 통풍이 불가능한 구조가 많음

(10) 친환경 1등급 건축물 전환방법

• 유리 외벽인 경우, 계단실을 제외한 전체 벽면을 이중외피로 전환
- 스팬드럴(인접한 아치가 천장·기둥과 이루는 세모꼴 면) 부위에 BIPV 설치
• 이중외피가 아닌, 유리 외벽에 태양광패널을 직접 부착한 경우, 건축법 위반
- 상승 기류(굴뚝효과)를 발생시켜 복사열로 인한 냉방부하 방지
- 동절기 복사열 유입량이 2배가 되어 난방에너지 절감
- 실내통풍을 유발시켜 냉방부하 절감 및 쾌적성 증진
- 유리외벽의 디자인 장점 계속 활용가능
- BIPV 면적 100m^{2}인 경우, 연간 전기생산량 약 8,000kWh
• 지열에너지를 활용한 냉난방 시스템 도입

(11) 이중외피시스템

이중외피는 두 개의 외피, 즉 유리로 구성된 이중벽체구조를 갖는 시스템이다. 이러한 이중의 외피 구조는 실내와 실외 사이에 공간(cavity)을 형성하게 되며, 공간을 통해 효율적인 열 성능과 환기 성능을 유지할 수 있다. 기존의 유리외벽을 활용한 디자인설계가 가능하며, 유지관리의 경제성이 높은 편이다. 유리 외벽인 지자체 청사의 경우, 이중외피를 설치함으로써 냉방에너지를 80% 정도 절감할 수 있고(봄, 여름, 가을) 난방에너지 절감도 가능하다(동절기).

이중외피시스템은 자연환기(natural ventilation)가 가능한데, 실내 측 외피(inner facade) 설치로 건물 사용자는 비나 강한 바람과 같은 다양한 외부 기후 조건에서도 내측 창을 열어 놓을 수 있다. 실외 측 외피(outer facade)는 건물 전체를 외부영향으로부터 보호해 주며 실내 측 외피와 실외 측 외피 사이에 형성된 공간은 air corridor로 이용되어 자연환기(natural ventilation)가 가능해진다.

이중외피를 통해 환기가 이루어지는 경우 바닥 면 근처 기류는 주된 기류가 0.4m/s로 나타나고 실내 전체에 걸쳐 외소 0.1m/s의 기류가 형성되지만 환기가 이루어지지 않는 경우 출입구 근처에서 0.025m/s의 미세한 기류 분포를 관찰할 수 있다.

환기가 이루어지는 경우 실내 바닥 면에 전달되는 직달 일사에 의한 열이 정체되지 않고 빠져나갈 수 있는 기류 패턴을 형성한다.

이중외피를 통해 환기가 이루어지는 경우, 실내에서 근무하는 사람들이 느끼는 기류 속도가 0.1~0.4m/s로 선선한 느낌과 쾌적감을 유지할 수 있는 기류 속도 분포가 나타난다. 반면, 환기가 이루어지지 않은 경우, 창가와 출입구 근처에서 0.1m/s의 미세한 기류가 형성되어 실내 근무하는 사람들이 실내에 정체된 공기로 인해 불쾌감을 느낄 수 있다.

빨간 선은 환기가 이루어지지 않는 경우에 나타나는 온도분포이다. 내부발열과 축적되는 일사발열로 내부온도가 25~32℃로 분포한다. 파란선은 이중외피시스템을 통한 자연환기가 이루어진 경우의 온도분포로 19.2~27℃의 분포를 보이고 있다. 자연환기가 기류흐름을 원활하게 하여 체감온도는 더욱 낮게 느껴지게 된다.

이중외피를 이용함으로써 외부소음에 대하여 일반적인 단일층 창문을 닫은 것과 같은 우수한 차음(소음 차단)효과를 얻을 수 있다. 또한, 이중외피 사이 공간의 공기를 이용하여 단열효과를 향상시킴과 동시에 건물로 들어오는 외부태양열을 일시적으로 이중외피의 빈 공간에 저장함으로써 겨울철 난방에너지를 효과적으로 절감할 수 있다.

이중외피시스템은 자연환기를 이용함으로써 야간의 비교적 서늘한 공기를 이용할 수 있으며(night cooling), 여름철 냉방부하를 대폭 절감할 수 있다. 이중외피 사이 공기의 열저장뿐만 아니라 부가시스템을 통해 태양전지를 적용하여 태양에너지 이용을 극대화할 수 있으며, 그로 인해 에너지 소비를 대폭 줄일 수 있다.

(12) BIPV(Building Integrated Photovoltaic, 건물일체형 태양광발전)시스템

BIPV시스템은 적용성, 경제성, 편의성에 목적이 있다. 유리건물의 특성을 고려함으로써, 디자인의 세계적 추세를 따르고 경제성을 고려하여 조명 및 난방에너지를 절감하는 효과가 있다. 통상의 태양광발전이 패널의 크기 때문에 넓은 토지를 이용해야 하는 데 비해서 BIPV는 건물의 외벽에 설치되기에, 토

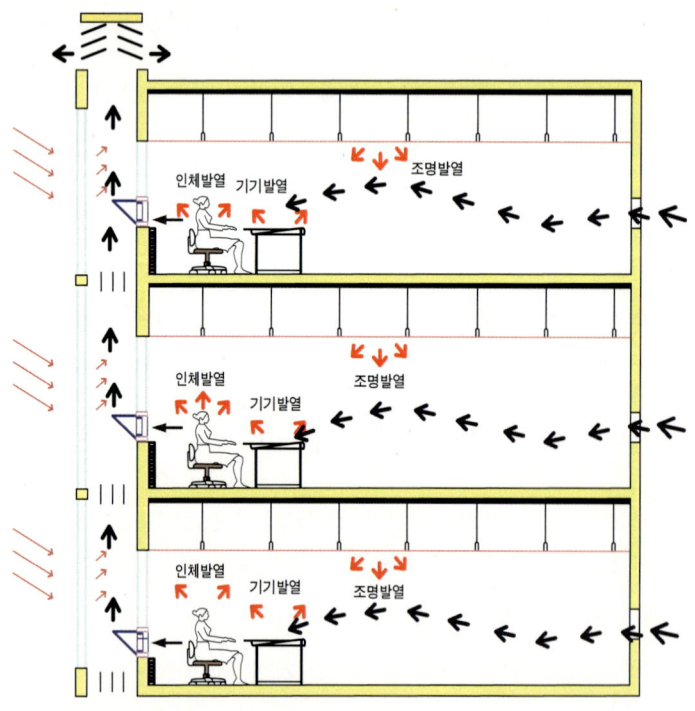

그림 7-20. 이중외피 부분(Zoning)별 기류 흐름도

지이용문제 및 환경파괴를 피할 수 있는 등 태양광 발전소의 대안으로 제시되고 있다. 다양한 신재생에너지들 중 가장 경제적인 시스템이다.

1) BIPV 이중외피 관련 정부정책

· 공공시설 신재생에너지를 의무화

· 건축물 에너지 총량제

· 신재생에너지 의무할당제

· 건축물 에너지관리제도

· 서울시, 초고층(50층 이상) 건축 신재생에너지 의무화

· 빌딩 리모델링 장려사업

· 세종시, 신재생에너지 의무화(사용량의 15%)

2) BIPV 설계의 문제점 및 개선안

표 7-9. BIPV 설계의 문제점 및 개선안

문제점	개선안
건축법 준수불가(실격)	건축법 준수
건축법 준수 시 디자인 문제 발생	다양한 형태의 디자인 수용
전기 생산량의 10배 냉방 부하 발생	냉방 부하 방지
전망창 유입 복사열 실내발생열 냉방 부하	전망창 복사열 유입 방지, 실내열 배출
전기생산 효율 저하	전기생산 효율 유지
고정과다 황변화 현상(2~3년)	황변화 현상 방지
-	동절기 난방에너지 활용
-	에너지 절감량, 전기생산증가량 제시

3) 이중외피 구비조건

- 동절기: 층간 방화댐퍼 폐쇄. 난방에너지 활용
- 하절기: 층간 방화댐퍼 개방. 통풍구 폐쇄. 에어컨 가동. 외기온도 27℃ 이상(7월 하순~8월 하순)
- 중간기: 층간 방화댐퍼 개방. 통풍구 개방(4~10월). 연돌효과 극대화
- 전층 수직구조로 연결(층간 방화댐퍼)
- 외피 차양 및 표면온도 상승(복사열 차단필름, 커튼)
- 풍향에 관계없이 원활한 배기(벤츄레이터)
- 상승기류 방해불 제거(커튼 사용금지)
- 실내 발생열 제거 및 쾌적성 증진. 상승기류 이용 0.2~0.3m/s 통풍
- 하부(−)압력, 상부(+)압력에 적합한 구조
- 적정한 이중외피 폭(100~300m/m)

표 7-10. 이중외피 구성요소별 효과

구성요소	효과
층간 방화 댐퍼	계절별 운영
	상·하 온도차 없음
	통풍 및 방재
환기팬(벤츄레이터)	상부 고온 현상 없음
	연돌 효과 상승
차양 및 온도상승 시설	복사열 실내 유입 차단
	복사열 이용 연돌 효과 상승
외향식 프로젝트 창	통풍 원활
통풍구(유입구, 유출구)	통풍 원활

4) 기존 이중외피 문제점

- 소방법 위반, 공사비 과다발생 등
- 에너지 절약, 신재생에너지 효율을 극대화하기 위한 구조설계 필요
    - 냉방부하가 발생하지 않는 구조
    - 모듈온도 상승을 방지할 수 있는 구조
    - 동절기에 난방에너지를 활용할 수 있는 구조
    - 건축법을 준수할 수 있는 구조
    - 디자인을 제한하거나 저해하지 않는 구조
- 건물 외벽을 유리를 활용한 형태로 유리 위에 얇게 셀을 입힘
- 내부에서는 외부의 풍경도 볼 수 있고, 햇볕도 차단하게 되며, 태양 발전을 통해 전기생산 가능
- 냉방부하 10배 발생방지, 전기생산 효율의 증진

(13) 지열에너지 시스템 도입

일반적으로 지하 5m 이하로 내려가면 땅속은 대략 14~16℃의 온도를 1년 내내 일정하게 유지하며 지하 수 km를 내려가면 37~150℃의 일정온도를 유지한다. 지열에너지의 이용은 열원의 온도에 따라서 몇 가지로 나눌 수 있는데, 우리나라의 경우 일본, 이탈리아 등과 같은 화산지대가 거의 존재하지 않아 심층지열 이용은 어렵지만 지하 100~150m 깊이의 지열을 이용하여 건축물의 냉난방 및 온수에 활용하는 지열히트펌프방식 보급이 활성화되고 있다.

냉난방 면적이 작은 곳에는 시공비의 부담이 크기 때문에 경제성 · 효율성을 검토하여야 하지만, 지열냉난방 시스템을 도입하면 기존 에너지 대비 평균 50%의 절감효과가 있으며 기기 수명이 길고 관리비가 적게 들어간다. 시 · 군 · 구정사들부터 지열에너지를 활용하여 냉난방을 시범적으로 도입할 필요가 있다. 지열시스템은 기름 한 방울 안 들이고 약간의 전기료만으로 냉난방 및 급탕을 동시에 해결하는 친환경적인 시스템이기 때문이다.

지자체의 공공건물들부터 지열냉난방 시스템을 설치함으로써 기존의 도시가스, 등유 보일러에 비해 각각 16%, 27% 정도의 연료를 절감할 수 있다.

(14) 대기전력 절감기 공급

대기전력 차단 및 에너지 관리 시스템 제공으로 가정에서 낭비되는 연간 가정용 대기전력 856MW(연간 6,000억 원)를 절약하는 효과와 함께 낭비되는 유휴 전력의 효율적 절감과 실시간 절약 및 낭비를 확인할 수 있다.

가정 및 사무실에서 사용되고 있는 전자제품들에 의한 대기상태에서 전력 낭비는 전체 전력사용량의 15~30%에 이른다. 대기전력을 줄이는 것이 전 세계 모든 국가들의 관심사항이며, 국내에서도 다양한 시도가 있었으나, 체계적이고 통합적인 관점에서 미흡한 상태이다.

기존 프로그램에 병행하여 기초단위지자체 전체가구에 단계적으로 적용할 필요가 있다. 사용 중인 전자제품 및 조명기기까지 대상을 확대하고 IT기술을 접목하여 적용 확장성과 지속성을 강화할 수 있다. e-Home 에너지관리 시스템을 전체가구에 적용 시 15% 이상 에너지를 절감(연간 856MW 이상 절약 가능, KEPCO)하여 발전소 1기 이상의 증설효과를 거둘 수 있으며, 매년 6,000억 원 이상의 절감효과가 기대된다.

전자제품과의 어댑터(adapter) 개발(전기 어댑터에서 그린빌딩 어댑터까지)이 필요하며, 대기전력 관리를 위한 근거리 및 원거리에서의 모든 인터페이스(user interface) 개발이 필요하다(TV 인터페이스에서 휴대전화 인터페이스까지). 전력의 최적사용을 위한 통합적이고 지능적인 시스템 개발(에너지 현황을 실시간으로 점검)을 통해서 유휴전력 및 과도전력의 최소화를 유도할 수 있다.

가정의 에너지 사용 현황 및 패턴을 활용하여 가장 쾌적한 그린환경 구현 및 최고 에너지 절약형 그린 홈 실현으로 국제적으로 글로벌 탄소배출권 대응 및 활용으로 새로운 세계시장을 창출할 것이다. 지자체 내 공공기관, 학

교, 대형아파트 단지 시범설치 시, 한 곳당 1,000만 원 정도의 비용소요가
예상된다.

표 7-11. 연간 운전비 비교(100평 냉난방 및 급탕 기준) 예시

구분		흡수식 냉온수기 가스보일러(급탕)	가스보일러 패키지에어컨	지열 냉 · 난방시스템	비고
난방 요구열량		42,000kcal/h(48.8kW)			
사용량(시간당)		4.5Nm 3	4.5Nm 3	13.9kW	–
연료비	일일	15,789	15,789	7,505	10h기준 (90% 이용률)
	연간	2,842,020	2,842,020	1,350,900	180일 기준
냉방 요구열량		45,000kcal/h(52.3kW)			
사용량(시간당)		4.76Nm 3	26.2kW	11.6kW	–
연료비	일일	9,271	19,891	8,807	10h기준 (90% 이용률)
	연간	556,260	1,193,460	528,420	60일 기준
급탕 요구열량		10,000kcal/h(11.6kW)			
사용량 (시간당)		1.06Nm 3	1.06Nm 3	3.3kW	–
연료비	일일	3,290	3,290	하절기: – 중간기: 1,600 동절기: 1,500	10h 기준 (70% 이용률)
	연간	1,184,400	1,184,400	468,000	360일 기준 (지열 300일)
총비용		4,582,680	5,219,880	2,347,320	–
		195%	222%	100% 기준	–

출처: 교육과학기술부 홈페이지, 대진 교육정보원(2009)

나. 저탄소 녹색교통시스템 구축전략

⚡ 학습목표

나-1. 저탄소 그린시티 구축에 녹색교통 구축방안을 제시할 수 있다.

나-2. 자전거타기 활성화를 위한 추진방법을 설명할 수 있다.

나-3. 지자체 내 지능형교통망(ITS) 구축방법을 설명할 수 있다.

저탄소 녹색교통시스템 구축은 지능형 교통망 구축을 통해 시내 각종 도로를 통과하는 차량의 정차를 완화하여 이산화탄소 배출을 줄여주고, 차량보다는 자전거 이용을 활성화하여 교통량을 줄이며, 천연가스버스 보급을 확대하여 이산화탄소 배출을 줄이며, 시민들의 에코드라이빙(친환경운전 습관)을 활성화하는 체계이다.

(1) 자전거 교통수단화

단거리용 교통수단으로 인식되는 자전거를 중장거리용 교통수단으로 전환하여 자전거 교통수송 분담률을 5~10% 수준에서 중장기적으로 20~30% 수준까지 향상시킬 필요가 있다. 장기적으로 주민 1인당 자전거도로를 200~300m 수준까지 연장할 필요가 있다.

1) 하천변 또는 우회로 자전거도로 확대

시내중심 도로인 경우, 자전거도로를 설치할 경우 교통정체가 유발되거나 교통사고가 일어나는 등 오히려 역효과가 날 가능성이 높기 때문에, 하천변이나 시내 외각 우회로를 자전거도로로 활용하는 것이 보다 바람직하다. 시내도로에 자전거도로가 구축되어 교통정체가 일어날 경우 이산화탄소 배출량도 그만큼 증

그림 7-21. 서울시 뚝섬길 자전거도로
출처: 성동구(2010)

236

가하게 된다. 따라서 시내통과 도로가 아닌 하천변을 따라 자전거도로를 확대
해서 원활한 교통체계를 구축함과 동시에 자전거 통행량도 증가시켜 나가야
한다.

자전거 타기가 생활화되면 교통 혼잡을 완화할 수 있고, 나아가 이산화탄소
배출을 줄여 환경보호에도 기여하며, 주민들이 건강해져서 막대한 사회적 비
용을 줄일 수 있다. 따라서 생활교통수단으로서 자전거 이용환경을 마련하고,
자전거를 즐기는 사회적 분위기를 조성하는 노력이 필요하다.

표 7-12. 저탄소 녹색교통시스템 구축 세부전략 예시(P지자체 사례)

추진과제	세부계획	추진시기	유관부처	추진부서
하천변 자전거도로 확대	- 자전거 전용도로 시범 설치 - 하천변 자전거도로 확대 및 주차 장 설치	○○년 4월~	국토해양부 행정안전부	토목과
자전거와 대중교통과의 연계 강화	- 자전거 주차장 및 거치대 설치	○○년 7월~	국토해양부 행정안전부	토목과 교통지도과
기존 자전거도로 정비	- 자전거도로 시설물 확충	○○년 5월~	국토해양부 행정안전부	토목과
구민대상 자전거 이용 활성화 프로그램 구축	- 자전거 교육실시 - 자전거 이용자 인센티브 확대 - 구민대상 캠페인 실시	○○년 7월~	국토해양부 행정안전부	교통행정과 교통지도과 주변생활지원과
지능형 교통망 구축	- 지능형 교통신호체계 수립	○○년 1월~	국토해양부 행정안전부	교통행정과
교통순환 환경개선	- 버스중앙차로 구축 확대 - 승용차 요일제 시행	○○년 4월~	국토해양부 행정안전부	교통행정과
그린카 도입 확대	- 하이브리드 자동차 보급 확대	○○년 9월~	행정안전부 지식경제부	환경과 교통행정과
CNG(천연가스) 버스 도입	- 천연가스버스로의 교체 가속화	○○년 4월~	국토해양부 행정안전부	교통행정과
정맥물류 구축	- 운송업체의 친환경차량 사용 유도 - 관용차 및 공용차 교체	○○년 9월~	국토해양부 행정안전부	교통행정과
시민의 에코 드라이빙의 확대	- 녹색교통문화 확대 보급 - 에코 드라이버 선정 및 노하우 전파	○○년 7월~	국토해양부 행정안전부	교통행정과 환경과

우선, 지자체의 일반도로 중 우회로 성격의 도로에 자전거 전용도로를 시범 설치하는 것이 좋다. 자전거 이용자의 안전 및 쾌적한 주행을 위해 차도 측에 설치하는 구간은 식수대 또는 보호펜스로 차도와 완전히 분리하여 설치해야 한다. 자전거도로와 자전거 주차장이 설치되고 자전거이용객의 편리성과 안전이 보장된다면 자전거 이용객은 점차 늘어날 것이다.

하천변을 따라 자전거도로를 구축하고 인근 지하철역에 자전거 주차장을 설치하여 자전거의 교통분담률을 점차로 늘려나가야 한다. 이에 대한 기대효과로 교통량은 감소되고 교통수송분담률은 증가하며 그에 따라 CO_2 배출량이 감소되어 그린시티 구축에 기여할 것이다.

통상, 기초단위지자체의 초등학생은 적게는 몇 천 명에서 많게는 수만 명에 이르며, 중·고등학생들도 비슷한 규모이다. 거기에 대학교 재학생이나 근거리 출퇴근 직장인까지 더하면 자전거를 이용한 등하교나 출퇴근 문화를 만들어 갈 수 있다. 학생들의 70%, 직장인의 30%가 자전거로 등하교 및 출근한다면 교통수송분담률은 33%까지 올라간다. 이를 위해 지자체 내 학교주변 도로를 자전거이용 시범도로 및 인근 학교를 자전거 이용 시범학교로 지정하여 관찰평가한 후, 다른 지역으로 확대해나가는 방안이 필요하다.

2) 기존 자전거도로 정비

- 자전거 연결 단절 없는 도로 조성 등
- 기존 자전거도로 유지 보수
- 자전거도로 안전시설물 정비
- 중·고등학교 주변 자전거도로 관련 교통표지판 설치, 측구 덧씌우기 등
- 자전거 관련 안전시설물 표시(설치)방법의 표준모델 제시
- 자전거거치대 설치
- 공동주택 內 자전거 보관대 설치

3) 자전거와 대중교통과의 연계 시스템 구축

자전거도로와 대중교통의 연계성을 강화하고 편의시설을 확충하여 수송분담률을 상향할 필요가 있다. 자동차의 통행량을 감소시켜 대기오염물질 배출량을 원천적으로 줄여 온실가스를 저감하기 위해서는 자전거를 생활의 교통수단으로 전환해야 한다. 생활권 중심의 자전거도로 네트워크 구축을 통해 대중교통과의 연계를 용이하게 해야 한다.

시내는 시민의 교통이용을 활성화시키기 위해 기차, 전철, 지하철역사와 자전거도로가 연계될 수 있도록 자전거 보도겸용도로를 구축하고, 역사에 환승시스템을 구축할 필요가 있다. 자전거 거치대는 주요 역사, 버스정류장 인근이나 학교주변에 설치한 후 점차 확대해갈 필요가 있다. 자전거 주차장은 자동차 주차타워와 흡사한 로터리 식 무인주차 방식으로 운영 가능하며, 주차장입구에서 버튼을 누르면 주차공간이 아래, 위로 자동으로 돌아가면서 입·출고 공간을 찾아줘 5~10초면 빠르고 편리하게 이용할 수 있다. 장기보관의 경우에는 유료화할 수 있으며 내부센서를 통해 자전거 입·출고를 관리하여 장기 방치된 자전거는 즉시 수거·처리할 수 있도록 프로그램화할 수 있다.

기존 노상 자전거 보관소는 도시 미관을 해치고 도난사고가 발생할 위험이 컸지만, 다단식 주차장은 자전거를 건물 옥상이나 지하에 보관해 안전하고, 지상 공간을 도로나 인도 등으로 활용할 수 있는 이점이 있다. 도시경관을 해치지 않고, 안전하게 자전거를 맡길 수 있는 다단식 자전거 주차장이 확산되면 자전거와 지하철 이용이 동시에 활성화될 것으로 기대된다. 다단식 주차장이 설치되면 이용객은 집에서 자전거를 타고 기차역이나 지하철역까지 와서 여에 자전거를 편리하게 보관하고 기차나 지하철을 이용할 수 있다.

그림 7-22. 국내 H사가 개발한 승강아이드식 자전거주치시스템
출처: 현대엘리베이터 홈페이지

이용료는 주차 기계를 운영하는 데 필요한 최소한의 수준으로 상정되어야 한다. 자전거주차장의 관리·운영을 민간에 위탁하는 방안도 고려할 수 있다. 이 경우 자전거 주차요금은 한 시간 200원, 하루 1,000원, 한 달 1만 5,000원 정도가 적정하며, 자전거를 등록한 이용자들에겐 요금의 50%를 할인 적용함으로써 이용을 촉진시킬 수 있다.

실제로, 자전거주차장 설치를 위해, 시내 기차역이나 전철역, 지하철역을 실사하는 것이 좋고, 건물구조에 따라 다단식 주차장 설치도 가능하다. 통상 규모가 큰 역사의 경우, 옥상에 약 400~500대 정도의 자전거를 수용가능하다.

역장과의 실제 인터뷰를 통해 자전거 전용 주차장 설치에 대해서 의견을 구하되, 자전거 주차장 설치로 전철이나 지하철 이용도 증가할 수 있다는 것을 협의할 필요가 있다.

자전거가 10일 이상 같은 장소에 무단으로 방치된 경우 등을 대비해 자전거 조례를 상정하여 자전거 관리의 애로사항을 최소화할 수 있다. 예를 들어, 방치자전거를 이동하여 보관한 뒤 △자전거의 종류 및 제조회사 △방치된 장소 및 이동·보관한 일시 △자전거를 보관한 장소 등을 공고한 뒤, 1개월이 지나도 소유자가 찾아가지 않으면 매각하는 방안을 고려할 필요가 있다. 이는 방치된 자전거의 수거를 활성화시킴은 물론 분실된 자전거를 재활용할 수 있는 계기가 될 것이다.

4) 자치구민 대상 자전거이용 활성화 프로그램 구축

- 주부 자전거 무료교실 운영
- 찾아가는 자전거 무료교실 운영 및 홍보
- 자전거 교통안전교육장을 설치하여 자전거를 이용하는 학생들이나 구민들을 대상으로 안전에 필요한 교육 실시
- 자전거 이용의 날을 지정하여 자전거 이용자의 저변 확대
- 자전거 이용자 인센티브 제공방안 강구[쓰레기봉투 지급(10ℓ) 등]

- 출퇴근 수당, 자전거 관련용품 무료 배부 등
  - 자전거 출퇴근 보조금 제도 시행
  - 공공기관과 기업의 자전거 구매를 유도하기 위한 정책
  - 월 15일 이상 자전거 이용 출퇴근 시민에게 3만 원 정도 지급하는 방안 고려
- 자전거 관련 저명인사 초빙하여 자전거 이용 활성화 주민토론회 개최
- 주민 자전거 타기 대행진 및 자전거 타기 홍보 캠페인 전개
- 지자체 후원 각종 행사 시 경품용 자전거 지급

(2) 교통수단의 개선

1) 지능형 교통망 구축

탄소 배출을 줄이고 경제적으로도 효율적인 교통체계를 구축하고 연료 사용도 감소시킬 수 있는 효율적인 방안을 강구한다. 저탄소 교통체계를 구축하기 위해 재생에너지를 사용하고 저탄소 배출형 도시구조로 전환하고 교통수단도 저탄소형으로 변환할 수 있다.

이를 위해 단기적으로는 대중교통 이용을 지원하고, 교통 편의체계를 개선하며, 시내 주요 도로부터 지능형 교통체계로 개편가능하다. 시내를 통과하는 도로는 원활한 교통소통이 중요한 만큼 지능형 교통신호체계를 구축하여 소통간격 조정 및 정차시간을 줄일 필요가 있다. 지자체 내 유비쿼터스 신호체계와 교통체계를 구축하며 지능형 교통안내시스템을 도입하는 것이다. 이는 주요 교차로 및 정차구간에 각종 센서를 달아 원격으로 교통신호를 자동조정하거나 차량간격을 자동체크하여 제어하며, 운전자에게 다양한 교통정보를 실시간으로 제공하는 원격자동조절 시스템이다.

2) 에코driving 확대

에코드라이빙은 운전자들의 평소운전 습관을 수정하여 이산화탄소 배출을

줄일 수 있는 친환경 운전방식을 말한다. 이는 급발진 자제, 급가속 자제, 과속방지 유도, 경제속도 주행, 클랙슨 자제, 상향등 자제를 유도하는 것이다. 자가용 운전 시민들에게 에코드라이브하는 운전습관을 갖도록 지속적으로 홍보, 교육해야 한다. 에코드라이브를 잘 실천하고 있는 '에코드라이버'를 선정하고, 이들과 함께 시범운전을 하면서 에코드라이브의 효과를 체험하는 등 에코드라이브 생활화가 필요하다.

표 7-13. 에코드라이빙 실천지침

에코 드라이빙 실천지침	
-급발진, 급가속 자제 캠페인	-과속방지 유도
-경제속도 주행	-클랙슨 자제

3) 그린카 도입 확대

각 시도에서는 경유차를 줄이고 천연가스버스로 바꾸는 정책을 펴고 있다. 이에 맞추어 지자체 단위에서 점차 경유차 감소, 천연가스버스 보급, 하이브리드 자동차의 보급을 더욱 확대해 가고 있다. 하이브리드 자동차는 가솔린엔진과 전기모터를 이용한 차량으로 도심에서는 전기모터로, 고속주행 시는 가솔린엔진으로 각각 주행하는 것이다. 기존 휘발유 차량에 비해 연비를 40~50% 이상 개선시키고 대기오염 물질 배출은 30% 저감시킬 수 있기 때문에 에너지 절약 및 대기오염 저감에 크게 기여할 수 있다.

현재 우리나라에 생산되고 있는 소형 1,400cc 하이브리드 차량과 휘발유 소형 승용차와의 CO_2 배출량을 비교하면 하이브리드 자동차에서 1.50톤/년 정도가 승용차 휘발유 자동차보다 적게 배출된다.

표 7-14. 하이브리드 자동차 1대당 CO_2 삭감량

구분	연료사용량 (kL/년)	CO_2 배출량 (톤/년)	CO_2 삭감량 (톤/년)
승용차 휘발유	1.4	3.34	1.50
하이브리드	0.77	1.84	

4) 천연가스버스 도입

천연가스버스 도입은 기초단위지자체에서 단독적으로 펼치기에는 한계가 있는 정책이기 때문에, 광역시도와 연계하여 천연가스버스 보유비율을 75% 이상 상위 업체에 대한 지원이라든지, 경유버스의 천연가스버스로의 조기 대·폐차를 지속적으로 추진할 필요가 있다.

1대의 경유버스 대신 천연가스버스를 도입하였을 경우 CO_2배출량 삭감 예상량을 산출하면 13.45톤/년 정도이다. 이는 가령 서울시내의 7,776대의 시내버스를 천연가스버스로 교체할 경우 72,401톤 정도의 CO_2를 감소시킬 수 있음을 의미한다.

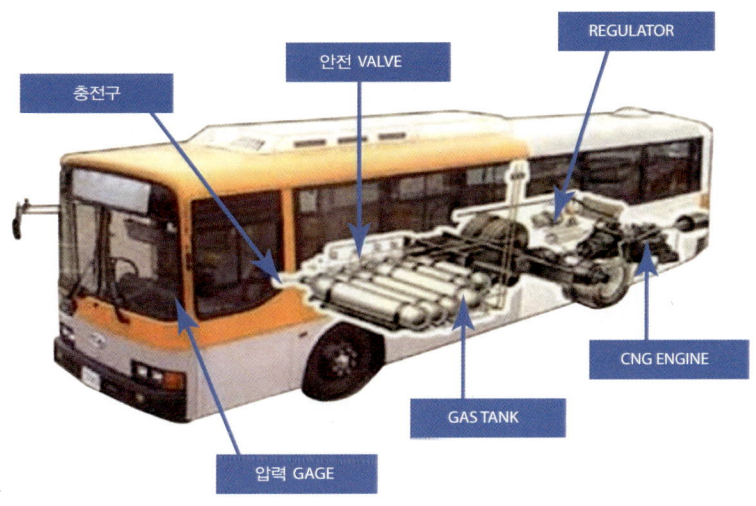

그림 7-23. 천연가스 버스 구조
출처: KEFICO 홈페이지

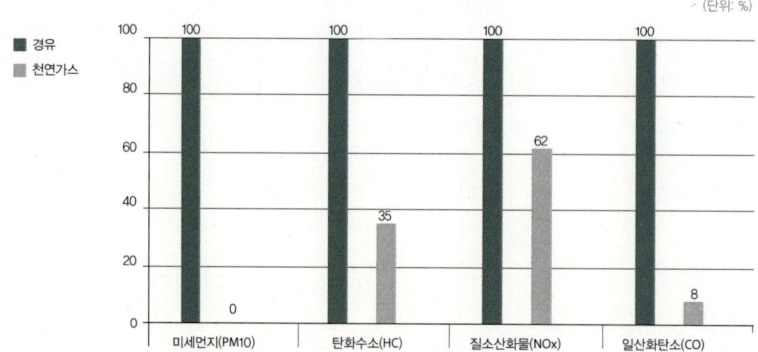

그림 7-24. 경유버스 대비 천연가스버스의 대기오염물질 배출률(%)

5) 정맥물류(Recycle Port) 구축

정맥물류는 상품이 사용되고 난 후 폐기되는 과정까지의 물류를 가리키는 것으로 원료와 부품이 상품화되는 과정을 일컫는 동맥물류와 대비되는 개념이다[동맥물류(정방향 물류)는 상품생산지에서 소비자로 제품이 이동하는 물류를 말함]. 정맥물류 체계구축을 위해서는 먼저 지자체 내 운송관련 업체들이 온실가스 배출량 저감에 참여하도록 '환경을 생각하는 배송선언'이나 교육, 연수 등을 추진하여 인식을 확산하고, 오토바이, 퀵서비스 등의 물류관련 업체의 경우 디젤엔진을 천연가스차로 변경하도록 정책을 단계적으로 계획 집행해야 한다. 또한 자동차로의 배출가스에 의한 대기오염을 경감시키기 위해서 공용차 및 지자체 관용차량을 친환경차로 점차 변경해가는 추세이다.

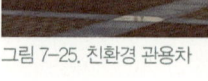

그림 7-25. 친환경 관용차

6) 대중교통 이용 환경의 개선

지자체마다 시내를 관통하는 도로들의 교통정체로 고민하는 경우가 많다 (농촌지역 제외). 전철이나 지하철역과 연계, 환승하기 위한 버스나 택시들의 운행이 많아서 혼잡이 가중되는 경우도 많다. 교통정체가 일어날 경우 CO_2 배출량은 급격히 높아지기 때문에 시내중심도로와 순환도로, 간선도로 구간의 교통순환이 잘 이루어질 수 있도록 교통구조를 개선해야 한다.

교통구조 개선을 위해 승용차 요일제 시행이 권장되고 있다. 승용차 요일제는 자동차 보유 억제보다는 자동차 운행수요 억제에 중점을 둔 정책이다. 일단 교통량 감소가 주목적이지만 이를 통해 주행속도 개선, 대기오염물질 배출량 감소 및 연료비 절감효과 등을 기대하는 것이다.

	일일기름 절감량(L)	일일 절감금액(원)	연간 절감금액(원)
공공기관만 참여 시	60만6000	9억9000만	2376억
승용차 보유 국민 30% 참여 시	263만5000	43억	1조326억
승용차 보유 국민 50% 참여 시	439만2000	71억7000만	1조7211억

그림 7-26. 승용차 요일제 확대 효과
출처: 에너지관리공단

연차별로 승용차 요일제참여가 높아지고 있는데, 향후 승용차의 80~90% 참여를 목표로 각 지자체들은 정책적 노력을 기울이고 있다. 승용차의 90%가 승용차 요일제에 참여할 경우, 대기 오염물질은 12%가 감소할 것으로 전망된다.

(3) 자전거 활성화 등 저탄소 녹색 교통체계 구축 장애요인 및 극복방안

1) 일회성 이벤트 행사로 그침

공무원이 솔선수범하여야 한다고 판단하고, 관공서의 3km 이내 공무원의 경우 자전거이용 출퇴근을 권하고, 그 외 공무원의 경우 권고사항으로 지정하여 확산 전환할 수 있다. 또한 각 지자체는 2020년까지 자전거 교통분담률을 현재의 2~5% 수준에서 30%까지 끌어올리겠다는 비전 제시와 함께 담당부서가 바뀌어도 제도적으로 계속 추진할 수 있도록 자치법규 등 시스템 구축이 필요하다.

2) 유관기관의 참여 미흡

각종 여론형성층인 언론사의 동참을 이끌어내고 지속적인 기획취재·교양·오락 방송(프로그램) 및 보도를 요청해야 한다. 파급력이 큰 각계각층을 대표하는 '범시민 자전거타기운동 추진협의회' 구성 등을 통해 사회 각계각층의 자발적 동참 분위기를 확산 유도할 수 있다.

3) 자동차 불편정책에 대한 반발

자전거 이용 활성화를 위해 자전거 관련 인프라의 개선·확충도 중요하지만 자가용 이용 불편정책도 병행되어야만 효과가 상승한다. 이를 위해 시내 중심지구 내 도로변에 주차선을 긋고 유료화할 수 있다. 시행 초기 업무지구 내 근무자의 반발이 있을 것이나, 자가용 출퇴근이 줄어들면서 지자체 내 각 기관을 방문하는 민원인의 경우 원활한 차량 소통에 만족해할 것이다. 지자체는 시내 차량속도 제한, 일방통행, 무료·공영주차장의 점차 유료화 및 폐쇄를 점진적으로 도입하는 방안이 필요하다.

4) 불합리한 법 · 제도로 자발적 동참 미흡

현행 법률상 자전거 관련 사고 시 법의 보호를 받는 데 매우 불리하여 자전거 이용 활성화의 저해요인으로 작용하고 있다. 이에 자전거이용 활성화에 불합리한 법조항들을 일제히 조사하여 관련 부처에 개정을 건의하고, 자전거에 대한 관심 촉발을 유도하는 등 다양한 경로를 통해 건의하고 여론화시키도록 할 필요가 있다. 전 주민을 대상으로 자전거 상해보험을 가입하여 누구나 자전거 충돌사고나 부상 시 형사합의금과 민사합의금 지급은 물론, 보행자가 자전거에 치였을 경우에도 보험혜택을 받도록 해야 한다. 연간 보험료는 적게는 1억~2억 원 정도 소요되는데 전액 지자체에서 부담하는 방안을 강구해야 한다.

5) 자전거 안전시설물 인식 부족

자전거의 안전하고 편리한 통행로 확보를 위해서는 분리화단 설치를 통한 자전거 전용도로 확보, 교차로 등의 자전거 통행유도선 등을 설치, 단절 없는 자전거도로를 확보하여야 하나 도로교통법상 설치기준이 없다는 이유로 경찰관서에서는 설치 협의에 미온적이었으며, 이에 대한 불편을 이유로 자동차 운전자들의 반발도 있을 수 있다. 지자체에서는 경찰관서와 협의를 통해 교차로 등에 자전거 통행유도선 설치의 필요성 공감대 형성으로 교차로 등에 자전거 통행유도선을 설치해야 한다. 또한, 분리화단이 없는 차도에 분리화단을 설치 자전거 전용도로를 확보, 자전거 이용자에게 안전과 편리성을 제공함으로써 자전거 이용을 확대해야 할 것이다.

다. 물관리 에너지 대책

📑 학습목표

다-1. 저탄소 그린시티 구축을 위한 물순환 체계를 설명할 수 있다.
다-2. 우리 지자체 내 빗물관리방안을 제시하고 이를 설명할 수 있다.
다-3. 우리 지자체 내 중수활용방안을 제시하고 이를 설명할 수 있다.

지자체의 물관리 대책은 하천이 있는 경우, 하천수를 활용한 냉난방 연계를 강구해 볼 수 있으며, 음용수를 제외한 가정용 세면이나 공업용 냉각수 등을 중수로 활용하는 방안, 빗물(우수)의 체계적 관리를 통한 빗물활용 활성화 등을 고려해 볼 수 있다.

표 7-15. 물관리 에너지 대책 세부전략 예시(H지자체 사례)

추진과제	세부계획	추진시기	유관부처	추진부처
중수의 활용	- 공장의 오·폐수를 재활용 - 하수처리장 방류수 사용	OO년 1월~	국토해양부	주택과 환경과 치수방재과
빗물(雨水)의 활용	- 기존아파트 시범지역 대상 빗물침투시설 설치 - 빗물저장고 구축 확대	OO년 4월~	국토해양부	주택과 환경과
하천수 활용 및 하수처리장 방류수 활용 냉난방 구축	- 하수처리장 주변지역 하수냉난방 공급지 지정 - 축열식 열펌프 시스템 운영	OO년 6월~	국토해양부	환경과 치수방재과

(1) 하수처리장 또는 하천수를 활용한 냉난방 시스템 구축

지자체의 하수처리장(하수처리장이 있는 경우에 한함)에서 하루에 방류되는 물의 양은 적게는 5만 톤에서 많게는 14만 톤에 육박한다. 이들 중 1만~2만 톤 정도만 공공기관과 주택·건물에 냉난방시설로 공급해도 에너지 절감에 크게 기여할 것이다. 일차적으로 공공기관에 하천수 냉난방시스템을 도입한 후, 일반주택과 건물에 확대해나가는 방안을 고려해 볼 수 있다. 하천의 물 속 온도는 겨울에는 평균 15℃ 높고, 한여름에는 대기온도보다 평균 5℃는 낮게 나타나기 때문에 냉난방에 활용할 수 있다. 하천에 존재하는 온도차를 이용해 냉난방 장치를 가동할 수 있는 시스템을 구축함으로써 이산화탄소 발생률을 기존의 냉난방 시스템보다 40~60%까지 줄일 수 있다.

겨울철 하천수에서 얻을 수 있는 소량의 열이 2단계의 압축 펌프 과정을 거치면서 난방기 속 물의 온도를 50℃까지 데울 수 있는 에너지로 바뀐다는 것에 핵심이 있다. 특히 여름철엔 하천수가 냉각수로 역할을 바꾸기만 하면 돼 하나의 장치로 냉난방이 동시에 해결가능하다. 프랑스와 일본 등에서는 실제로 지역난방에 하천수가 이용되고 있으며 한강과 중랑천과 인접해 있는 지자체는 하천수 에너지 활용에 매우 유리한 조건을 지니고 있다.

에너지기술연구원은 대구시 서부하수처리장에 하수를 열원으로 히트펌프시스템을 작동해 냉난방을 할 수 있는 시스템을 준공, 실증연구를 수행한 바 있다. 연구 결과 대기를 열원으로 하는 열펌프나 보일러, 냉동기방식보다 30% 이상의 에너지를 절감하는 것으로 나타났다. 또한 축열식 열펌프 시스템을 채용함으로써 전력평준화에 기여할 것으로 기대된다.

지자체는 하천수와 하수열을 활용한 냉난방시스템 활용에 매우 적합한 지형적 특성을 지닌다. 주요 하천으로부터 500m 이내인 지역에서는 하천수 강변 여과수 등을 활용할 수 있고, 하수처리장이 있는 경우, 하수처리장 주변지역을 하수열 공급구역으로 지정해 하수를 열원으로 하는 히트펌프를 이용해 대규모 집단 냉난방 에너지를 공급할 수 있다. 이러한 하천에너지를 지역냉난방은 물론, 공장이나 사업장 온실재배와 수산양식, 도로제설 등 다양하게 활용할 수 있다.

(2) 중수의 활용

중수활용은 단일건축물이나 공장의 오·폐수를 자체적으로 처리하여 수세식 화장실용수, 냉각용수, 청소용수 등에 이용하는 것을 의미한다. 새로운 수자원을 개발하거나 현재 이용가능한 수자원의 이용촉진을 위해 오염으로부터 수자원을 보호하는 등 한정된 수원을 보다 효율적으로 이용하는 방안이 다각적으로 검토되고 있다. 점차 물부족 국가로 변하고 있는 우리나라의 실정에서 수지원을 지원으로 인식하는 일상생활 실천이 중요해지고 있다.

우리나라에서 가동 중인 하수처리장에서 방출되는 하수는 1천만㎡/일 규모가 넘는다. 특히 산업폐수와 병합처리를 하지 않는 하수처리장의 유출수는 비교적 양호하고 안정적 수질을 나타내고 있으며 재사용의 잠재성이 매우 큰 편이다. 하수처리장이나 하천수로 방류되는 물의 일부를 공업용수, 화장실 용수, 청소용수 등으로 활용될 수 있도록 생활화해야 한다.

(3) 빗물의 활용

그림 7-27. 빗물 선형침투 시스템 시작품
출처: 한국건설기술연구원(2007)

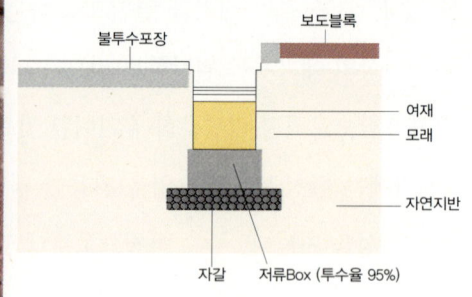

그림 7-28. 빗물 선형침투 시스템 시공단면 예
출처: 한국건설기술연구원(2007)

빗물활용은 비가 올 때 빗물 유출을 억제(저수조 등에 저장)하고 이를 수자원으로 전환하여 재활용함으로써 상수 소비절감 등의 효과를 기대할 수 있다. 빗물유출저감계획을 통해 빗물활용을 촉진할 뿐만 아니라 빗물저장으로 침수피해도 일부 줄여줌으로써 인명피해를 예방하고, 피해복구예산 낭비를 줄일 수 있다. 빗물이 지하로 침투되고 저류시설에 일시 저장되어 이용됨으로써 상수도 사용을 저감할 수 있다. 빗물활용으로 에너지 비용이 절감되며, 재해로부터 안전한 지역망 및 물순환 체계를 구축할 수 있다.

빗물침투 설치 시, 기존 시설물에 지장이 없도록 지하실과 인접 주택으로부터 최소 10m 거리를 두며, 도로와는 0.5m 거리를 두고 설치한다. 빗물침투공간 확보 시 지하수의 별도 활용을 위해 빗물침투시설을 설치하여 빗물을 별도로 저장하게 된다.

빗물활용은 지붕의 넓이, 지붕녹화 유무, 건물층수(주거밀도) 등에 따라 다양한 계획 수립이 가능하다. 신축건물 설계 시 빗물저장소를 설치함으로써 우수 활용을 높일 수 있다. 특히 잔디는 비가 올 때 빗물을 흡수해 저장하고, 이 빗물은 파이프를 통해 지하 물탱크로 보내져, 물탱크의 빗물은 정화과정을 거쳐 화장실과 정원의 물로 재활용이 가능하다.

신개발지역의 경우, 개발과정에서 나무를 베어내고 토양을 변형하여 빗물 유출이 증가할 가능성이 커진다. 신개발지역에 대한 빗물유출을 저감하여 침수피해, 인명피해 및 예산낭비를 줄이고 수자원을 보존하는 방안을 별도로 고려할 필요가 있다. 기존아파트 시범지역을 대상으로 빗물침투 및 저류시설을 설치하고 그 효과를 분석한 후 단계적으로 빗물저장고 구축을 확대해나갈 수 있다.

그림 7-29. 하수처리장 또는 하천수 활용 냉난방 가능한 환경조건(서울시 성동구 중랑천 물재생센터 사례)
출처: 성동구(2010)

라. 폐기물 발생 저감

⚡ 학습목표

라-1. 저탄소 그린시티 구축을 위한 음식물쓰레기처리, 건설폐기물처리, 기타생활폐기물 처리 등 폐기물관리 방안을 종합적으로 제시할 수 있다.

라-2. 자원 재활용, 재사용의 개념을 제시하고, 이를 우리 지자체에 어떻게 접목시킬지 설명할 수 있다.

라-3. 도시광산의 개념에 대하여 설명하고 이를 우리 지자체에 어떻게 도입할 수 있는지 설명할 수 있다.

대부분의 지자체는 하루에도 수톤씩 발생하는 각종 폐기물들의 처리 때문에 고민을 하고 있다. 폐기물의 폐기를 위한 공간부족이나 재원부족으로, 이제 폐기물의 폐기만이 아닌 지자체 내 재활용 및 재사용이 유력한 대안으로 떠오르고 있다.

(1) 폐기물관리 종합계획수립

전통주거지역 및 아파트, 상업지역에서 폭발적으로 증가하는 폐기물을 자원으로 재활용하기 위한 계획 및 발생을 줄이기 위한 방안을 종합적으로 제시할 필요가 있다.

1) 폐기물 관리계획

- 폐기물 발생저감 방안 강화
- 생활폐기물 발생 저감
- 폐기물의 유해성 평가, 관리 강화
- 생활폐기물 관리
- 의료폐기물 관리
- 방치폐기물 관리
- 지정폐기물 관리

표 7-16. 폐기물 발생저감 세부전략 예시(P지자체 사례)

추진과제	세부계획	추진시기	유관부처	추진부서
폐기물자원화 프로그램 수립	- 건설폐기물 재활용 및 순환골재 생산 · 보급 확대 - 폐기물의 에너지화 추진 - 폐금속자원재활용사업 등 도입 및 자원화체계 구축	OO년 10월~	환경부	청소행정과
폐기물량 저감운동	- 자원순환형 폐기물 관리체계 구축 - 음식폐기물 감량기기 설치 - 음식폐기물 줄이기 홍보 실천사업 추진 - 폐기물 통합처리시설 구축 - 일회용품 사용억제 추진 - 재활용품 분리배출 촉진 - 음식물쓰레기 분리배출 촉진	OO년 4월~	환경부	청소행정과
폐기물의 재활용	- 분리수거 및 재활용에 대한 홍보 및 교육실시 - 환경신문고 구축 및 실시 - 쓰레기분리수거 매뉴얼 작성 및 보급 - 쓰레기분리수거 우수구민 선정 · 포상	OO년 7월~	환경부	청소행정과
폐기물의 재사용	- 다시 쓰기 프로그램 실시 - 재사용 종량제봉투 사용 홍보	OO년 9월~	환경부	청소행정과
지정폐기물관리	- 관리대상 지정폐기물 확대 - 지정폐기물 처리기술 다양화 - 폐석면 등 관리강화	OO년 7월~	환경부	청소행정과

2) 폐기물 자원화 프로그램

- 재활용 제품 수요 촉진 및 기술개발 강화
- 건설폐기물 재활용 및 순환골재 생산, 보급 확대
- 폐기물의 에너지화 추진
- 폐금속자원 재활용 도입 등 전기 · 전자 폐기물 회수 및 자원화 체계 구축
- 폐기물 자원화를 위한 연구, 제안 공모전 정기적 개최

3) 기대효과

- 날로 증가하는 폐기물 발생량 저감
- 폐기물의 자원화를 통한 자원효율화
- 폐기물 자원화를 통한 폐금속자원 재활용 등 새로운 경제효과 창출 및 일

자리 창출

- 폐기물의 발생과 처분까지 전 과정에서 자원순환형 모델 구축
- 자원순환형 모델차원의 폐기물 관리 계획 수립 및 폐기물 자원화 프로그램 수립

(2) 지정폐기물 관리

1) 관리대상 지정폐기물 확대

현행 폐기물관리법에서는 지정폐기물의 분류기준인 '지정 6종'과 트리클로로에틸렌, 테트라클로로에틸렌 등 '유기물질 5종' 등 총 11종 성분을 규정 및 관리하고 있다. 향후 건강 및 환경에 대한 안전관리를 강화하기 위하여 안티몬, 니켈 등 유해 우려 중금속류 8종과 PAHs, HCB 등 유해 유기물질류 4종 등 총 12종 성분에 대한 배출특성을 조사하여 지정폐기물 대상 범위를 확대하는 방안을 검토 추진할 수 있다.

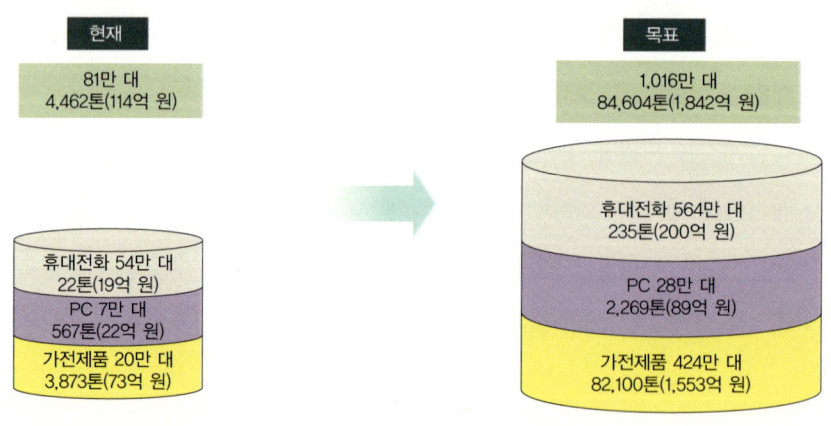

그림 7-30. 서울시 폐금속자원 재활용 자원화 목표

2) 지정폐기물 처리기술 다양화

R&D 활성화를 통해 지정폐기물 처리기술들도 다양하게 개발되고 있다. 차

세대핵심환경기술개발사업, 자원재활용기술개발사업 등을 통해 지정폐기물 처리기술 개발이 다각도로 추진되고 있는 것이다. 지정폐기물별 처리방법 및 재활용·재사용 방법을 특정하여 열거하고 있으나, 향후 지정폐기물 처리기술 검증시스템을 구축해야 한다. 이를 통해 지정폐기물을 안정적으로 처리할 수 있는 신기술 검토 후 처리방법을 다양화하는 방안을 추진할 수 있다.

3) 폐석면 등 관리 강화

폐석면 안전처리 체계를 관계부처와 공동으로 구축하고, 건축자재 제품별 석면함유 여부 판정, 건축물 철거 시 석면함유 계기물의 관리매뉴얼 작성 및 보급, 폐기물공정시험법에 석면분석방법 제정 등을 추진해야 한다. 또한, PCBs 처리기술 개발 및 안정성 검증을 통해 PCBs 폐기물의 적정 처리방법도 강구할 필요가 있다.

(3) 폐기물 자원화 프로그램 수립

1) 건설폐기물 재활용 및 순환골재 생산·보급 확대
• 건설폐기물 분리배출제도 시행
• 건설폐기물 재활용 기술 개발
• 자원순환유도 순환골재 의무사용 확대

2) 폐기물의 에너지화 추진
• 폐기물 에너지화를 위한 소형에너지 회수시설 설치확대 등 에너지회수 정책 추진
• 전처리시설(MBT) 설치·운영 통해 단순매립
• 소각되는 폐기물 최소화
• 폐기물 재활용과 자원, 에너지 회수 극대화 및 환경부하 저감
• 기존 및 신규 처리시설의 에너지 회수 효율화

그림 7-31. 건설폐기물의 재활용(Recycle)
출처: 환경공단

3) 폐금속자원 재활용사업 도입 등 전기, 전자폐기물 회수 및 자원화 체계 구축

• 생산자, 지방자치단체 및 유통업체 등이 참여하는 재활용시스템 구축

가전제품은 부피가 크고, 부정기적인 특성이 있어 지방자치단체의 일반적인 쓰레기 수거방식으로는 수거가 곤란하므로 폐금속자원 재활용 등 부가가치를 기반으로 기업적 적정수거 체계를 마련할 필요가 있다.

폐금속자원 재활용 활성화를 위한 지자체 내 사회적 기업 설립 및 민간기업 참여를 촉진하는 것이 바람직하다. 폐가전, 폐휴대전화 등 고부가 금속을 함유한 폐기물은 해체를 유도하고 그 속에서 자원을 추출할 수 있다.

아파트 배후지역에 폐금속자원 재활용기관을 설립할 수 있다. 소위 '도시광산'으로 불리는 폐금속자원수거센터를 사회적 기업 등으로 설립하여 40, 50대 고령인력의 일자리 창출도 하고 경제효과도 기할 수 있다. 2G, 3G에서 4G, 5G로 넘어가면서 급속도로 버려지고 있는 휴대전화에서 금, 은 등 고가의 금속을 추출할 수 있다. 버려지는 휴대전화 1톤(약 1만 대)을 리사이클하면

약 150g의 금을 추출할 수 있다.

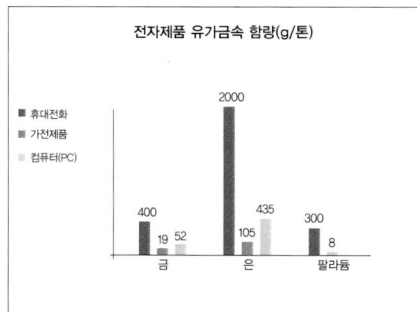
그림 7-32. 품목별 유가금속 함량
출처: 서울시 홈페이지

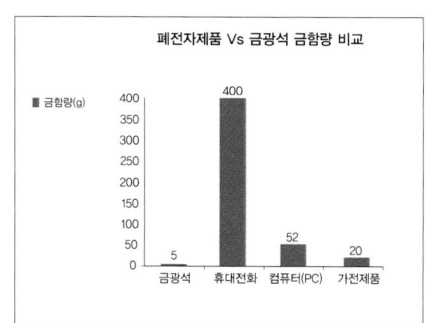
그림 7-33. 폐전자제품과 금광석의 금 함량 비교
출처: 서울시 홈페이지

(4) 폐기물량 저감운동

1) 자원순환형 폐기물 관리체계 구축

경제성장과 생활수준 향상으로 폐기물량이 증가하게 되었으므로 이에 따라 폐기물 소각에 의한 CO_2 배출량이 증가하는 경향이 있다. 이를 가장 근본적으로 줄이려면 쓰레기 발생의 원천들을 줄여야 하는데, 가령, 음식물, 종이, 목재, 동식물 잔재물, 폐식용유 등을 제외한 고무·피혁류, 플라스틱류, 폐합성수지, 기타 가연분 등을 하루에 1톤씩만 감량하면 하루 11톤 수준의 CO_2를 감량할 수 있다.

장래 예측된 생활쓰레기 발생량을 살펴보면 1인당 2000년 421.9kg/년에서 2014년 390.09kg/년이 발생될 것으로 전망된다. 서울시의 경우, 시민 1인당 하루에 60g(계란 1개분)을 줄일 경우 연간 18.4kg의 CO_2를 삭감시킬 수 있으므로, 향후 생활쓰레기 발생량의 10% 정도를 감량한다면 2014년에 약 22,432톤이 사감 가능할 것으로 보고 있다.

표 7-17. 쓰레기발생 10% 감량에 따른 CO_2 삭감량(서울시의 경우)

구분	2012	2013	2014
생활쓰레기 발생량(톤/일)	10,888	10,823	10,757
CO_2 삭감량(톤)	22,706	22,569	22,432

폐기물의 발생량을 원천적으로 줄이고, 발생된 폐기물은 최대한 자원화하여 재활용하고, 처리가 불가능한 폐기물은 위생적으로 처리(소각, 매립)하는 '자원순환형 폐기물 관리체계'가 정착되도록 실천해야 한다. 지자체 내에서 발생되는 폐기물 중 재활용이 가능한 폐기물을 조사, 수거하여 처리 계획을 세워야 한다.

지자체는 생활폐기물의 수집 및 운반 처리 등의 책무를 가지며, 사업장 폐기물은 배출하는 사업장이 처리하는 책무를 가지고 있다. 자치구 레벨에서는 시민들과 긴밀한 협조체계 하에서 생활 폐기물의 발생을 억제하고 재사용 또는 재활용하도록 유도해야 한다. 지자체는 지역별 또는 성상별로 폐기물 발생량 및 발생특성과 지역특성 등을 파악하여 적정한 폐기물처리시설의 용량을 산정하고, 자원이 원활하게 순환될 수 있도록 관리체계를 구축해야 한다. 버릴 쓰레기와 재활용품을 신속히 잘 분리하려면 주민들의 협조가 절실하므로 지속적인 참여유도와 홍보가 필요하다.

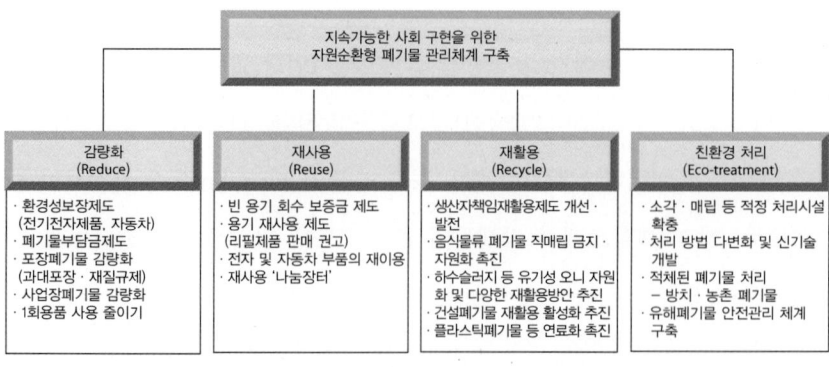

그림 7-34. 자원순환형 폐기물 관리체계 구축 예시

2) 효과적인 폐기물 관리를 위한 추진시책

① 추진시책 1: 음식물류 폐기물 감량기기 설치

이는 음식물류폐기물을 가열–건조하여 부산물의 수분을 25% 미만으로 하거나 미생물을 이용 · 발효하여 수분 함량을 40% 미만으로 만들어 재활용하는 시스템이다. 이는 감량방식에 따라 건조방식, 미생물 발효방식으로 구분된다.

음식물류 폐기물 감량기기 설치 시, 기기 사용 후 오 · 폐수 발생에 따른 환경문제 대두로 환경부에서 사업을 보류 중인데, 문제점을 보완하여 친환경적이며 경제적인 음식물류 폐기물 처리기기를 사용할 수 있도록 해야 한다.

표 7–18. 음식물류 폐기물 감량기기 종류별 특성

구분	건조방식	
	건조방식	분쇄건조방식
원리	–음식물쓰레기를 바람 또는 열을 이용 · 건조하여 잔재물은 음식물쓰레기로 배출	–음식물쓰레기를 잘게 파쇄한 후 바람 또는 열을 이용, 건조하여 잔재물은 음식물쓰레기로 배출
방식	–송풍, 열성 –싱크대 부착, 독립설치 방식	–열선, 마이크로웨이브(초음파) –싱크대 부착, 독립설치 방식
장점	–가격 저렴(최저 19만 원선) –다양한 제품	–짧은 가동 시간(1회 3시간) –잔재물 재활용 시 성상 좋음
단점	–비교적 높은 운영비(전기요금 월 2,500원) – 긴 가동 시간(1회 6시간 이상) – 가동 시 악취 및 소음 발생 –제조업체 난립에 따른 사후서비스 등 불안정 –사업 초기에 따른 제품 불안정	–높은 운영비(전기요금 월 3,000원) –비교적 고가기기(최저 30만 원선) –제조업체 난립에 따른 사후서비스 등 불안정 –사업 초기에 따른 제품 불안정

② 추진시책 2: 음식물류 폐기물 줄이기 홍보 및 실천사업

이는 음식물류 폐기물의 증가로 인한 자원의 낭비와 환경오염 문제를 해결하기 위해 음식물류 폐기물 발생량을 줄이기 위한 실천 방안이다. 공동주택의 음식물류 폐기물 보관장소 확보와 '딱 먹을 만큼' 운동의 확대 전개로 공동주택과 음식점 업소에 대한 음식물류 폐기물 줄이기 사업이 집중 실시되고 있다. 향후, 지속적인 홍보로 음식물류 폐기물을 줄이기 위해 주민의식을 고취하는 노력이 더욱 강화되어야 할 것이다.

표 7-19. 음식물류 폐기물 미생물 발효방식

구분	미생물 발효방식	
	미생물 분해방식	분쇄방식(Disposer)
원리	-미생물을 배양하여 음식물쓰레기를 분해하여 하수구 배출 또는 잔재물을 건조하여 음식물쓰레기로 배출	-음식물쓰레기를 분쇄하여 하수구 배출
장점	-친환경적 처리방식 -저렴한 운영비용	-운영편의(부산물 일체를 하수관거를 통하여 배출)
단점	-고가(최저 30만 원선) -오랜 가동시간 소요(1회 8시간) -가동 시 악취 발생 우려 -넓은 설치 공간 필요 -미생물 소멸 시 처리상 어려움	-디스포저 방식에 맞는 기반 설비 필요 -음식물용 하수관거 및 하수도 처리 기반 시설 확보 필요 -현행 법규상 사용불가

표 7-20. 음식물류 평균발생량

구분	합계	주택	음식점	집단급식소	대규모점포
발생량(톤)	85	66	13.5	4.5	1
발생률(%)	100	77.6	15.9	5.3	1.2

표 7-21. 음식물류폐기물 줄이기 홍보 및 실천사업 추진사항

사업내용
-음식점 '딱 먹을 만큼 운동' 전개: 참가업소 159개소 -학교 급식날 '남김 없는 날' 추진: 참가학교 37개소 -'음식물쓰레기 줄이기' 주민 아이디어 공모: 주민제안 15건 접수 -소형음식점 '수분분리 음식물 수거용기'로 교체: 2,861개 -각종 교육 시 '음식물쓰레기 줄이기' 동영상자료 제작, 배부: 50개 -초등학생 폐기물 처리시설(난지도, 중랑물재생센터) 견학 실시: 160명

③ 추진시책 3: 폐기물 통합처리시설 구축(음식물류폐기물 자원화시설 건립)

음식물류폐기물 자원화 시설 건립은 2013년 해양 배출이 전면 금지되는 데에 따른 대책으로 각 지자체는 물론 국가차원의 중요한 사안이다. 전국에 현재 250개가 넘는 음식물류 폐기물 처리시설이 가동되고 있으나 전국적으로 배출되는 음식물류 폐기물의 물량과 비교하였을 때, 처리시설이 크게 부족한 실정이다.

주민 거주지역과 500m 이상 떨어진 곳에 지하 20m의 음식물류 폐기물 자원화시설을 설치할 수 있다. 이를 통해 지상을 공원화하고 악취를 방지하기 위해 2차 집진시스템을 도입해 환경공해를 완전 차단해야 한다. 모든 시설은 지하 20m로 설치되기 때문에 악취발생률은 '0'에 가까우며, 지상은 쾌적한 공원으로 조성되어 지역주민들의 새로운 휴식공간으로 거듭날 수 있다.

④ 추진시책 4: 일회용품 사용 억제의 지속적 추진과 확대

이는 일회용품을 사용하는 사업장에 대해 사용 자제를 유도하고, 일회용품 사용규제 사업자의 이행실태를 단속하고 모니터링을 실시하는 방안이다.

⑤ 추진시책 5: 5종 재활용품 분리 배출 촉진

다중이용시설 및 다량배출사업장(「자원의 절약과 재활용촉진에 관한 법률 시행령」 제17조의 대상)의 분리배출 이행 여부를 철저히 관리해야 한다. 재활용가능자원이 폐기물로 배출되지 않도록 분리배출 표시가 있는 포장재는 반드시 분리 배출한다.

⑥ 추진시책 6: 음식물 쓰레기 분리배출 촉진

이는 감량의무업소에 대한 지속적인 이행실태를 점검하고, 분리배출을 잘하는 업소에는 인센티브를 적용하는 것이다. 일반음식업소 및 단독주택에 대한 음식물 종량제봉투의 내용물을 점검하여 분리배출을 독려할 수 있다. 음식물류폐기물 분리수거용기를 가구마다 지급하여 분리수거를 생활화한다. 이를 위해 주민들에게 이물질 혼입 억제를 위한 교육 및 홍보를 강화해야 한다. 특히, 소금성분이 많은 된장, 고추장, 간장 등을 별도 배출하고 김치 등은 씻어서 배출하도록 계도가 필요하다.

(5) 폐기물의 재활용(recycle)

1) 분리수거 및 재활용에 대한 주민홍보 및 교육 실시

① 추진시책 1: 장바구니 사용 및 내 집 앞 청소 등의 운동 장려
- 일회용품 봉투와 쇼핑백에 대해 유상판매 실시
- 시민 홍보를 통한 장바구니 사용 활성화 운동 전개
- 내 집 앞 청소를 실시하여 깨끗한 주거환경 만들기에 자발적 참여

② 추진시책 2: 환경신문고 체계 구축 및 실시
- 쓰레기 미분리 사례 등 환경문제 민원신문고제도 도입
- 포상 등으로 주민참여 적극적 유도

③ 추진시책 3: 쓰레기 분리수거 실천 매뉴얼 작성 및 정보 제공
- 쓰레기 분리수거 실천에 필요정보와 요령을 제공하고 계몽과 교육 실시
- 노인회 및 부녀회와 같은 주민조직 중심으로 반상회를 통한 지도자와 관련 아파트 관리자를 대상으로 집중교육 실시

④ 추진시책 4: 쓰레기 분리수거 우수구민 및 우수단지 등 선정 포상
- 동별, 공동주택 단지별로 쓰레기 분리배출 및 재활용 실태 조사모니터링
- 쓰레기 분리수거 우수단지, 우수시민 등 선정 및 포상

(6) 폐기물의 재사용(reuse)

1) 다양한 다시 쓰기 프로그램 실시

주민들이 불용자원을 리사이클링 할 수 있는 재활용상설마켓을 만들고 활성화될 수 있도록 지속적으로 지원한다. 광장이나 공원 등 일정장소에서 안 쓰는 물건을 물물교환하고 재활용 벼룩시장이나 프리마켓 등을 열 수 있도록 지원시스템을 마

그림 7-35. 도시형 자원 재활용시장

련해야 한다. 프리마켓이 열리는 장소와 시간, 참여방법 등을 시민들에게 홍보하고, 이를 정례화하여 자치구민들의 커뮤니티 의식이 싹트는 계기로 활용해야 한다.

재활용 및 재사용 상품을 전시 · 판매하여 상품의 우수성을 홍보하고, 시민들에게 재활용의 의미를 인식하고 동참하도록 유도해야 한다.

2) 재사용 종량제 봉투 사용 홍보

환경오염과 자원낭비의 주원인 중 하나인 일회용 비닐봉투 사용을 근절하기 위해 재사용 종량제봉투를 사용하도록 권장해야 한다. 이는 시민에게 주어지는 1회용 비닐봉투를 쇼핑봉투로 사용한 다음 쓰레기봉투로 재사용할 수 있게 하는 개량형 쓰레기봉투로서, 무분별하게 버려지는 비닐봉투로 인한 환경오염 및 자원낭비를 줄이기 위한 방법이다. 시내 대형마트에 재사용 종량제봉투 사용에 대한 권장 방침을 알리고 재사용 종량제봉투 시범판매를 지정, 운영토록 하며 앞으로 수형 상가에까지 확대 실시할 수 있다.

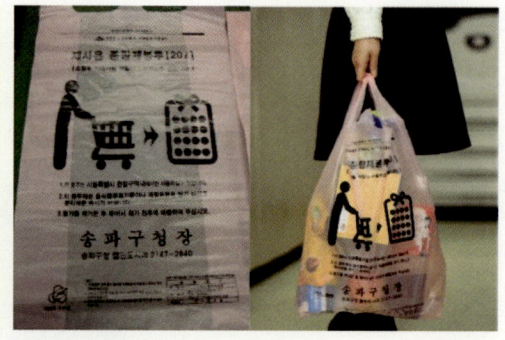

그림 7-36. 재사용 종량제봉투
출처: 구리시(2010)

그림 7-37. 재사용 종량제봉투 사용 예
출처: 송파구(2010)

마. U-City 및 그린IT 구축

📌 **학습목표**

마-1. 유비쿼터스시티(U-City)의 개념을 설명하고 이를 구축하기 위한 종합적인 방안을 제시할 수 있다.

마-2. U-City를 우리 지자체에 도입한다면 어떻게 접목 가능한지 설명할 수 있다.

마-3. Green IT 활성화를 위한 지자체 단위의 실행방안을 설명할 수 있다.

IT기술의 발달로 도시관리도 점점 더 똑똑해지고 있다. 행정, 교통, 에너지 관리 등을 각종 센서나 유비쿼터스 기술을 접목하여 스마트하게 관리하려는 것이다.

표 7-22. U-City 및 그린IT 구축 세부전략 예시(P지자체 사례)

추진과제	세부계획	추진시기	유관부처	추진부서
녹색행정 시스템 구축	- 원스톱 원격행정	OO년 9월~	지식경제부 국토해양부	자치행정과
IT 기반 민원 처리 프로세스 구축	- 행정규정 간소화 및 종이 없는(paperless) 행정 실현	OO년 6월~	행정안전부 지식경제부	자치행정과 주민생활지원과
기상관측 시스템 구축	- 맞춤형 기상예보 시스템 구축	OO년 6월~	지식경제부	환경과
대형건물 에너지관리시스템 도입	- 자동온도시스템 구축	OO년 9월~	지식경제부	지역경제과

센서망 활용 건물 안전진단 실시	– 주요 건물 안전진단 시스템 구축	OO년 6월~	지식경제부 국토해양부	건축과 주택과
원격근무, 화상회의 시스템 구축	– 불필요 이동 거리 제거	OO년 9월~	행정안전부 지식경제부	자치행정과 총무과
지능형 센서망 도입	– 주요 지역 센서망 구축	OO년 10월~	지식경제부	환경과
CO_2 배출량 실시간 집계	– RFID 태그 기술 접목한 데이터 집계	OO년 9월~	국토해양부 지식경제부	환경과 지역경제과
IT 중앙컨트롤 시스템 구축	– 빌딩 원격제어 시스템	OO년 9월~	국토해양부 지식경제부	건축과

(1) U-City 조성

1) 개념

U-City는 유비쿼터스-시티의 약어로, 도시민의 삶의 질과 도시의 경쟁력 향상을 위하여 도시공간에 유비쿼터스 기술을 구현함으로써 언제 어디서나 U-City 서비스를 제공하는 도시를 말한다. 유비쿼터스란 누구나 Anytime, Anywhere, Anydevice, Anynetwork, Anyservice가 가능한 차세대 지능형 컴퓨터 정보통신 환경을 통해 물리적 실제공간과 전자통신공간이 통합되어 사람-사물 및 사물-사물 간 커뮤니케이션이 가능한 환경을 의미한다.

그림 7-38. U-City 사례 1(대전 퓨처렉스)
출처: 대전시(2010)

그림 7 39. U City 사례 2(인천 송도 국제도시)
출처: 인천시(2010)

2) U-City 출현배경

산업혁명 이후 교통, 정보통신 발달에 의한 현대도시에서 유비쿼터스 기술이 적용된 첨단지능형 도시인 유비쿼터스 도시로 진화 중이다. 정보기술의 발달 확산에 따라, 우리 사회는 U-기술을 적용하여, 산업 기술 서비스가 지능화, 융·복합화되는 U-Society로 진화 중이며 정부부처도 소관 업무에 U-기술을 적극적으로 도입하는 추세이다. 지속가능(Sustainability) 비전을 실생활에서 실현하기 위해서 사회-환경-경제의 3요소를 융합하는 접근방식이 필수적이다.

표 7-23. U-City 관련 도시기반시설 분류

시설분류	도시기반시설
교통시설	도로, 항만, 공항, 철도, 주차장, 자동차정류장, 궤도, 삭도, 운하, 자동차 및 건설기계검사시설, 자동차 및 건설기계운전학원
공간시설	광장, 공원, 녹지, 유원지, 공공공지
유통공급시설	유통업무시설, 수도, 전기, 가스, 열공급설비, 방송통신시설, 공동구, 시장, 유통저장 및 송유설비
공공문화체육시설	학교, 운동장, 공공청사, 문화시설, 체육시설, 도서관, 연구시설, 사회복지시설, 공공직업훈련시설, 청소년수련시설
방재시설	하천, 유수지, 저수지, 방화설비, 방풍설비, 방수설비, 사방설비, 방조설비
보건위생시설	화장장, 공동묘지, 납골시설, 장례식장, 도축장, 종합의료시설
환경기초시설	하수도, 폐기물처리시설, 수질오염방지시설, 폐차장

3) U-City 구현을 위한 적용방법

도시기반시설에 첨단 U-IT 기술이 접목된 지능화된 기반시설을 도시계획시설로 결정할 필요가 있다.

① U-City 건설의 필요조건

- 토지이용: 단말용도 → 복합용도

- 공간구조: 밀집, 단핵 → 다핵, 네트워크

- 도시관리: 불완전한 예측 자료 활용 → 정확한 데이터의 실시간 수집

- 도시계획: 정형, 수작업 → 정량화, 계량화

② 토지계획의 변화 필요

토지이용체계의 변화(단일용도 → 복합 · 가변용도)와 도시공간구조의 변화
(밀집 · 단핵구조 → 다핵 · 네트워크구조) 필요

③ U-City 구축방안

시내 주요 도로, 주요 아파트, 신도시 등 지자체 내 주요 지역에 센서기반
CO_2 배출 실시간 데이터 집계 실시

- CO_2 배출량을 실시간으로 집계하여 집중 관리

- 과다배출지역을 선정해 집중관리하고 집중 저감활동 실시

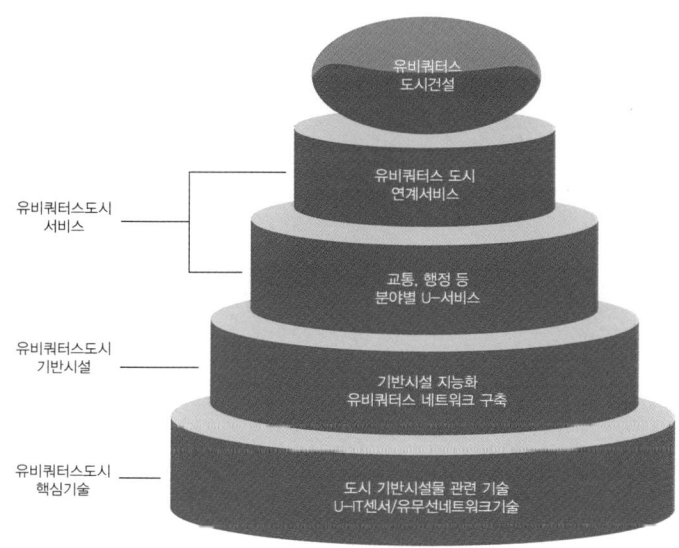

그림 7-40. U-City 구성요소

－ 지능형 센서망 IP-USN(Internet Protocol Ubiquitous Sensor
　　　Network) 활용 기상관측 및 맞춤형 기상예보 시스템 구축

　　－ 센서망을 활용한 정보제공을 통해 구내 주요 건물 안전진단 및 사고예
　　　방관리

4) U-City 추진 비전

　첨단 유비쿼터스 기술을 기반으로 도시구성요소 간의 교감을 구현하고 도시민
의 삶의 질, 친환경, 경제성을 조화롭게 실현함으로써 지속가능성(sustainability)
을 높이는 글로벌 미래도시를 구축할 수 있다. 이를 통해 삶의 질 향상과 친환경
을 실현할 수 있으며 장기적으로 첨단그린도시로 진화할 수 있다.

- 유기적 콘텐츠를 통해 일상생활에 변화 창출

- 기술적 효용성이 확보된 첨단 그린시스템 구축

- 복잡 다양한 대량업무를 신속하고 효율적으로 처리함으로써 행정생산성
　극대화

- 신속한 업무처리로 안정적인 그린시스템 구현

- 종이 없는 녹색행정시스템 구축

그림 7-41. 녹색행정시스템 예시
출처: 행정안전부

• 원격민원업무처리 확대(민원, 자동차, 세무 등 – CO_2 발생 10% 절감)

(2) 그린IT 산업 활성화

1) 그린IT 프로젝트

그린IT 프로젝트를 통한 중앙컨트롤 시스템을 구축할 수 있다.

• 빌딩, 아파트 에너지관리시스템 도입(자동온도조절 – 에너지 20% 절감)

• 원격근무 강화, 화상회의(출퇴근수요 저감 – CO_2 발생 20% 절감)

그린IT 기술을 적용하여 도시민의 라이프스타일을 증진시킬 수 있다.

그림 7-42. 그린IT 개념도
출처: 행정안전부

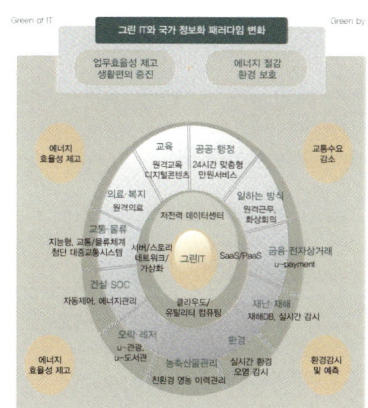

그림 7-43. 그린IT와 국가정보화
출처: 행정안전부

2) 그린IT 산업단지 조성

기존 산업단지의 업그레이드나 신규 산업단지를 구축할 경우, 저탄소 녹색
기술이 기반이 된 그린IT 산업단지를 집중 육성할 수 있다. 산업개발진흥지구
내 입주업체를 그린IT 사업자 중심으로 유치하는 것이 그 한 방법이다.

① 그린IT 특화단지로 육성

• 그린파트너십 구축을 통한 녹색경영 유도

- 그린IT 기술 보유 업체 입주 유도, 혜택 부여
- 그린IT 특화 사업자 중심 입주
  - 그린홈서비스
  - LED원천기술 개발 및 사업화
  - 유비쿼터스 RFID기술
  - 원격제어 센싱기술
  - 빌딩 안전진단
  - 원격진료기술
  - 혈압, 당뇨, 맥박, 기초의료진단 등 원격진료시스템
  - 유아, 학생, 노인 원격안전관리시스템
  - 자원재활용, 폐기물 처리기술 보유업체
  - 폐기물정제, 압축기술
  - 음식물쓰레기처리 기술
  - 캔 · 공병회수시스템 기술
  - 고형연료처리 기술
  - 태양광 발전, 태양열 기술
  - 태양광패널 원천기술
  - 풍력 기술
  - 소수력 기술 등

바. 녹지공간 확충

⚡ 학습목표

바-1. 저탄소 그린시티 구축을 위한 녹지공간조성의 종합적인 방안을 설명할 수 있다.

바-2. 저탄소 그린시티 구축을 위한 녹지축, 녹지회랑 연결(잔류 녹지공간 연결) 방안을 설명할 수 있다.

바-3. 비오톱의 개념을 설명하고 이를 우리 지자체 내에서 조성 강화할 수 있는 방안을 제시할 수 있다.

녹지가 풍부한 지자체보다는 도시직역으로 발전한 지자체의 경우, 시내 곳곳에 잔류하던 녹지들마저 도시개발로 사라지고 있는 형편이다. 건축법상의 최소한의 조경시설 설치나 가로수 설치, 공원조성 정도로는 수십만 명이 거주하는 도시규모에 비추어 볼 때, 녹지가 절대적으로 부족할 수밖에 없다. 보다 전면적인 녹지공간 확보 노력이 뒷받침되지 않으면 안 되는 상황이다.

표 7-24. 녹지공간 확충 세부전략 예시(P지자체의 사례)

추진과제	세부계획	추진시기	유관부처	추진부서
녹지축 조성	- 녹지회랑 연결 및 공표 - 녹지의 생태적 흐름을 강조한 네트워크 구축 - 세부 권역 연결 방안 수립	○○년 1월~	국토해양부	공원녹지과
비오톱 조성	- 물길 주변 비오톱 조성 - 녹색체험교육 테마공원 내 비오톱 조성	○○년 7월~	국토해양부	공원녹지과
주요 거리 녹화 사업(가로수종 변경)	- 탄소저장량 큰 나무 식재	○○년 9월~	국토해양부	공원녹지과
신규아파트 옥상녹화, 기존 주택 벽면녹화 추진 및 관련 규정 개정	- 옥상녹화, 벽면녹화 여건별 단계적 실시 - 관련 조례 및 규정 수정 - 인센티브 부여 방안 수립	○○년 8월~	국토해양부	건축과 주택과 공원녹지과

(1) 녹지축 조성(녹지회랑 연결)

1) 목적 및 추진방향

지자체의 중심녹지축을 복원하고, 산발적으로 흩어진 잔여 녹지공간을 녹지회랑으로 연결하여 도시의 생태네트워크를 회복하는 계획이다.

녹지의 생태적 흐름을 강화하고 아름다운 경관 창출을 위한 선형 네트워크 형태로 구축하는 것이 바람직하다. 광역시도의 녹지축 계획과 연동하여 지자체의 생태네트워크를 구축하는 것이 바람직하다.

2) 녹지축 조성

지자체의 지형에 따라 다르지만, 가급적이면 흩어져 있는 잔여 녹지공간들을 연결한다는 차원에서 X자형 또는 M, W자형으로 녹지축을 조성하는 것이 큰 그림을 그리는 데 유효한 방안이다. 지자체 내 특성이 같은 지역을 권역으로 묶어 이들 권역을 잇는 녹지축 및 중간에 섬처럼 존재하는 잔여 녹지공간을 녹지 회랑으로 연결하는 것이 필요하다.

그림 7-44. 생태통로 연결 조감도
출처: 성동구(2010)

(2) 비오톱 조성

1) 비오톱 개념

비오톱(Biotop)은 매우 포괄적인 개념으로 생물이 서식하고, 서식할 수 있는 공간을 총칭하는 말이다. 비오톱을 조성하는 것은 일반적인 녹화와는 다른데, 훼손되기 이전의 생태계를 고려하고 생물서식공간으로서의 기능회복이 강조되며 생태복원이라는 개념이 도입된다는 점에서 차이가 있다.

일반적인 녹화와 비오톱의 차이점은 다음과 같다.

표 7-25. 녹화와 비오톱의 차이점

구분	녹화	Biotope
수목	가로수, 정원수로 하기 위해 전정	그 지역에 자생하는 종을 중요시함
생물	식물의 종류가 단순하여 해충이 발생하기 쉬움	많은 생물이 생활함
낙엽	긁어모아서 태우기 때문에 이산화탄소가 증가됨	자연 그대로 퇴비가 되어 순환함
표토	노출되어 딱딱하게 건조하고 흙 속에 양분과 생물이 적음	잡초나 낙엽에 덮여 부드럽고 양분이나 땅속 생물이 많음
식물 식재	원예종이나 외국종이 많음	자연림이나 들에 있는 것으로 복원
잡초	제거	작은 동물이 살기 좋은 장소로 되고 먹이로도 중요
연못	다양한 생물이 서식하기 어려움	수초가 나고 깊이나 형태도 변화가 많음

2) 비오톱 조성의 효과

비오톱의 조성 목적 및 효과는 크게 자연생태계의 회복, 환경의 개선, 에너지 절약 등의 세 가지로 구분할 수 있다.

표 7-26. 비오톱 조성의 효과

구분	내용	비고
생활환경/ 경관 개선	- 녹지로 인한 심리적 안정 - 녹음 제공, 낡은 옥상 부분을 가려 줌(차폐효과) - 도시 미관 증진 - 건물 이용자에게 정원 제공	쾌적한 환경 조성
생태학적 이점	- 도시 홍수 완화(우수 저장) - 도시 열섬 현상 감소 - 수자원 보호 - 도시생태계 보전 효과 - 야생 동식물 서식처 제공으로 생태네트워크의 억할	우수의 하천 도달시간 지연

기술적 이점	−옥상 파손 방지 −소음차단 효과 −대기 정화 기능 −단열효과 −방풍 효과	
경제적 이점	−옥상 관리비 감소 −건물의 이미지 제고 −냉난방비 절감 −부동산 가치 상승 −유휴지를 이용 경제적 가치를 높임	부동산 가격 상승효과
기타	−도시 녹지 면적 확대 −법정 조경 면적으로 인정 −인공 공간의 효율적 이용	공간의 입체적 이용

3) 비오톱 조성 과정

비오톱 조성은 계획과 시공, 관리 등의 전 단계에서 지역주민과 전문가 그룹, 기업, 정부가 함께 참여해 파트너십을 바탕으로 이루어져야 한다.

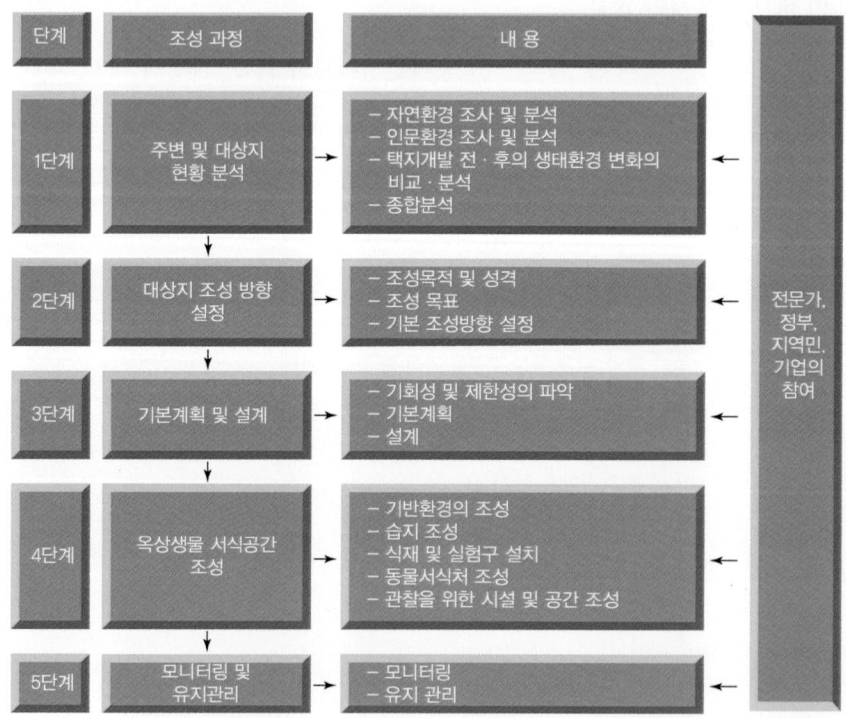

그림 7-45. 비오톱 조성 과정 및 내용

비오톱 조성에 적합한 장소를 분석하고 조성방향 및 목표를 설정한 후, 설계 및 조성단계를 거쳐 비오톱이 완성된다. 공공기관과 지역주민들의 참여에 의한 유지보수 활동이 수반되어야 한다.

4) 지자체 내 비오톱 조성방안

지자체의 비오톱은 주거지역 면적, 상업지역 면적, 공업지역 면적, 녹지지역 면적을 모두 합하여 확인한다.

표 7-27. 지자체 비오톱 유형지 분류 예시

구분	A광역시 비오톱 면적(m^2)	P지자체 비오톱 면적(m^2)
주거지역	60,561,049	9,973,007
상업지역	4,691,823	508,832
공업지역	10,586,751	2,051,234
녹지지역	31,747,015	4,333,461

표 7-28. 지자체 녹지현황 예시

구분	행정구역 면적(km^2)	인구 수 (인)	전체녹지 면적(m^2)	녹지율 (%)	1인당 녹지면적			
					완충녹지 (km^2)	경관녹지 (km^2)	연결녹지 (km^2)	기타 (km^2)
A광역시	605.25	10,456,034	158,997,092.6	26.3	–	–	–	–
P지자체	16.84	327,370	2,955,036.7	17.5	.0028	.003	.001	.206

P지자체의 녹지면적은 $16.84km^2$ 중 $2,949,426.5m^2$로 17.5%에 해당한다. 1인당 공원면적은 $15.3m^2$로, 1인당 녹지면적은 완충녹지 $0.028km^2$, 경관녹지 $0.003km^2$, 연결녹지 $0.001km^2$, 기타 $0.206km^2$로 구성되어 있다. 이는 A광역시의 녹지율 26.3%에 비해 낮은 수치이다. 대부분의 지역이 주거지로 구

성되어 있고, 지자체 가로수 7,414그루가 이산화탄소 흡수율이 낮은 양버즘과 느티나무로 구성되어 있다는 점을 고려할 때 지자체의 이산화탄소 흡수율은 낮은 편이다. 따라서 생물 서식공간인 비오톱을 조성하여 이산화탄소 흡수율을 높여 온실가스 저감력을 향상시켜야 한다.

- 1단계: 하천변 비오톱 조성
- 2단계: 지자체 내 잔류녹지공간 연결
  - 소공원 조성, 녹지회랑 연결
  - 야생초지 비오톱, 관목덤불숲 비오톱, 습지 비오톱 조성
  - 습지에서 초지−관목 덤불숲으로 자연스럽게 연결
  - 습지에서 육상공간으로의 이동이 자연스럽게 연결
- 3단계: 가로수종 변경

(3) 가로수종 변경

1) 가로수의 정의와 기능

'가로수'란 아름다운 경관의 조성, 환경오염저감과 녹음제공 등 생활·교통환경 개선, 자연생태계의 연결성 유지 등을 위하여 가로변에 식재된 것이다. 「국토의 계획 및 이용에 관한 법률 시행령」 제2조에 따른 일반도로, 자동차 전용도로, 보행자 전용도로, 자전거 전용도로(고가도로와 지하도로는 제외한다)와 특별시도, 구도 등 도로법 제11조 및 제15조에 따른 도로, 그 밖에 법령에 따라 노선이 지정·인정되지 않았더라도 사실상 도로로 사용되고 있는 시설의 도로구역 내 또는 그 주변에 심는 수목으로서 도로의 구조보전과 안전하고 원활한 도로교통의 확보에 지장이 없도록 식재된 것이라고 정의되어 있다.

도시의 가로수는 도로교통의 안전성과 쾌적성을 제공하는 기본적인 기능 외에 가로를 미화하고 특징적인 경관을 조성하고 녹지축을 이뤄 생태통로가 된다. 가로수를 통해 도시기후를 개선하고, 대기를 정화시키며, 방음, 방풍,

방설, 방재 등의 역할을 한다.

- 도로교통의 안전성, 쾌적성 제공
- 도시 가로 미화 및 경관 조성
- 도시 기후 개선
- 대기정화
- 소음의 약화 및 차단효과
- 방풍, 방설, 방조, 방재 등의 효과

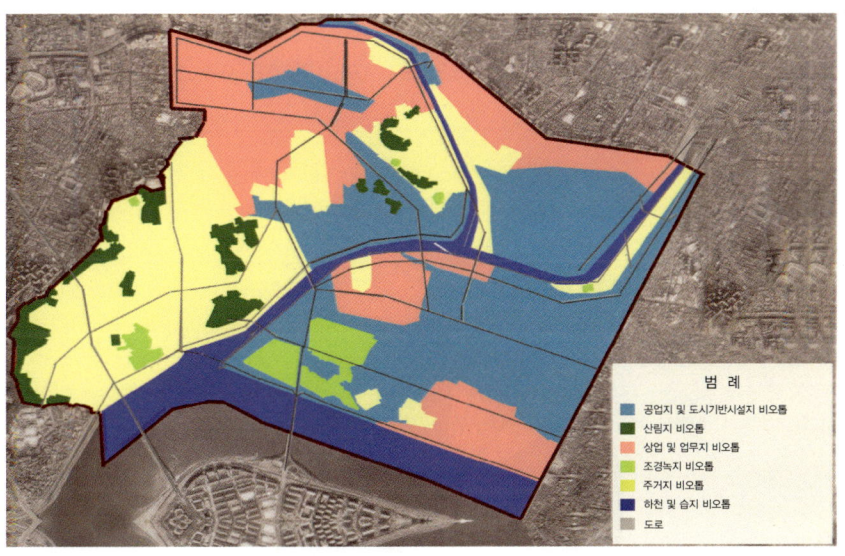

그림 7-46. 지자체 비오톱 현황도 예시(서울시 성동구 사례)
출처: 성동구(2010)

2) 지자체의 가로수 현황

우리나라에서는 가로수 식재체계 및 관리방안을 수립한 이후, 가로수의 수종이 점차 증가하였으며, 도시의 경우, 양버즘나무와 은행나무가 전체 식재주수의 다수를 차지하는 수종 편중현상을 나타냈다. 각 지자체에서는 점차 느티나무와 벚나무, 메타세쿼이아, 회화나무 등 탄소흡수율이 좋은 수종으로 갱신작업을 진행하고 있다.

표 7-29. 지자체 가로수 식재 수종별 본수(도시에 위치한 P지자체 사례)

식재본수 \ 수종	수종	양버즘나무	은행나무	느티나무	벚나무	회화나무	메타세쿼이아	이팝나무	단풍나무	느릅나무	은단풍	가중나무	소나무	감나무	때죽나무
총계	7,414	3,287	1,192	1,408	434	427	49	143	123	56	29	43	62	130	19
시도로	5,510	2,735	847	1,111	234	268		53		56	29	13	20	114	19
구도로	1,904	552	345	297	200	159	49	90	123			30	42	16	
식재비율(%)	100	45	16.1	19.0	5.9	5.8	0.7	1.9	1.7	0.8	0.4	0.6	0.8	1.8	0.3

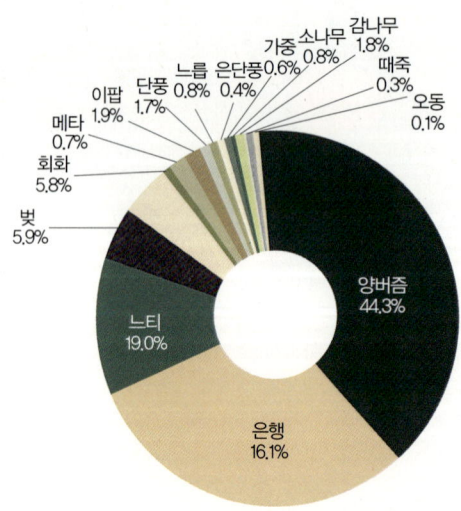

그림 7-47. 지자체 가로수 수종별 식재 비율(도시에 위치한 P지자체 사례)

대체로 도시에 위치한 지자체의 식재수종별 비율은 양버즘나무, 느티나무, 은행나무 순으로 분포하여 수종편중 현상이 심각한 상황이다. 이들 3개의 수종이 전체 가로수의 80%를 넘는 지자체들도 있다. 수종편중 현상은 좀처럼 개선되지 않고 있는데, 양버즘나무의 경우 방패벌레 등의 병충해가 심하고 왕성한 성장을 보여 유지관리에 어려움이 많은 편이다.

3) 지자체의 가로수 개선방향

최근 도시에서는 녹지의 양을 늘리는 것도 중요하지만 질적인 면에서 개선하려고 노력하고 있다. 특히 지자체별로 걷고 싶은 녹화거리를 목표로, 봄·여름·가을·겨울 사계절의 특성을 감상할 수 있도록 벚꽃, 개나리, 철쭉, 배꽃, 이팝나무, 살구나무 등의 꽃길과 낙엽길 등 거리녹화에 노력을 하고 있다. 거주인구와 유동인구가 많아 쾌적한 환경에 대한 요구도가 높은 도시지역의 경우, 도시의 복잡한 시설물과 매연, 소음 등의 환경 속에서도 자연을 감상할 수 있고 계절의 변화를 느낄 수 있으며, 보다 풍성한 가로 경관을 형성해 주기 위한 녹화계획과 가로수 수종 변경작업이 필요하다.

도시경관을 향상시키고 주민의 보행환경을 개선하기 위해서는 식재본수를 늘리는 것뿐만 아니라도 가로수의 수종 갱신을 통해 좀 더 다양한 경관을 연출할 수 있어야 한다. 특징 있는 가로를 조성하기 위해 주변환경과 어울리는 수종을 선정하며, 단층 식재보다는 복층 식재로 볼륨감을 주고 가로수의 생육환경을 개선시켜야 한다.

많은 지자체에서 양버즘나무, 느티나무, 은행나무가 주를 이루는 등 수종 편중 현상이 심한 편이다. 가로마다 고유한 특성을 살리기 위해서는 비율을 다양한 수종으로 고르게 조정하는 것이 필요하다. 주변의 환경과 역사, 문화를 반영한 수종을 선정하여, 수종 갱신 계획을 수립해야 한다. 또한 가로유형별로 상업, 업무가로, 주거지 인근 가로, 역사, 경관 가로 등에 맞는 수종을 선정하는 것이 중요하다.

6m 이상의 보도의 경우에는 2열 식재를 하고, 건축신 내 미식재지에는 추가 식재하고, 가로수가 훼손되거나 고사한 경우 보식하여 녹지량을 보충하여야 한다. 또한 가로의 폭이 3m 이상에서는 다층 식재를 통해 녹지량을 충분

히 확보할 수 있어야 한다. 녹지면적을 확보하기 어려운 시내에서는 가로의 입면 녹화도 경관을 향상시켜 주는 역할을 한다. 따라서 가로구조물에 덩굴성 식물을 식재하는 것도 좋은 방법이다.

도시가 점점 콘크리트로 뒤덮이면서 가로수 밑으로 물도 스며들지 못하고 바람도 들어가지 못하는 문제들이 발생하고 있다. 물이 쉽게 들어가고 바람이 통하도록 하기 위해, 통기·관수시설을 국제기준으로 설치해야 한다. 가로수 중심으로부터 50cm 되는 곳에 지름 10cm 이상의 유공관을 4개 이상 설치하여 통기성을 개선하고, 빗물이 땅속 깊이 스며들 수 있도록 1m 이상 깊이로 설치한다. 유공관 내부는 지름 2cm가량의 쇄석으로 채운다.

4) 가로수 수종개선 효과

경기개발연구원(2009)의 연구결과, 도시 가로수 수목 한 그루당 바이오매스와 탄소저장량은 양버즘나무가 723.2kg/tree와 361.6kgC/tree로서 가장 높고, 튤립나무가 690.0kg/tree, 345.0kgC/tree로서 그다음으로 높고, 소나무가 95.0kg/tree, 47.5kgC/tree로서 가장 낮은 것으로 평가되었다. 탄소저장량이 가장 큰 목백합의 이산화탄소 흡수율이 101.9kgCO$_2$/tree/y로 가장 높게 평가되었다. 조림상태에서 백합나무 1ha에서 흡수할 수 있는 탄소 흡수량이 평균 6.8톤으로 주요 조림수종인 소나무, 잣나무보다 1.6~2.2배 우수한 것으로 평가되었다.

현재 지자체에 식재되어 있는 가로수에 대한 수종을 면밀히 조사하고, 이에 대한 수종 변경을 통해 CO$_2$ 흡수량을 늘려 도시에 공급되는 산소의 양을 늘릴 필요가 있다. CO$_2$ 흡수율이 가장 좋은 목백합의 비율을 수종변경을 통해 20% 수준까지 올리면 연간 85톤의 CO$_2$를 흡수하여 처리할 수 있다. 현재 지자체 가로수의 전체 CO$_2$ 흡수량을 계산하고 새롭게 변경되는 수종을 통해 CO$_2$ 흡수량이 어느 정도 개선되는지 살펴볼 필요가 있다.

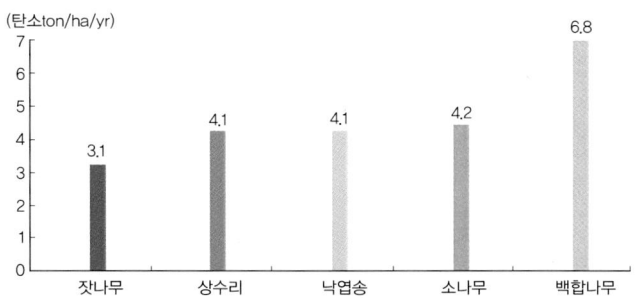

(탄소ton/ha/yr)

그림 7-48. 가로수 주요 조림수종의 연간 탄소 흡수량 비교(30년생, 지위지수 중)

가로수종 변경은 공해에 견디는 정도가 강하고(내공해성이 좋고), 자동차 매연(SO_2, CO)에 강하여 도로변 가로수에 적합하며, 또한 면적 대비 많은 이산화탄소를 흡수할 수 있는 수종을 선정하여 식재해야 한다. 단위면적당 흡수량이 높은 목백합, 메타, 양버즘 등을 주요 수종으로 선정하여 식재하는 것이 바람직할 것이다.

(4) 옥상/벽면 녹화 사업 확대

1) 건물 옥상녹화

옥상녹화는 아파트, 빌딩 등 고층건물의 옥상을 체계적인 방법으로 녹화하려는 것이다. 옥상녹화를 통해 옥상온도 상승 완화, 환경개선 효과, 공기정화 효과, 빗물의 흐름을 지연시켜 홍수를 완화하는 효과, 소음방지 효과 등을 기대할 수 있다.

건물의 옥상을 녹화하는 경우 하계 정오의 옥상 표면 온도가 약 30℃ 낮았고 녹화된 건물의 아래층 실온이 2℃ 정도 낮아진다. 옥상녹화를 하면 토양이 빗물을 흡수하여 하수도까지 빗물이 흘러들어가는 시간을 지연시킬 수 있기 때문에, 홍수를 예방하는 효과를 지닌다. 일반적으로 경량 토양에 물이 스며드는 속도는 1시간에 4~40cm 정도이며, 이는 1시간당 약 30mm의 비를 흡수해 주는 양이다. 기존 APT의 경우 옥상 및 벽면 녹화에 대한 주민들의 반대

의견이 다수 나올 수 있으므로 신규 APT 옥상녹화를 추진할 필요가 있다(광역시도에 조례제정 건의 필요).

옥상녹화 비율은 전체 조경면적의 일정부분 이상은 차지할 수 없게 하여 기타 조경면적의 유지방안과 병행하도록 하는 것이 현실적이다.

신규 APT 옥상녹화에는 입체적 녹화 방법을 적용하는 것이 효율적인데, 입체적 녹화는 초본류에 관목이나 교목을 균형 있게 배치한 방법이다. 기능면에서 뛰어나 적재하중도 토양 두께에 따라서 150~350kgf/㎡ 정도로 할 수 있어 시공비용도 평면적 녹화와 비교해도 손색이 없다.

그림 7-49. 옥상녹화 전과 후(고려대학교)

그림 7-50. 고층건물 옥상공원화 사업 공사 전후 모습

2) 기존주택-벽면녹화

기존 주택의 경우 벽면 아래쪽을 이용, 작은 화단을 설치하거나 일정 간격으로 작은 화분을 나열하여 공간을 활용함으로써 지자체민들의 벽면녹화 사업에 대한 인식변화 유도는 물론, 벽면녹화 사업을 원활히 추진할 수 있는 1석

2조의 효과를 거둘 수 있다.

동네별 · 거리별로 신청을 받아 면밀히 분석한 후, 벽면녹화 특화길을 조성할 수 있다. 화분 및 식물을 지원해주어 비용이 적게 들면서도 다양한 아이디어로 녹화가 이루어지도록 유도할 필요가 있다. 연말경에 지역별 벽면녹화 우수사례를 선정하여 시상하여 지역주민들의 지속적 참여를 유도할 필요가 있다.

그림 7–51. 벽면녹화 전과 후(광진구 자양3동 청담대교 진입로 옹벽)

그림 7–52. 아파트 방음벽 녹화

3) 녹화사업 단계별 추진계획

- 1단계: 공공기관의 공공건물, 학교 옥상 · 벽면녹화 시범사업
- 2단계: 신규 아파트 옥상 · 벽면녹화 시범사업(디자인 및 건축조례) 반영
  옥상 · 벽면녹화 가능 식물, 설치공법, 안정회, 주민의견수렴 등 시범사업
  결과검토 후 점진적으로 확대
- 3단계: 시내 주요 도로 주변빌딩 옥상 · 벽면녹화

그림 7-53. 가로변 녹지조성 공사 전후 모습

그림 7-54. 신규 아파트 옥상녹화 전후 이미지

그림 7-55. 학교 옥상녹화 전후 이미지

4) 옥상녹화 및 벽면녹화 시 하중 및 구조적인 문제점 해결방안

정기적인 점검보수와 식물의 생육에 필요한 시비, 관수, 전정 등이 필요하다. 하지만 일반적인 물주기를 제외하고는 월 1회 또는 연 1, 2회의 수준으로 관리가 필요하므로 자동관수시스템을 도입하는 등 설계 시부터 세심한 배려가 필요하다.

구조물 안전진단에서부터 전체 공사기간이 순차적으로 이뤄질 경우 한 달 정도의 공사기간이 걸리고 평당 50만 원가량의 비용이 소요된다. 이 비용은 설계, 시공비용을 포함한 토양깊이를 20cm 이하로 방수, 배수, 식재공사를 포함한 가격이다. 파고라, 조명시설, 분수시설, 관수시설 등 고객의 취향에 따라 비용은 추가되며 가격은 품질에 따라 결정된다.

건축물의 하중을 방지하기 위해 옥상녹화 시 구조안전진단을 반드시 거쳐야 한다. 건축물은 계획 및 설계 당시 건축물이 사용용도에 따라 건축물에 수용되는 인원 및 시설에 대한 계획이 이루어지고, 이와 함께 구조적으로 필요한 하중을 산정한다. 따라서 건축물의 구조안정성 측면에서는 설계 당시에 반영되지 못한 하중이 새로이 적용되는 것에 대한 검토를 통하여 허용되는 사중 수준을 파악하고, 이를 초과하지 않는 옥상녹화시스템이 설치되어야 한다.

옥상녹화는 지상녹화와 다르게 건축물의 안전진단을 거쳐야 하며 이를 바탕으로 한 설계에 따라 식재, 시설물 등이 조성되어야 한다. 옥상녹화의 특징상 건물의 수명과 동일하게 지속적으로 유지되어야 하므로 방수를 필히 전문시공업체에 맡겨야 10년 이상의 지속효과를 기대할 수 있다. 옥상녹화는 국내에서보다 국외에서 활발하며 그에 대한 기술이 현재 국내에도 많은 부분 도입되고 개발되어 균열이나 하중에 대한 부분은 우려하지 않아도 된다.

일본과 독일의 경우 옥상녹화 촉진을 위한 제도적인 뒷받침이 잘되어 있다. 우리의 경우 옥상녹화나 벽면녹화를 위한 인식이 부족하고 재원 마련을 위한 노력도 부족하며, 법적 지원 장치도 미흡한 실정이다. 그럼에도 불구하고 회색의 콘크리트 공간을 점차 줄여나가고 줄어들고 있는 도시녹지공간 확보를 위해, 옥상녹화와 벽면녹화 추진을 위한 제도개선 노력과 실천운동은 계속되어야 한다.

사. 지속적 시민참여를 통한 저탄소 녹색생활 실천 강화

🔰 학습목표

사-1. 저탄소 그린시티 구축을 위한 종합적인 시민생활 실천방안을 제시할 수 있다.
사-2. 저탄소 그린시티 구축을 위한 일상적인 시민생활 실천아이디어를 제시할 수 있다.
사-3. 저탄소 그린시티 구축을 위한 시민참여의 지속성을 높이기 위한 방안을 제시할 수 있다.

지자체가 저탄소 그린시티로 전환되기 위해서는 무엇보다 하드웨어적 측면과 소프트웨어적인 프로그램의 적절한 조화가 이뤄질 수 있는 환경과 분위기가 조성되어야만 한다. 해당지자체의 공간 분석, 시설과 설비, 건물과 녹지 등의 친환경적 이용과 전환, 신설 등을 통해 에너지 절감 방안과 온실가스 배출 감축 가능성을 검토해 보고 대안을 제시해도 주민들이 실천하지 않거나 무관심하다면 저탄소 그린시티 건설은 불가능하다. 친환경적 시설의 이용 주체는 주민들이다. 따라서 주민이 외면하는 계획이나 인프라는 장기적으로는 무용지물이나 폐기물로 전락할 가능성이 농후하기 때문에 지속적인 시민참여가 필수적이다.

표 7-30. 저탄소 녹색생활 실천강화 세부전략 예시(P지자체 사례)

추진과제	세부계획	추진시기	유관부처	추진부서
저탄소 녹색시민인증제 (주민대상 인센티브) 프로그램 구축	−저탄소 녹색시민대상 인증 및 인센티브제도 구축	○○년 7월~	국토해양부	주민생활지원과
녹색교육 콘텐츠 및 교육 강화	−일반인 대상 녹색 관련 교육 프로그램 구축 (교양, 리더십)	○○년 4월~	국토해양부 교육과학기술부	주민생활지원과
환경인포메이션센터 구축	−환경 관련 정보 제공 및 교육 기관 설립	○○년 4월~	지식경제부	환경과 주민생활지원과
에너지 계량기 설치	−시내 곳곳 에너지 계량기 설치	○○년 7월~	국토해양부	환경과
에너지 소비증명서 발급제도 구축	−건물별 에너지 소비량 및 온실가스 배출량 표시 의무화	○○년 4월~	국토해양부	지역경제과 환경과
시민참여 및 지원 프로그램 활성화	−도시녹화 담당할 재단 법인 설립 −지역민의 직접 참여 유도 −녹색자원봉사자 육성	○○년 4월~	국토해양부	주민생활지원과 공원녹지과

(1) 지자체의 주민 참여 현황과 평가

지자체의 민관 협력 부분의 활성화를 위해 ① 민간단체의 사업에 대한 재정 지원, ② 지자체의 행사에 민간단체 초청, ③ 고위 정책과정과 같은 시민교육 실시, ④ 시민단체의 일회성 행사에 대한 지원, ⑤ 녹색 아이디어 공모와 같은 주민 참여 프로그램 운영 등과 같은 사업을 추진할 수 있다. 대부분의 지자체에서는 환경의 날 행사 지원, 생태탐방과 같은 체험교육, 환경지킴이 지도자 교육, 모범시민 상장 수여 등 다양한 실천사업을 전개하고 있다.

많은 지자체에서 민관협력 파트너십이 매우 활발하게 진행되고 있다. 그러나 조직적이고 체계적으로 이루어지지는 않고 있기 때문에 주민들의 지속적인 참여와 실천을 이끌어 내기에는 부족한 실정이다. 향후 저탄소 녹색정책의 추진을 위해서는 교육의 다양화, 시민들의 관심과 참여, 실천을 이끌어 낼 수 있는 프로그램 개발이 긴요한 실정이다.

(2) 저탄소 녹색시민교육 콘텐츠 및 교육 강화

환경에 대한 기본적인 지식 전달과 함께 반드시 현장체험교육을 함께 실시해야 한다. 교육에 대한 고정관념을 탈피할 수 있는 현장을 통한 구체적 체험이 매우 중요하기 때문이다.

저탄소 녹색리더십 교육은 일정정도 환경에 대한 전문적 지식을 갖춘 주민들을 상대로 실시할 만한 교육과정이다. 여기에는 거버넌스에 대한 교육, 국가와 자치단체의 각종 환경과 개발에 대한 교육이 포함된다. 이 교육 과정에도 현장체험교육이 중요하며, 이 단계에서는 현장체험을 해외로 확대할 필요가 있다. 이러한 리더십 교육의 목표는 참여와 실천뿐만 아니라 다른 일반인들을 상대로 교육할 수 있는 능력을 키우는 것이 궁극의 목표라 할 수 있다(저탄소, 환경재생, 에너지, 친환경 생태도시를 이끌 리더십 구축).

저탄소 녹색실무 강좌도 활발하게 실시되어야 한다. 리더십 교육에서 한 단계 심화된 교육과정이 필요하다. 이제 일반적인 상식과 지식이 아닌 실제 현장에서 필요한 교육을 제공해야 하며 이 단계에서는 위탁 교육도 필요하고 연계 교육도 가능할 수 있다(환경교육, 에너지교육, 생태교육, 경제교육 등).

그림 7-56. 숲 해설사의 해설

그림 7-57. 생태관광가이드 전문가과정

(3) 시민실천 프로그램 구축

1) 에너지 계량기 설치

지자체민 스스로 에너지 소비량을 인지하도록 함으로써 에너지절약을 위한 행동변화를 촉구할 필요가 있다. 따라서 시내곳곳의 눈에 잘 띄는 곳에 에너지 계량기를 설치하여 에너지소비에 대한 경각심을 갖게 할 수 있다.

2) 에너지 소비증명서 발급 의무화

주택매매, 임대 시 연간에너지 소비량, 온실가스 배출량을 표시하도록 의무화할 수 있다. 인증받은 건물에 대한 취득·등록세를 최대 15%까지 절감하고 환경개선부담금도 감면하는 방안을 고려할 수 있다. 이로 인해 전국적으로 온실가스 배출량이 30% 이상 감축할 수 있고, 2020년까지 총 9조 4,800억 원에 달하는 에너지비용을 절감할 수 있다.

3) 환경인포메이션센터

환경인포메이션센터를 구축하여 환경교육을 실시하고 홍보할 수 있다. 저탄소 그린시티로서의 모든 생태경로, 자연환경, 환승산책로, 자전거길, 역사문화회랑 등 다양한 환경경로에 대하여 안내하고 이를 지원하는 센터가 필요하다.

4) 녹색생활실천 운동 전개

각 가정에서 온실가스를 5~10% 줄이기 위한 실질적인 생활운동을 전개할 필요가 있다. 고전적이지만, 사용하지 않는 가전기기는 플러그를 빼어 전력손실을 방지하는 에너지 절감운동도 가능하다.

- 에너지절약형 가전기기 구매
- 효과적인 급탕, 난방시스템 구입
- 지붕이나 정원에 신재생에너지 설비 설치
- 자동차 에너지 절감
- 자동차 하루 5분 운행 안 하기
- 트렁크 불필요한 물건 버리기
- 경제속도 유지
- 타이어 공기압 유지
- 차내의 냉난방온도 2도 상승, 2도 하향, 거실 난방온도 20도, 냉방 28도 유지
- 에어컨, 텔레비전, 조명시간 1시간 단축
- 부엌 설거지 물 온도는 1도 하향
- 가스레인지 사용 자제(전자레인지 사용)
- 음식물쓰레기 감량(식단계획 수립, 잔반과 음식쓰레기 저감)
- 욕실 샤워시간 5분 단축
- 변기 중수 사용 등

표 7-31. 저탄소 녹색생활 실천에 따른 CO_2 저감량

감축방안	연간 저감량 (1세대당)	1세대당 저감효과
냉방온도 1도 높이고 난방온도 1도 내리기	$31kgCO_2$/년	약 20,000원/년
주 1회는 대중교통 이용하기	$185kgCO_2$/년	약 80,000원/년
1일 5분간 "공회전 하지 않기"	$39kgCO_2$/년	약 20,000원/년
대기전력 90% 삭감하기	$87kgCO_2$/년	약 20,000원/년
샤워시간 하루에 1분 줄이기	$65kgCO_2$/년	약 60,000원/년
목욕물로 빨래하기	$17kgCO_2$/년	약 40,000원/년
물과 밥을 보온하지 않기	$31kgCO_2$/년	약 50,000원/년
거실공동사용으로 난방조명 20% 줄이기	$240kgCO_2$/년	약 110,000원/년
1일 1시간 TV 시청 줄이기	$13kgCO_2$/년	약 10,000원/년

5) 시민참여 및 지원 프로그램 활성화

민간부문의 추진 주체인 도시녹화재단을 설립하는 것도 한 방법이며, 도시녹화를 담당할 별도 기구도 설립할 수 있다. 시민단체, 지역주민이 직접 도시숲 조성 및 관리에 참여할 수 있는 다양한 사업을 발굴 추진하는 것이 필요하다. 녹색교육 프로그램을 기획, 운영할 자원봉사자도 육성해야 한다. 자원봉사로는 녹색생활전도사와 같은 저탄소 녹색도우미제, 저탄소 녹색생활 지속 실천 및 모니터링의 역할을 맡는 녹색지킴이제를 운영하는 것도 필요하다.

6) 녹색시민인증제 및 시민녹색카드 도입

자전거타기 실적, 재활용 실적, 녹색마인드 교육 및 리더십 교육 참여 실적, 녹색생활 참여 실적, 녹색도우미 활동 실적, 녹색지킴이 활동 실적 등을 시민녹색카드에 마일리지로 적립하는 방안을 고려할 수 있다. 마일리지에 따라 버스나 지하철 할인, 쓰레기봉투 무료 제공, 동주민센터 증명서 무료 발급, 주차

할인 등 생활형 인센티브를 제공하는 것도 고려해 볼 만한 방안이다. 녹색시민인증제를 통해 적립실적이 높은 시민이나 지역(아파트단지)을 대상으로 단체 시상제를 도입하여 지속적 참여를 촉진할 수 있다. 시민녹색카드는 지자체 내에서 통용되는 일종의 경제활동의 상징으로 발전시켜 나갈 수 있다.

> ⚡ 직장인 1일 평균 10.6kg 온실가스 배출
> - 사무직직장인 1명이 1년 동안 근무 중 배출하는 온실가스 배출량 3,857kg으로 추산
> - 한 사람이 하루 평균 10.57kg
> - 1년 3,857kg, 온실가스 33.9%, 난방·출퇴근 28.3%, 냉방 20.6% 차지

(4) 저탄소 녹색 시민참여를 위한 제도적 장치

1) 상시적인 주민들에 대한 수요예측 조사

지자체는 주민들의 요구사항이 무엇인지, 어떤 것을 원하는지에 대한 정확한 수요 조사를 정기적으로 실시할 필요가 있다. 아무리 좋은 정책이라도 주민들이 원하지 않을 경우에 무리하게 추진하는 것보다 주민들에 대한 충분한 홍보와 주민 의견 수렴을 거쳐 실행하는 것이 훨씬 경제적이고 실질적이기 때문이다.

2) 교육과 학습의 장 마련

주민들을 위한 사회 교육, 평생 교육, 직업 교육을 실시할 수 있는 장소를 마련하고 제공해야 한다. 이러한 것이 여의치 않을 경우 지역 내의 학교 등 공공시설을 이용할 수도 있다. 동시에 주민들이 수시로 모여 토론과 세미나를 할 수 있는 공간의 확보와 제공도 필요하다. 주민들에게는 배우는 것도 중요하지만 자발성에 입각한 각종 모임과 세미나 참여도 의미가 있다.

3) 인센티브 제공

저탄소 녹색생활 실천 및 그린시티 구축사업에 열성적으로 참여하는 구민들에게는 다양한 형태의 인센티브가 제공되어야 한다. 예를 들어 지역에서 만들어지는 녹색일자리에 우선적으로 배정하는 것도 생각해 볼 필요가 있다. 인센티브는 구민들로 하여금 자기의 노력이 어떤 형태로든 보상받는다는 사실을 일깨워주며, 이를 통해 주민들의 관심과 참여가 훨씬 촉진될 수 있기 때문이다.

이 전 과정에 공무원들의 참여는 필수적이다. 일반 시민들과 공무원 사이의 신뢰 구축은 시정을 원활히 수행하는 데 필수 불가결의 요소이다. 상호 신뢰를 쌓기 위해서는 잦은 접촉을 통한 대화와 의견교환, 협력과 협동이 필요하다.

4) 그린시티 추진위원회 구축

그린시티 추진지속위원회와 자문단 구성, 의정 모니터링 모임 등을 조직하여 수시로 주민들의 의견을 수렴해서 정책에 반영하고 상시 모니터링을 운영할 필요가 있다. 그래야만 주민들이 시정에 대한 지속적인 관심과 지자체에 대한 신뢰를 갖게 되는 것이다.

5) 온실가스 저감 관련 조례 제정

온실가스 저감을 위한 종합적 지원을 위해 관련 조례를 제정할 필요가 있다. 이 조례는 온실가스 저감에 대한 실천사항과 함께 예산집행의 근간을 명시한 것이다.

저탄소 그린시티 디자인 및 자전거 조례는 시군구의회에서 개정 가능하다. 기존 주택 벽면녹화나 신규 아파트 옥상녹화를 위한 조례는 광역시도의 건축조례를 개정해야 하는 것이므로 의견수렴 후 광역시도에 건의해야 한다.

(5) 저탄소 녹색일자리 창출 및 그 효과

1) 저탄소 녹색일자리의 의미

저탄소 녹색일자리는 환경을 보존하고 복원하는 데 실질적으로 기여하는 서비스, 행정, R&D, 제조업, 농업 분야에서의 일을 의미한다. 이는 생태계와 다양성을 보호하고, 고효율을 통해 에너지, 물질, 물 소비를 줄이며, 경제의 저탄소화를 추구하는 일자리들을 의미한다. 그리고 쓰레기와 오염 발생을 최소화하거나 없애는 데 도움을 주는 모든 일자리를 포함하는 것이다 [UNEP(United Nations Environmental Program), 유엔환경기구−유엔산하 환경담당 전문기구].

2) 지자체 내 저탄소 녹색일자리 창출 범위

지자체 내 제조업 등 기존산업과는 다른 저탄소 녹색성장 추진과정상에서 발생하는 추가적인 일자리(오염통제 장치 제조 등)를 우선 생각해 볼 수 있다. 기존 일자리가 없어지는 것이 아니라 저탄소 녹색관련 새로운 일자리로 대체되는 측면이 강하다. 즉, 화석연료 관련 종사자가 재생 가능한 에너지 산업 일자리로 넘어가거나, 트럭제조기술자가 친환경전기차나 전동차 제조로 전환되는 것이고, 쓰레기 매립에 종사하던 사람들이 쓰레기 재활용·재사용 담당자로 전환되는 것이다.

3) 저탄소 녹색일자리의 특징

일부의 신규 일자리를 제외하고는 기존의 다양한 기술, 직업능력, 교육배경, 직업적 노하우를 활용한 업무형태를 띤다. 일자리 공급선(supply chain)에 있어서 특히 그런 측면이 강한데, 즉 풍력 혹은 태양열 에너지 생산에 있어 철강산업 등 전통적인 산업의 부품이 투입된다는 점에서 그렇다. 고효율은 저탄소 녹색일자리에 있어 핵심적인 목표이나 효율과 비효율의 기준을 어떻게 정하느냐에 따라 달라진다. 환경 문제 개선을 위해서는 고효율의 기준이 엄격해질 필요가 있다.

녹색경제 창출 전략은 환경 및 사회적인 총체적 에너지 및 자재 투입에 대한 총비용 산출 방식을 요구하는 것으로서, 지속가능하지 않은 생산과 소비 패턴을 지양해야 하는 것이다. 가격 위주의 경쟁이 아닌, 자연과 인간 그리고 양질의 일자리를 창조하는 경제가 녹색경제이다. 그런 점에서 저탄소 녹색일자리는 양질의 일자리, 즉 적절한 임금을 지불하고, 안전한 작업환경, 고용안정, 합리적인 경력전망, 노동권을 보장하는 일자리여야 한다.

저탄소(low-carbon) 경제로의 전환으로 인해 일자리를 잃게 되거나 고통을 받는 사람들이 있을 수 있으므로, 정책결정자들은 이러한 불평등 혹은 피해를 최소화할 수 있도록 노력해 나가야 한다.

4) 저탄소 녹색일자리 창출 방안

- 지자체 내 저탄소 녹색산업을 통한 일자리 창출 효과. 약 1만 명
- 일자리 창출 기본계산 공식: 사회/기타서비스 취업유발계수 적용
- 10억 매출당 25명(24.9인) 참조
  [출처: 한국은행(2008), 우리나라 고용구조와 노동연관효과]

표 7-32. 저탄소 녹색일자리 창출 효과 예시

구분	그린IT산업	도시광산산업	녹색관광산업	녹색교육산업	합계
근거	그린IT 2,000개 업체 × 0.4(40%) × 평균 10명 = 8,000명	-도시광산기업 5곳 × 연매출 40억 = 200억 -25명 × 20 = 500명	-총매출 226억 -25명 × 22.6 = 565명 -관련 관광종사자 300명 고용창출 유도	-녹색리더십 교육사업 300명 -녹색고용창출 300명 -녹색평생교육 지도자 50명	-
일자리 창출효과	8,000명	500명	865명	650명	10,015명

Part 7 요약

　온실가스 저탄소 그린시티는 기존의 회색 개발을 지양하고 인간과 자연이 조화를 이룬 자연친화적 생태도시를 말한다. 저탄소 그린시티는 자연과 인간이 조화를 이루고 과거와 미래가 공존하는 자연친화적 과학생태도시이다. 저탄소 그린시티는 공간적으로는 자연생태(녹지축, 녹지회랑)와 인간(행복, 건강)이 조화를 이루는 생명공동체를 뜻하며, 시간적으로는 과거(문화적 전통)와 현재/미래(녹색첨단과학)가 공존하는 행복삶터를 말한다. 또한, 화석연료 사용(온실가스 배출) 자제, 쓰레기 재활용 및 자원화, 자연과 과학을 활용한 신재생에너지 활용이 주를 이루며, 녹지공간이 조성된 시민참여형 도시이다. 저탄소 그린시티는 하늘과 땅에는 맑은 공기와 토양이 회복되어 있고, 도시의 삶에서는 자원순환형 생활과 문화역사적 소통이 이루어지며, 도시 내 존재하는 자연생명체에게는 생태계가 복원되어 연결되어 있으며, 개인의 삶에서는 주민들의 삶의 만족도가 높고 행복지수가 지속적으로 상승하는 도시이다.

　저탄소 그린시티 비전은 지자체가 신재생에너지 활용계획, 친환경 교통체계 구축, 자원재활용, 녹지공간 조성, 물순환 체계 구축 등 그린시티 구축사업을 통해 일정시간 후에 도달하고자 하는 아웃풋이미지를 말한다. 해당 지자체가 위치한 입지조건이나 자연환경, 역사문화적 특색을 활용하여 비전을 설정할 수 있으며, 이때 비전을 구성하는 핵심키워드나 콘셉트를 포함시키는 것이 좋다.

　저탄소 그린시티 구축은 비전 구축과 더불어 구체적인 사업전략을 통해 실현될 수 있다. 핵심사업전략은 비전달성을 위해 필요한 여러 사업들 중 전략적 중요도, 긴급도, 실현가능성이 높은 사업들을 선정하여 도출한다. 지방정부만 해도 종합적인 도시생활이 전개되는 곳이기 때문에 핵심사업은 저탄소 녹색에너지 활성화, 녹색교통활성화, 물관리 대책, 폐기물저감 대책, U-City 및 그린IT 구축방안, 녹지공간 조성, 시민들의 녹색생활 실천에 이르기까지 종합적인 사업이 포함된다.

1. 저탄소 그린시티의 개념과 개념구조를 정의해보고, 기존의 개발중심의 산업도시와 비교하여 그 특징을 분석해 보자.

2. 내가 속한 지자체의 강점(자연환경·지리적 강점, 문화·역사적 강점, 사회·정책적 강점 등)을 바탕으로 핵심 콘셉트를 잡고, 이를 바탕으로 저탄소 그린시티 구축을 위한 비전을 구상해 보자.

3. 저탄소 그린시티 구축 핵심전략의 예시(7대 핵심전략 예시)를 보고, 내가 속한 지자체에 적용 가능한 포인트를 제시해 보자.

   3-1. 저탄소 녹색에너지(신재생에너지) 활성화 방안을 내가 속한 지자체에 맞게 제시해 보자.

   3-2. 저탄소 녹색교통 활성화 방안을 내가 속한 지자체에 맞게 제시해 보자.

   3-3. 물관리 방안을 내가 속한 지자체에 맞게 제시해 보자.

   3-4. 폐기물 저감 방안을 내가 속한 지자체에 맞게 제시해 보자.

   3-5. U-City, 그린IT 추진 방안을 내가 속한 지자체에 맞게 제시해 보자.

   3-6. 녹지공간 조성 방안을 내가 속한 지자체에 맞게 제시해 보자.

   3-7. 시민의 녹색생활실천 참여 촉진 방안을 내가 속한 지자체에 맞게 제시해 보자.

Part 8

저탄소 그린시티 구축 추진 프로세스

1. 저탄소 그린시티 구축을 위한 단기 · 중기 · 장기과제를 구분할 수 있다(중요도 · 긴급도 · 실현가능도 체크).

2. 저탄소 그린시티 추진을 위한 조직체계를 제시하고 우리 지자체에 적합한 방법을 제시할 수 있다.

3. 저탄소 그린시티 구축, 추진과정을 점검 평가할 수 있는 평가지표의 평가영역을 제시하고 이를 설명할 수 있다.

4. 저탄소 그린시티 추진을 위한 조례 제정의 필요성을 설명하고 조례 제정의 방법을 제시할 수 있다.

1. 핵심전략 추진 로드맵

핵심전략 추진 로드맵은 앞에서 제안된 저탄소 그린시티 구축을 위한 여러 사업들을 놓고 이를 실제 추진하기 위한 과제로 구분하여 작성한다. 각 추진사업들은 주민의견 수렴, 전문가 검토, 기존사업 연계, 신규로 제안된 사업아이디어, 타당성 검토 등을 거쳐 제안된 것이다. 이러한 사업들에 대해 중요도 · 긴급도 · 실현가능도를 체크(외부 관련전문가, 내부 주요 담당자에 의한 최종 체크)하여 단기 · 중기 · 장기과제로 과제성격을 구분하는 등 추진 로드맵을 도출한다. 여기에서 '중요도'는 저탄소 그린시티를 구축하는 데 해당사업이 얼마나 전략적으로 중요한지를 판단하는 것이다. 5점 만점으로 중요도가 높을수록 5점에 가깝게 체크한다. 보통이면 3점, 중요하지 않으면 2점, 1점으로 체크한다. '긴급도'는 저탄소 그린시티를 구축하는 데에 있어서 얼마나 시간적으로 급한 사업인가를 판단하는 것이다. 5점 만점으로 시급성이 높을수록 5점에 가깝게 체크한다. 보통이면 3점, 시급하지 않으면 2점, 1점으로 체크한다. '실현가능도'는 해당사업이 지자체에서 어느 정도 준비되어 있는지를 판단하는 것이다. 5점 만점으로 하고, 해당사업이 상당한 정도로 준비가 되어 있어서 별다른 준비 없이 바로 추진할 수 있으면 5점에 가깝게 체크한다. 보통이면 3점, 준비가 되어 있지 않으면 2점, 1점으로 체크한다.

중요도 · 긴급도 · 실현가능도를 체크한 후, 중요도가 4, 5점으로 높은데 긴급도나 실현가능도도 4, 5점으로 높으면 단기과제, 중요도는 4, 5점으로 높은데 긴급도나 실현가능도가 3점이면 중기과제, 중요도는 4, 5점으로 높은데 긴급도나 실현가능도가 1, 2점으로 낮으면 장기과제로 분류한다.

표 8-1. 저탄소 그린시티 구축 추진과제 분류 예시

구분	추진계획	중요도	긴급도	실현 가능도	과제구분
에너지	공공건축물의 에너지효율 개선	4	5	3	단기지속과제
	도시가스 사용 확대	5	4	4	중기과제
	온실가스 감축 세부계획 마련	5	4	4	중기과제
	신재생에너지 확대	5	4	4	중기과제
	기존 에너지 사용량 감소	4	4	5	중기과제
	시·군·구청사 친환경 건축물화	4	4	3	중기과제
	친환경에너지 시범단지 조성	5	3	3	장기과제
	LED조명기구를 통한 전기효율 향상	5	3	3	장기과제
	집단에너지 보급 확대(지역난방)	4	3	3	장기과제
	친환경 건축물 인증제 및 환경계획서 제도 도입	4	3	3	장기과제
교통	자전거와 대중교통과의 연계 시스템 구축	5	5	3	단기지속과제
	정맥물류 구축	4	5	3	단기지속과제
	기존 자전거도로 정비	4	5	3	단기지속과제
	에코드라이빙의 확대	5	4	4	중기과제
	주요 도로에 자전거도로 확대	5	4	3	중기과제
	CNG버스 도입	5	4	3	중기과제
	주민대상 자전거 이용 활성화 프로그램 구축	5	4	5	중기과제
	교통순환 환경 개선	4	4	3	중기과제
	그린카 도입 확대	4	3	3	장기과제
	지능형 교통망 구축	4	3	3	장기과제
물순환	우수(雨水) 활용	5	4	3	중기과제
	하천을 이용한 냉난방 구축	5	3	3	장기과제
	중수 활용	5	3	2	장기과제
녹지	기존 건물, 주택 대상 벽면녹화	5	5	3	단기지속과제
	신규 아파트 옥상녹화 의무화 관련 규정 개정	5	5	4	단기지속과제
	주요 거리 녹화 사업(가로수종 변경)	5	4	3	중기과제
	중심 녹지축 조성	5	4	3	중기과제
	비오톱 조성	5	4	4	중기과제
	녹지회랑 연결 및 생표	5	3	3	장기과제

U-City	녹색행정 시스템 구축	5	4	4	중기과제
	IT 기반 민원 처리 프로세스 구축	4	4	4	중기과제
	대형건물 에너지관리시스템 도입	4	3	3	장기과제
	지능형 센서망 도입	4	3	3	장기과제
	구내 기상관측 시스템 구축	3	3	3	검토후추진과제
	센서망 활용 건물 안전진단 실시	3	3	3	검토후추진과제
	원격근무, 화상회의 시스템 구축	3	3	3	검토후추진과제
	CO_2 배출량 실시간 집계	3	3	3	검토후추진과제
	IT 중앙컨트롤 시스템 구축	3	3	3	검토후추진과제
폐기물 재활용	폐기물량 저감운동	5	5	4	단기지속과제
	폐기물의 재활용	4	5	4	단기지속과제
	폐기물의 재사용	5	4	4	중기과제
	폐기물 자원화 프로그램 수립	5	4	3	중기과제
	폐기물관리 종합체계 수립	5	4	5	중기과제
	지정폐기물 관리	4	3	4	장기과제
생활 실천	녹색시민인증제(주민대상 인센티브) 프로그램 구축	5	5	4	단기지속과제
	에너지 계량기 설치	4	5	3	단기지속과제
	녹색기능인력 육성 프로그램 구축	5	4	4	중기과제
	시민체험공간 마련	5	4	4	중기과제
	녹색 교육 콘텐츠 및 교육 강화	5	4	5	중기과제
	시민참여 및 지원 프로그램 활성화	5	4	3	중기과제
	환경인포메이션센터 구축	4	3	4	장기과제
	에너지소비증명서 발급제도 구축	4	3	3	장기과제

가. 단기과제

단기과제는 중요도가 4, 5점으로 높은데 긴급도나 실현가능도도 4, 5점으로 높은 사업에 대해서 분류한 것이다. 사업추진 1~2년차에 주로 추진하는 것이 바람직하다.

표 8-2. 단기과제

과제명	추진계획	시행시기
에너지	공공건축물의 에너지효율 개선	1~2년차
교통	자전거와 대중교통과의 연계 시스템 구축	1~2년차
교통	정맥물류 구축	1~2년차
	기존 자전거도로 정비	1~2년차
녹지	기존 건물, 주택 대상 벽면녹화	1~2년차
	신규 아파트 옥상녹화 의무화 관련 규정 개정	1~2년차
폐기물 재활용	폐기물량 저감운동	1~2년차
	폐기물의 재활용	1~2년차
생활실천	녹색시민인증제(주민대상 인센티브) 프로그램 구축	1~2년차
	녹색직업전문학교사업(녹색기능인력 육성)	1~2년차
	녹색체험교육 테마공원 조성	1~2년차
	에너지 계량기 설치	1~2년차

나. 중기과제

중기과제는 중요도가 4, 5점으로 높은데 긴급도나 실현가능도는 3점으로 중간인 사업에 대해서 분류한 것이다. 사업추진 2~3년차에 주로 추진하는 것이 바람직하다.

표 8-3. 중기과제

과제명	추진계획	시행시기
에너지	도시가스 사용 확대	2~3년차
	온실가스 감축 세부계획 마련	2~3년차
	신재생에너지 확대	2~3년차
	기존 건물 에너지 사용량 감소	2~3년차
	시 · 군 · 구청사 구축방안 수립	2~3년차

교통	에코드라이빙의 확대	2~3년차
	수변도로에 자전거도로 확대	2~3년차
	CNG버스 도입	2~3년차
	주민 대상 자전거 이용 활성화 프로그램 구축	2~3년차
	교통순환환경 개선	2~3년차
물순환	우수 활용	2~3년차
녹지	주요 거리 녹화 사업(가로수종 변경)	2~3년차
	중심 녹지축 조성	2~3년차
	비오톱 조성	2~3년차
U-City	녹색행정 시스템 구축	2~3년차
	IT 기반 민원 처리 프로세스 구축	2~3년차
폐기물 재활용	폐기물의 재사용	2~3년차
	폐기물 자원화 프로그램 수립	2~3년차
	폐기물 관리 종합체계 수립	2~3년차
생활실천	녹색 교육 콘텐츠 및 교육 강화	2~3년차
	시민참여 및 지원프로그램 활성화	2~3년차

다. 장기과제

장기과제는 중요도가 4, 5점으로 높은데, 긴급도나 실현가능도는 1, 2점으로 낮은 사업에 대해서 분류한 것이다. 사업 추진 4~5년차에 주로 추진하는 것이 바람직하다.

표 8-4. 장기과제

과제명	추진계획	시행시기
에너지	친환경에너지 시범단지 조성	4~5년차
	LED조명기구 통한 전기효율 향상	4~5년차
	집단에너지 보급 확대(지역난방)	4~5년차
	친환경 건축물 인증제 및 환경계획서 제도 도입	4~5년차
교통	그린카 도입 확대	4~5년차
	지능형 교통망 구축	4~5년차

물순환	하천과 하천을 이용한 냉난방 구축	4~5년차
	중수 활용	4~5년차
녹지	녹지회랑 연결 및 공표	4~5년차
U-City	대형건물 에너지관리 시스템 도입	4~5년차
	지능형 센서망 도입	4~5년차
폐기물 재활용	폐기물의 재활용	4~5년차
생활실천	환경인포메이션센터 구축	4~5년차
	에너지소비증명서 발급제도 구축	4~5년차

2. 핵심전략별 재원조달 방안

가. 기본방향

저탄소 그린시티 구축을 위한 재원조달 방안은 이미 추진 중인 사업예산을 연계하거나 저탄소 그린시티 구축 중앙부처 및 광역시도의 각종 사업들을 연계하거나 적극 유치함으로써 가능하다. 저탄소 그린시티 구축 재정의 합리적·효율적 운영을 기존 전제로 하여, 적극적인 민간투자도 유치하고 각종 보조금도 확대하는 방향으로 재원조달계획을 수립해야 한다. 저탄소 그린시티 구축 시범사업 등 단계별 사업추진을 통해 먼저 효과를 확인한 후 점증적으로 확대하는 방향으로 추진하는 것이 바람직하다.

나. 재정여건 및 전망

저탄소 그린시티사업의 특성상 단계별 사업추진이 가능하기에 재정은 부담되지 않는 범위 내에서 사업추진이 가능하다. 지자체의 재정자립도가 낮은 편인 경우, 재원조달방안은 상대적으로 외부의존적일 수밖에 없다. 그로 인하여 재정수요의 증가에 맞는 재정확충이 용이하지 않을 것으로 전망되기에, 저탄소 녹색성장 국가정책과의 연계성이 매우 중요하다.

저탄소 녹색성장 마스터플랜을 수립하고 본격 사업화를 위해 중앙정부 및 광역시도와 함께 사업보조를 맞춘다면 재원확보가 상대적으로 유리할 것이다. 저탄소 그린시티 구축사업의 경우, 대부분의 아이템이 50~70% 정도 중앙정부 또는 광역시도의 지원이 계획되어 있다. 저탄소 그린시티 구축 과정에서 세외수입원 발굴과 민간투자활용방식(BTL 등)을 적극적으로 고려하는 것도 한 가지 방법이 될 수 있다.

다. 그린시티 추진 1, 2단계 재정규모 추정

저탄소 그린시티 추진 1단계 시범사업의 경우, 통상 작게는 약 30억~50억 원 정도의 비용이 소요될 것으로 추정된다. 1단계 시범사업 후 2단계 사업추진의 경우, 중심도로 LED가로등 교체(약 100억 원), 녹색체험교육 테마공원 조성(약 200억 원), 시·군·구청사 친환경에너지 1등급화(약 50억~100억 원), 자전거 전용도로 구축(약 50억~100억 원), 시민의 녹색생활실천운동 전개 등(약 10억~50억 원)으로 약 300억~500억 원 정도 소요될 것으로 추정된다.

라. 재원조달 세부방안

이미 추진 중인 사업예산의 그린시티 사업연계가 가능할 것으로 보인다. 통상 기존 추진사업과 그린시티 추진사업의 연관성은 작게는 10%에서 많게는 30~40% 정도 나타난다. 1년 예산이 3,000억 원인 기초단위지자체의 경우, 10% 정도 연관성을 가정하면 약 300억 원 정도 연관성을 찾을 수 있다.

저탄소 그린시티 추진 중앙정부나 광역시도의 사업을 연계하면, 사업별로 조금씩 다르나 대체로 소요비용의 50~70%를 지원받을 수 있다. 저탄소 그린시티가 하루아침에 추진가능한 것이 아니라는 점에서 시범사업부터 시작한다면, 1, 2단계 시범사업추진 소요비용 약 300억~500억 원 정도의 50~70%인, 150억~300억 원 정도는 지원 가능할 것으로 분석된다.

지자체 저탄소 녹색성장을 통한 세수 확대도 기대해 볼 수 있다. 초기단계, 중기단계 사업의 고용유발효과 및 산업창출효과로 인한 세수확대가 연간 약 50억~100억 원 증대가 예상된다.

- 1, 2단계 사업 약 300억~500억 원 규모
  - 고용유발효과 약 700~1,000명 가능
  - 고용유발지수 10억 매출당 25명(24.9인) 적용
    (출처: 한국은행, 우리나라 고용구조와 노동연관효과)
- 1, 2단계 사업의 산업창출효과 약 600억 원
  - 산업연관지수 1.2를 곱함
    [출처: 한국은행 산업연관표(2009), 서비스업 생산유발계수 1.2]

온실가스 배출 저감 시나리오에 따른 총 절감 목표량 지자체 수준에서 약 50만 톤에서 70만 톤인 경우, 탄소배출권(CDM) 총 100억 원 정도를 예상할 수 있으며, 이 수입 중 50% 적용 시 CDM 약 50억 원 정도 확보 가능할 것으로 추정된다.

지자체 내 공공기관 건물 친환경에너지 효율 1등급 실현을 통한 에너지비용 회수도 고려해 볼 수 있다. 5년 내 투자금 회수가 가능할 것으로 판단되며, 5~10년 장기적 관점으로 보면, 건물 유지관리 예산의 30~50%가 절감 가능할 것으로 보아, 연간 약 50억 원 정도 절약 가능할 것으로 추정된다.

1, 2단계 사업의 경우를 예로 들어서 살펴본 것이지만, 저탄소 그린시티 구축사업은 한마디로 흑자사업이 될 것이라는 전망을 할 수 있다.

표 8-5. 1, 2단계 300억~500억 원 예산소요 시 재원조달방안(최대치 적용) 예시

수입부문		지출부문	
항목	예상수입	항목	예상지출
녹색사업 예산연계 효과	300억 원	그린시티 시범사업	30억 원
중앙정부, 광역시도 지원	250억 원 (min적용)	중심도로 LED 교체	100억 원
녹색성장 세수확대효과	100억 원	녹색체험교육 테마공원 조성	200억 원
온실가스 저감 CMD 확보	50억 원	자전거 전용도로 구축	100억 원
친환경 건물 유지관리비 절약	50억 원	시·군·구청사 친환경에너지 1등급화	100억 원
–	–	시민녹색생활실천 등	100억 원
계	약 750억 원	계	약 530억 원

3. 추진체계 및 조직

각 지자체는 녹색성장 역량 강화를 위하여 녹색성장 추진체계를 구축하고 있다. 16개 시·도, 230개 시·군·구에서는 지자체 녹색성장 책임관을 지정하여 운영하고 있는데, 16개 시·도(지자체 저탄소 녹색성장 정책 총괄·조정함)에 녹색성장 전담부서가 설치되어 있다.

시도 녹색성장위원회 구성(지자체 저탄소 녹색성장 관련 정책조정 및 지원함) 등 그린시티 구축은 환경부서뿐만 아니라 교통, 도시, 건축, 상업 등 여러 부서와 연관되어 있기 때문에 그린시티 구축을 위한 전담부서를 설치하여 구 차원에서 효율적으로 대응토록 하고 있다. 시·군·구의 전담부서만으로는 지속적인 시민참여로 연계하는 데 한계가 있으므로 관련되는 민간단체와 협력하여 홍보 및 교육할 수 있는 운영체계를 구축해야 한다.

그린시티 구축을 위한 정책수립, 재원조달방안, 포럼 개최 등은 전담부서의 직원이 담당하며, 그 외 홍보, 교육프로그램 운영 등은 민간단체에서 운영할 수 있도록 한다. 이로써 지자체 특성에 맞는 세부실천계획을 수립하고 행동지침을 마련해야 할 것이다.

저탄소 그린시티는 지구온난화의 원인인 탄소 배출을 최소화하는 방향으로 도시를 만들자는 개념으로, 지속가능한 저탄소 그린시티구축과 성공적으로 사업을 수행하기 위해 자체기구의 설치가 필요하다. 따라서 이를 담당하는 전문 조직(기구) 설치를 가정하고, 이를 반영하여 조직도를 구성할 수 있다.

가. 지자체의 전담조직 구성

향후 해당지자체는 '친환경녹색정책과'(예시)와 '친환경녹색개발과'(예시)를 설치하여 구체적인 계획 아래 사업을 추진할 필요가 있다.

(1) 친환경녹색정책과

1) 소개

저탄소 녹색정책을 지자체 수준에서 견인하는 저탄소 그린시티 구축사업의 계적·종합적 관리를 지원하는 부서로서 대상지 여건 분석, 지역주민의 참여 및 홍보, 종합계획 수립 등을 추진한다.

표 8-6. 친환경녹색정책과 담당별 업무내용 예시 안

총괄기획담당	협력지원담당
1. 그린시티 총괄 기획 2. 그린시티 근거 법, 제도 검토 3. 녹색시범도시 대상자 개발여건 분석 4. 녹색시범도시 조성 재원조달방안 수립	1. 녹색시범도시 협력기관 협의 2. 녹색시범도시 문화관광 콘텐츠 개발 3. 녹색시범도시 주민설득 및 홍보 4. 녹색시범도시 관련 포럼, 세미나 등 개최 5. 녹색시범도시 추진협의회 및 주민 협의회 구성 및 운영

2) 조직도

친환경녹색정책과는 총괄기획담당과 협력지원담당으로 나눌 수 있다.

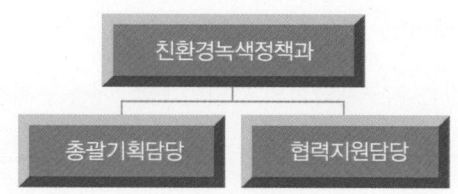

그림 8-1. 친환경녹색정책과 조직도 예시 안

3) 주요 업무 예시 안

- 저탄소 그린시티 개념 마련 이후, 지자체에 적합한 지역을 선정 · 추진토록 지시
- 저탄소 녹색시범도시 조성 추진방안 보고
- 저탄소 그린시티 아이디어 공모전 개최
- 전문가 소그룹 회의 및 기업포럼 운영
- 각 분야 전문가, 기업초청회의를 통해 독창적 아이디어 발굴 및 적용방안 모색
- 저탄소 녹색선진도시 해외 우수사례 벤치마킹 · 스웨덴(하마비, 린셰핑), 독일(프라이부르크, 프라이암트) 등
- 저탄소 녹색시범도시 기업세미나, 워크숍 및 국제세미나 등 개최
- 저탄소 그린시티 조성 관련 기업 투자여건, 투자 애로사항 등에 대한 의견교환 및 민간투자 분위기 조성 및 국제기준 논의
- 저탄소 그린시티 주민협의체 구성 · 운영
  - 추진위원회: 사업추진의 자문 및 심의 등 사업추진 전문가 그룹
  - 주민협의회: 지역주민의 의견을 반영하고 주민참여를 주도
- 녹색생활 교육 · 홍보 프로그램 운영
- 민 · 관 파트너십을 통한 저탄소 생활 실천운동 전개

- 녹색생활 실천의 안내자 그린리더 양성 및 녹색생활교육 강화
- 저탄소 그린시티 조성 공감대 형성 및 주민참여 유도
- 저탄소 그린시티 주민강좌, 녹색생활 실천다짐대회 등 주민참여 분위기 조성
- 저탄소 녹색행사 가이드라인 보급
- 온실가스 저감 실천 생활화 홍보
- 에너지 · 자원절약을 위한 각종 캠페인 추진
- 친환경상품 소비촉진 홍보

(2) 친환경녹색개발과

1) 소개

지자체를 그린시티 실시설계 추진, 그린시티 적용 법률 검토 등 시범지구 기본 공간 구조를 설계 · 착공함에 있어 필요한 제반사항을 검토 추진한다.

2) 조직도

친환경녹색개발과는 그린시티담당, 녹색건축담당, 녹색환경담당으로 나눌 수 있다.

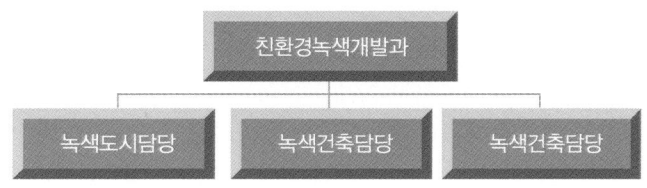

그림 8-2. 친환경녹색개발과 조직도 예시 안

3) 주요 업무

- 저탄소 그린시티 범부처 추진지원단 운영

- 환경부, 국토해양부, 지식경제부, 기획재정부, 문화관광부 등의 범부처적인 차원의 저탄소 녹색시범도시 종합계획, 재정투자 계획 등을 논의
- 저탄소 그린시티 기본구상 연구 최종보고회
- 정부보고용 그린시티 기본구상 동영상 검토
- 녹지생태축 연결
- 저탄소 그린시티 시범지구의 문화, 역사적 장소, 자연자원, 공원을 연결하여 시범도시 조성효과 극대화
- 자전거도로 확충

표 8–7. 친환경그린시티개발과 담당별 업무내용

녹색도시담당	녹색건축담당	녹색환경담당
1. 지자체 개발계획 및 실시설계 준비 2. 지자체 토지이용계획 구상 검토 3. 녹색교통 분야 추진 4. 물순환 분야 추진	1. 저탄소 녹색주택 보급 추진 2. 그린IT 분야 추진 3. 에코빌리지 단지 추진	1. 생태습지 복원 및 활용 추진 2. 신재생에너지 분야 추진 3. 자원순환 분야 추진

4. 저탄소 그린시티 추진점검(평가지표 활용)

환경부에서는 저탄소 그린시티 조성가이드라인을 통해 평가지표를 제시한 바 있다. 해당 지자체가 저탄소 그린시티를 구축해가는 과정에서 스스로 모니터링하고 점검할 수 있는 지표를 담고 있는 것이다.

먼저, '저탄소' 관련 지표로는 녹색교통, 신재생에너지, 녹색건축, 녹색산업, 자원순환 분야에서의 탄소 저감 정도 및 노력으로 구성되어 있고, 탄소흡수원을 확충하는 노력도 포함되어 있다.

다음으로, '그린시티' 관련 지표로는 녹색환경(환경보전, 대지정화, 녹지네

트워크, 물순환 등), 녹색사회(지역 자연자원 활용, 녹색커뮤니티), 녹색경제
(녹색고용)로 구성되어 있다.

이들 점검 평가지표는 저탄소 그린시티로 전혀 전환하지 못한 기존도시들
의 경우는 현재의 출발점을 확인하는 데에 활용될 수 있고, 이미 저탄소 그린
시티로 전환하고 있는 도시의 경우는 추진사업들의 진행상황을 점검, 보완하
는 데에 활용될 수 있다. 점검 평가를 통해 총체적인 저탄소 그린시티 구축을
향한 단계적 보완이 가능할 것이다.

표 8-8. 저탄소 그린시티 점검지표

평가지표		평가지표	목표	평가내용
대분류	중분류			
저탄소 (50)	저감	녹색교통	수송구조 개선, 녹색교통 도입	• 녹색교통도입에 의한 탄소저감수준 평가 − 화석연료를 필요로 하는 기존차량의 동선거리 축소 및 녹색교통도입에 따른 탄소저감량을 산정하여 5단계 등급화
		신재생에너지	신재생에너지 사용 확대	• 신재생에너지 활용 비율 수준 평가 − 전체 에너지사용량중 신재생에너지 사용량 비율을 산정하여 5단계 등급화
		녹색건축	저에너지형 건축, 건축물 녹화 등으로 저탄소 실현	• 녹색건축에 의한 탄소저감 수준을 평가 − 녹색건축에 의한 탄소저감 수준을 5단 계 등급화
저탄소 (50)	저감	녹색산업공정	산업공정 개선에 의한 저탄소 실현에 일조	• 산업공정개선에 의한 탄소저감 수준 평가 − 탄소가 배출되는 산업공정의 개선에 따른 탄소저감량을 산정하여 5단계 등급화
		저탄소 순환자원	폐기물, 순환자원처리 및 재활용 등을 통한 저탄소실현에 일조	• 폐기물 등의 처리에 의한 탄소저감 수준 평가 − 폐기물재활용, 소각량 감축 등에 의한 탄소저감량을 산정하여 5단계 등급화
	완화	탄소흡수원 제고	탄소흡수원 확충으로 배출탄소량 흡수 및 저장	• 대상지의 탄소배출량을 흡수 및 저장할 수 있는 탄소흡수원의 양적 수준 − 대상지의 탄소배출량과 탄소흡수 및 저장량을 비교하여 5단계 등급화
		탄소중립	배출탄소를 저감하여 탄소중립화 수쥬을 제고	• 탄소배출량 대비 탄소대응량 수준을 평가 − 탄소 배출량과 탄소 대응량 산전결과를 비교하여 50점 환산

녹색도시 (50)	녹색환경 (30)	환경보전	보전지역을 최대한 보전하여 저탄소 녹색도시에 기여	• 보전필요지역에 대한 보전 수준을 평가 – 도시생태계에서 보전이 필요한 지역과 실제보전면적의 비율을 산정하여 5단계 등급화
		자연환경용량	도시의 자연환경이 가지는 용량을 고려하여 녹색도시 조성	• 생태발자국 지수를 활용하여 도시환경용량 수준 평가 – 도시의 생태발자국 지수를 활용하여 도시의 자연환경용량을 토지의 소비면적으로 단순화 산정하여 5단계 등급화
		녹지네트워크	도시 녹지네트워크화로 녹색도시 실현에 일조	• 도시 내 녹지의 네트워크 수준을 평가 – 네트워크 필요면적 중 최대 네트워크 면적의 비율을 산정하여 5단계 등급화
		녹지 대기정화능력	도시녹지 확충 등에 의한 대기질 개선	• 도시 내 녹지의 대기정화능력 수준을 평가 – 대기오염물질 배출량 대비녹지에 의한 정화량(흡수량)의 비율을 산정하여 5단계 등급화
		물순환	투수 지반면적률 (생태면적률) 제고로 녹색도시 실현에 기여	• 도시 내 투수지반면적 확보 수준을 평가 – 평가대상지역 전체면적 중 투수성 지표면의 면적 비율로 측정한 결과를 5단계 등급화
		지역자원 현명한 이용가치	현명한 이용이 가능한 자연 자원을 보전하고 가치 재창출	• 지역자연자원의 현명한 이용 수준 평가 – 지역별 자연자원 이용가치 등급별 현명한 이용 수준을 평가
	녹색사회 (10)	녹색커뮤니티	지역커뮤니티에 의한 녹색도시 운영	• 지역커뮤니티에 의한 녹색도시 주도 수준 평가 – 지역커뮤니티의 활동도를 평가
	녹색경제 (10)	녹색고용	녹색도시에 의한 지역적 고용 효과 증진	• 지역고용 잠재성 혹은 실적 수준 평가 – 녹색도시 지역참여 활동 등에 의한 고용효과 수준 평가

출처: 환경부, 저탄소 녹색도시 가이드라인

5. 저탄소 그린시티 지속적 추진 제도화: 조례 제정

저탄소 그린시티를 지속적으로 추진, 성공시키기 위해서는 지자체 수준에서 추진가능한 제도적 장치를 마련해야 한다. 그 가운데 가장 필요한 것이 저탄소 그린시티 구축을 위한 온실가스 통합관리 조례(안)이다. 이는 경제와 환경의 조화로운 발전을 위하여 저탄소(低炭素) 그린시티 구축에 필요한 기반을 조성하고 친환경 그린기술과 저탄소 녹색산업을 새로운 성장동력으로 활용함으로써 국민경제의 발전을 도모하며 저탄소 그린시티를 구현하기 위한 것을 목적으로 한다. 여기에서 "저탄소"란 화석연료(化石燃料)에 대한 의존도를 낮추고 청정에너지의 사용 및 보급을 확대하며 녹색기술 연구개발, 탄소흡수원 확충 등을 통하여 온실가스를 적정수준 이하로 줄이는 것을 말한다. 이를 위해, 자연환경의 훼손을 줄이기 위한 친환경 그린기술의 연구개발을 지원하고, 친환경 그린기술관련 새로운 일자리를 창출하도록 지원해야 한다. 경제·금융·건설·교통물류·농림수산·관광 등 경제활동 전반에 걸쳐 신재생에너지 사용을 확대하고, 자원의 효율을 높이고 환경을 개선할 수 있는 친환경 그린산업을 활성화시키도록 지원해야 한다.

또한, 많은 지자체에서 저탄소 그린시티 구축 차원에서 자전거타기 활성화를 추진하고 있는데, 이를 체계적으로 뒷받침할 지자체 자전거이용 활성화에 관한 조례도 제정 가능하다. 자전거이용의 생활화를 위하여 지자체를 순환하는 도로나 하천변 도로를 중심으로 자전거 이용도로 시범지역을 선정하고 공공기관, 민간기업, 학교, 민간단체 등을 시범기관으로 지정, 운영하도록 권장할 수 있다. 특히, 지정된 시범지역 및 시범기관에서는 자전거보관소·정비소 등의 설치 등에 필요한 행정적·재정적 지원을 하고, 자전거 등하교 시범학교 지정 등 자전거 타기를 빠르게 확산시킬 수 있는 방안들도 함께 강구되어야 한다. 특히, 이 경우 학생들이 이용하는 통학로에 대하여는 교통안전표지판, 안전시설 등을 우선적으로 설치하도록 지원해야 한다. 이처럼 지자체 자전거 이용 활성화에 관한 조례는 지자체의 지리적 특성과 주민들의 교통편의를 고려하여 구체적이고 현실적인 안으로 제정할 수 있다.

더불어, 지자체 내 건축물의 개축이나 신축 시, 옥상녹화를 권장하고 친환경 건축물 건축을 활성화하기 위한 건축조례에 관한 개정(안) 의견을 광역시도에 제안할 수 있다. 건축조례는 단위지자체 수준에서 제정 가능한 것이 아니기 때문에 광역시수준의 조례 제정을 건의하고 이를 구체적으로 제정하기 위한 현실적인 대안을 제시해야 한다.

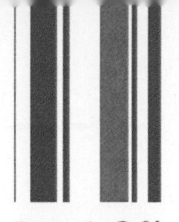

핵심전략 추진 로드맵은 앞에서 제안된 저탄소 그린시티 구축을 위한 여러 사업들을 놓고 이를 실제 추진하기 위한 과제로 구분하여 작성한다. 각 추진사업은 주민의견 수렴, 전문가 검토, 기존사업연계, 신규로 제안된 사업아이디어, 타당성 검토 등을 거쳐 제안된 것이다. 이러한 사업들에 대해 중요도·긴급도·실현가능도를 체크(외부 관련전문가, 내부 주요 담당자에 의한 최종 체크)하여 단기·중기·장기과제로 과제성격을 구분하는 등 추진 로드맵을 도출한다. 여기에서 '중요도'는 저탄소 그린시티를 구축하는 데에 해당사업이 얼마나 전략적으로 중요한지를 판단하는 것이다. 5점 만점으로 중요도가 높을수록 5점에 가깝게 체크한다. 보통이면 3점, 중요하지 않으면 2점, 1점으로 체크한다. '긴급도'는 저탄소 그린시티를 구축하는 데에 있어서 얼마나 시간적으로 급한 사업인가를 판단하는 것이다. 5점 만점으로 시급성이 높을수록 5점에 가깝게 체크한다. 보통이면 3점, 시급하지 않으면 2점, 1점으로 체크한다. '실현가능도'는 해당사업이 지자체에서 어느 정도 준비되어 있는지를 판단하는 것이다. 5점 만점으로 하고, 해당사업이 상당한 정도로 준비가 되어 있어서 별다른 준비 없이 바로 추진할 수 있으면 5점에 가깝게 체크한다. 보통이면 3점, 준비가 되어 있지 않으면 2점, 1점으로 체크한다.

중요도·긴급도·실현가능도를 체크한 후, 중요도가 4, 5점으로 높은데 긴급도나 실현가능도도 4,5점으로 높으면 단기과제, 중요도는 4, 5점으로 높은데 긴급도나 실현가능도가 3점이면 중기과제, 중요도는 4, 5점으로 높은데 긴급도나 실현가능도가 1, 2점으로 낮으면 장기과제로 분류한다.

이에 대한 재원조달계획 또한 기존사업 연계, 중앙정부와 광역시도의 저탄소 녹색정책 관련 예산 확보, 에너지 절감을 통한 비용 절감, 저탄소 녹색성장으로 인한 세수 확대 등의 효과를 고려하여 단계적으로 수립할 수 있다.

저탄소 그린시티는 지구온난화의 원인인 탄소 배출을 최소화하는 방향으로 도시를 만들자는 개념으로, 지속가능한 저탄소 그린시티 구축과 성공적으로 사업을 수행하기 위해 전담조직이 필요하다. 따라서 이를 담당하는 전문조직(기구)을 설치하고, 이를 반영하여 조직도를 구성할 수 있다. 예를 들면, 친환경녹색정책과와 친환경녹색개발과를 설치하여 구체적인 계획 아래 사업을 추진할 수 있다.

지자체가 저탄소 그린시티를 구축해가는 과정에서 평가지표를 통해 스스로 모니터링하고 점검할 수 있다. '저탄소' 관련 지표로는 녹색교통·신재생에너지·녹색건축·녹색산업·자원순환 분야에서의 탄소 저감 정도 및 노력으로 구성되어 있고, 탄소흡수원을 확충하는 노력도 포함되어 있다. '그린시티' 관련 지표로는 녹색환경(환경보전, 대지정화, 녹지네트워크, 물순환 등), 녹색사회(지역 자연자원 활용, 녹색커뮤니티), 녹색경제(녹색고용)로 구성되어 있다. 이들 점검 평가지표는 저탄소 그린시티로 전혀 전환하지 못한 기존도시들의 경우는 현재의 출발점을 확인하는 데 활용될 수 있고, 이미 저탄소 그린시티로 전환하고 있는 도시의 경우는 추진사업들의 진행상황을 점검, 보완하는 데 활용될 수 있다. 점검 평가를 통해 총체적인 저탄소 그린시티 구축을 향한 단계적 보완이 가능할 것이다.

향후 보다 확실한 시스템적 추진을 위해서는 저탄소 그린시티 관련 조례(건축조례 개정, 자전거 관련 조례 개정, 옥상녹화 관련 조례 개정 등)들도 개정하거나 광역시도에 개정의견을 보내는 등의 노력이 별도로 필요하다.

1. 저탄소 그린시티 구축을 위한 각종 사업아이디어를 놓고 단기 · 중기 · 장기 과제로 어떻게 구분하는지 설명해 보자(중요도 · 긴급도 · 실현가능도 체크).

2. 저탄소 그린시티 구축을 위한 재원조달방안을 다양하게 제시해 보자. 저탄소 그린시티는 하루아침에 만들어지는 것이 아니라는 점에서 단계적인 재원확보방안에 대해 설명해 보자.

3. 저탄소 그린시티 추진을 위한 조직체계를 제시하고 내가 속한 우리 지자체에 있는 기존조직을 포함하여 적합한 방법을 제시해 보자.

4. 저탄소 그린시티 구축 과정이나 결과를 점검, 평가할 수 있는 평가지표에는 어떠한 것들이 포함될 수 있으며, 평가결과는 어떻게 활용될 수 있는지를 제시해 보자.

5. 저탄소 그린시티 추진을 위한 관련 조례 제정의 필요성을 설명하고 우리 지자체에서 저탄소 그린시티 관련 제안 가능한 조례 제정의 방법을 제시해 보자.

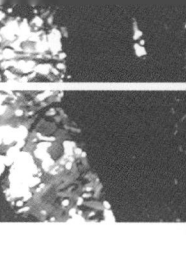
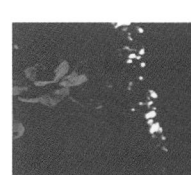

Part 9

그린행정, 지속가능 발전방안

학 습 목 표

▼

1. '그린행정 실현'의 의미를 지구촌 이슈라는 관점에서 설명할 수 있다.

2. '그린행정'을 '회색행정'과 비교하여 설명할 수 있다.

3. '그린행정'의 지속가능한 추진을 위한 방안을 제시하고 우리 지자체에서 해야 할 역할을 체계적으로 설명할 수 있다.

1. 그린행정 추진은 특정 정부만의 정책이 아니라 지구촌 이슈이다

그린행정은 가깝게는 우리 가정, 우리 지자체, 우리나라가 다시금 친환경 'Green' 기반의 삶의 조건을 회복하기 위한 실천운동이요, 멀게는 60억 인류, 앞으로의 우리 후손들이 살아가야 할 지구를 살리는 실천운동이다. 자연의 원형을 비교적 잘 유지해 오던 지구는 근·현대에 들어와 산업화 과정을 거치면서 급속도로 파괴되었다. 불과 100여 년 동안 지구는 인류의 오만과 독선으로 중병을 앓을 정도로 심각하게 훼손되었다. 산업화 과정에서 배출된 온실가스로 인하여 지구의 오존층이 파괴되고 기후변화가 심해지면서 대규모 자연재해들이 지구촌 곳곳에서 일어나고 있다. 그린행정을 통한 저탄소 녹색사회 건설은 어느 한 정부, 어느 한 민족만의 문제가 아니라 지구촌 이슈인 것이다.

온실가스와 기후변화로부터 지구를 살리는 길은 산업화를 통해 상당한 이득을 본 선진국들이 온실가스 규제를 의무화(교토의정서, 포스트 교토체제 등)해서라도 절대적으로 배출량을 줄여나가는 것이고, 우리나라와 같은 신흥개발국들이 자발적으로 온실가스 감축 노력(대한민국은 2025년까지 30%의 탄소 배출을 감축한다고 선언)을 하는 것이다. 이러한 노력은 정부가 주도적으로 저탄소 국가전략 추진을 통해 실현시켜 나가야 하지만, 결국 이를 구체적으로 실천하기 위한 핵심적 기제는 전국의 단위지자체와 시민의 자발적 참여인 것이다.

혹자는 저탄소 녹색정책은 이명박 정부만의 정책이라고 할지 모르겠다. 그러나 저탄소 녹색정책은 이명박 정부 들어 국가 어젠다로 강조된 것이지만, 실은 그 이전 김대중 정부, 노무현 정부에서도 친환경정책이라는 이름으로 국가 어젠다 수준으로 강조된 바 있다. 더구나 이는 단순히 우리 정부의 국가정책 수준이 아니라 지구촌 이슈라는 점을 다시금 되새겨야 한다. 즉, 저탄소 녹색정책은 앞으로도 우리나라에서 어느 정부를 막론하고 지속적으로 추진해야 할 국가적 과업인 것이다. 그린행정 추진은 선택이 아니라 오늘을 사는 우리의 필수과업인 것이다.

2. '그린행정'은 지금까지의 '회색행정'에 대한 진정한 대안이다

'그린행정'은 이제까지의 '회색행정'으로부터 벗어나고자 하는 필수적 대안이다. 지금까지의 행정을 모두 다 '회색행정'이라고 싸잡아 비판할 수는 없지만, 상당한 부분 '회색행정'이 중심이었음을 부정할 수는 없을 것이다. '그린행정'은 바로 그러한 회색 개발 위주로부터 벗어나 진정한 반성과 성찰을 통한 인간과 자연이 조화를 이루는 도시의 생태계를 회복시키고자 하는 것이다.

과거의 '회색행정'에서는 도시를 건설함에 있어 '자연'은 무엇인가 미개하고 불편한 것이라는 관점을 견지하고 이를 콘크리트와 아스팔트로 대체하는 것에 세금과 예산을 우선 집행해 왔다. 콘크리트로 덮인 도시, 아스팔트로 뒤덮인 도시에는 사람 이외에는 그 어떤 생물도 살 수 없는 회색의 죽은 도시가 되었다. 도시를 흐르는 하천은 검은 폐수와 화학물질로 오염되었다. 이를 정화하기 위하여 대규모 하수종말처리장이 곳곳에 들어서 있지만, 이는 병 주고 약 주는 사후처방에 불과한 미봉책일 수밖에 없다. 그러다 보니 도시는 거의 모든 자연생태계가 파괴되고 아주 작은 미생물조차도 사라진 회색의 도시가 되었다. 공기는 자동차 매연, 밀집된 도시의 각종 온실가스, 각종 도시개발의 미세먼지로 오염되고, 그로 인해 병을 일은 도시민들을 치료하기 위한 회색의 병원들은 초대형 규모로 건립되어 환자들로 넘쳐나고 있다.

도시를 이루는 사유재산의 건물과 토지가 도시의 급속한 발전과 맞물려 초고층빌딩으로 허가되었다. 빈틈 하나 없이 지어진 도시 내 고층빌딩마다 에어컨과 히터로 냉난방을 하느라 프레온 가스와 아황산가스가 쉼 없이 뿜어져 나오고, 이를 정화하기 위해 빌딩의 사무실마다 공기정화기를 돌리고 가습기를 돌리느라 다시금 전기에너지를 사용하는 등 악순환의 고리로 완전히 빠져 들어가 있다. 여기에 '회색행정'은 사무실에 앉아 허가서류나 끊어주고 문서나 관리하면서 이를 방조 내지 부추기고 있다.

콘크리트 및 아스팔트로 대변되는 회색개발 위주로 발전해온 도시개발 정책, 화석연료 중심으로 발전해온 에너지 정책, 교통량 증가에 따른 도로건설 중심으로 펼쳐온 교통정책, 폐기물의 매립 또는 소각 위주로 전개되어 온 폐자원정책, 시민은 배제된 채 행정위주로 펼쳐온 자연보호 및 친환경 정책 등 '회색행정'은 한계에 봉착했다.

이제, 자연을 파괴하고 인간의 생명조차 위협하는 '회색행정'은 '그린행정'으로의 대대적이고 근본적인 변화를 요청받고 있다. 행정 내부에서는 물론이요, 행정의 외부에서 그리고 시민들이 강력히 요청하고 있다. 더 늦기 전에 하루라도 빨리 '회색행정'에서 '그린행정'으로 패러다임을 전환해야 한다. 지구와 인류를 살리고, 우리나라를 살리고, 우리가 사는 지자체를 살리고, 우리 가정을 살리고, 우리의 생명을 살리는 '그린행정' 추진을 위한 몇 가지 방향을 제시해 본다.

첫째, 도시건설 정책의 근본적인 변화가 필요하다. 초고층 빌딩, 콘크리트 및 아스팔트 개발 위주에서 벗어나, 자연과 인간이 조화를 이룰 수 있는 생태계 복원형 도시재생 프로젝트가 필요하다. 친환경 그린기술과 첨단과학을 바탕으로 태곳적 지구가 우리 인류에게 선물했던 '자연' 상태로의 단계적 복원을 실현해 가야 한다. 자연생명체 중 하나인 인간의 생명을 살리기 위해 자연을 '개발' 대상으로 볼 것이 아니라 '조화'의 대상으로 보고 도시를 재생시켜야 한다. 이를 위해서는 자연 녹지축을 복원하고 잔류 녹지공간들을 잇는 도시녹지 생태계가 복원되어야 한다. 도시 개발 시에는 잔류하는 자연을 파괴하기보다는 자연을 활용하거나 자연과 조화를 이루는 방법을 최우선으로 권장하고 그러한 개발방식에 최대한의 행정지원을 해야 한다. 기존 건축물에 대해서는 친환경 건축물로의 전환을 유도하기 위하여, 친환경 1등급건축물 인증을 의무화하고, 신재생에너지 사용을 단계적으로 의무화해야 한다.

둘째, 신재생에너지 위주로 에너지정책의 패러다임을 바꾸어야 한다. 석탄, 석유 중심의 대규모 화석연료 소비, 석유수입 및 비축 등 '회색정책'에서 벗어나, 신재생에너지 중심으로 전환해야 한다. 이를 위해서는 태양광 및 태양열에너지, 풍력에너지, 지열에너지, 조력 및 소수력에너지 등 신재생에너지 활용을 행정적으로 권장하고 이들 기술개발을 지원해야 한다. 아직은 에너지효율이 낮기 때문에 완전히 기존 에너지들을 대체하지는 못하고 있지만, 첨단과학과 IT기술과 더불어 급속도로 발전하고 있는 신재생에너지 산업과 기술에 보다 적극적인 투자와 지원이 뒤따라야 한다.

현재는 공공건물 신축 시 신재생에너지 사용비율을 일부 의무화하고 있지만, 그 비율을 중기적으로는 20% 수준까지 단계적으로 확대하고, 장기적으로는 50% 수준 이상으로 확대해 가야 한다. 더구나 신재생에너지 사용을 일부 의무화한 현재, 이를 채우기 위하여 일부 공공 신축건물에서는 또 다른 에너지소모를 부추기는 기술을 눈 가리고 아웅하듯이 형식적으로 도입하고 있다. 가령, 태양광패널을 유리 벽면에 직접 부착하여 겉으로는 신축건물의 외벽면을 활용하여 태양광발전을 하는 것처럼 보이고 이를 통해 신재생에너지 의무비율을 채웠다고 건축승인을 받는 경우가 있다. 그러나 유리벽면에 직접 태양광패널을 부착할 경우, 100여 도까지 달궈진 태양광패널의 열기가 건물의 실내로 들어와 다시금 냉방부하가 이전보다 10배 이상 걸리게 되고 이 때문에 에어컨을 강력히 틀다 보니 에너지비용이 오히려 10배 이상 더 드는 현상이 벌어지게 된다. 이 문제는, Ⅵ장의 본문에서 제시한 바와 같이 '이중외피' 기술을 통해 해결해 가야 한다. 이처럼 공공기관을 시작으로 확산되고 있는 신재생에너지 의무화 정책이 성공을 거두려면, 건물이 위치한 자연적 조건과 건물의 특성을 고려하여 가장 적합한 신재생에너지 솔루션이 기획 설계되어야 한다는 것이다.

셋째, 친환경차 확대 및 소통위주로 교통정책의 변화가 필요하다. 증가하는 교통량에 대해 취득세를 거두고 다시금 각종 도로건설에 예산과 세금을 쏟아붓는 '회색행정'에서 벗어나, 전기차 등 친환경차 보급, 자전거 수송분담률 증가, 정맥물류 등 '그린행정'으로 전환해야 한다. 단기적으로는 도시를 달리는 버스에 대해 천연가스보급을 완료하고, 경유차 비율을 줄이며, 연비 확대 등의 정책에 행정적 지원을 해야 한다. 중기적으로는 하이브리드카 보급에 행정 지원을 집중하고, 장기적으로는 전기차의 보급을 확대해야 한다. 중앙정부는 전기차의 가격을 낮추기 위한 기술개발에 지원하고, 지자체는 관용차부터 하이브리드카, 전기차로 전환하는 노력과 함께, 전기차의 보급에 따른 충전소 설치 등에 관심을 기울여야 한다. 또한 교통량을 자동으로 체크하여 신호체계가 원격으로 탄력 조정되는 유비쿼터스 교통신호체계도 도입되어야 한다. 선진국의 그린시티의 경우 자전거의 수송분담률이 30% 수준까지 가 있다. 우리의 경우 3~5% 정도이고 1% 미만인 곳도 상당히 많다. 앞으로 자전거 수송분담률을 향상하기 위해서는 자전거 공용화 및 주요 지하철역, 버스정거장, 도시 내 주요 건물 등에 자전거 정류소를 설치해야 한다. 자전거도로를 기존 자동차도로 옆면에 금만 그어서 설치한 경우가 대부분인데, 이는 매우 위험할 뿐만 아니라 대부분의 경우 자동차 무단주정차 공간으로 점유되거나 제3, 제4의 차선 역할을 하는 등 유명무실한 경우가 많다. 자전거정책에서 있어서도 자전거 도로의 총연장길이가 아니라 자전거도로 실제 사용률 또는 전체 교통수단 내에서 수송분담률로 가야 한다. 또한 동맥물류만이 아니라 정맥물류를 활성화시켜야 한다. 정맥물류란 상품이 사용되고 폐기되는 과정 또는 재활용되는 과정까지의 물류체계를 가리키는 말이다. 원료와 부품이 상품화되는 과정을 일컫는 정맥물류와 대비되는 개념이다. 이는 교통이라는 것이 여객수송만을 가리키는 개념이 아니며, 더군다나 정맥물류만 물류가 아니라는 개념적 전환을 요구하는 신개념이다. 즉, 교통, 물류시스템이 자원재활용, 자원재순환의 한 축으로 발전해야 한다는 것이다. 가령, 항만리사이클링 시스템을 도입하여 항만의 배후에 산업자원 재활용기지나 해외의 정맥물류를 활용한 자원재생산업을 육성할 수 있다. 또한 동맥물류로 수송에 나선 트럭이나 기차가 돌아올 때는 정맥물류의 수송시스템이 되도록 철저하게 정보시스템과의 연계가 필요하다.

넷째, 자원재활용 및 재사용으로 폐자원정책에 대한 패러다임 전환이 필요하다. 지금까지 '회색행정'에서는 폐기물 수거, 폐기물의 대규모 매립 및 소각 위주로 정책을 펼쳐 왔다. 그러나 이제 폐기물도 하나의 자원으로 새롭게 보는 시각들이 등장하고 더 적극적으로 폐기물을 또 다른 자원으로 재활용, 재사용하자는 움직임이 곳곳에서 벌어지고 있다. 이미, 40~50년 전부터 폐지 재활용, 가전제품 재사용 등 자원재활용 및 재사용 운동은 시작되었지만, 최근처럼 대규모 기업으로 발전한 예는 없었다. 그 대표적인 사례가 도시광산사업의 활성화이다. 도시광산사업은, 시민들이 사용하고 버린 폐전화기, 휴대전화, PC 등을 분해하여 그로부터 금, 은은 물론 희귀금속인 희토류까지 추출하는 사업이다. 이 사업은, 특히 국민의 휴대전화 보급이 80%를 넘어서면서 폐휴대전화가 대규모로 쏟아져 나오면서 집중 발전하고 있다. 또한, 도시에서 대규모 나오는 폐가구나 목재를 활용하여 건축자재로 재활용하거나 바이오연료를 뽑아내는 산업도 활성화되고 있다. '그린행정' 시스템은 바로 이처럼 자원이 재활용되는 곳에 또는 자원을 재활용하는 기술에 집중지원이 이루어져야 한다. 앞서 언급한 정맥물류산업과 연계되어 자원재활용 또는 자원재사용의 사이클이 보다 빨라질 수 있도록, IT시스템과의 철저한 연계도 필요하다.

다섯째, 빗물 활용 및 하천수 활용 등 물순환 정책의 변화가 필요하다. 지금까지 물 관련 정책은 상수도 중심이었으며, 이를 위한 초대형 댐건설이 최대 이슈였다. 그러나 이제는 빗물 및 하수 재처리수를 활용한 중수도 활성화, 하천수를 활용한 냉난방 등 물순환 정책을 제고해야 한다. 대부분의 가정에서 상수도는 음용수가 아니라 세면용, 세척용으로 사용되고, 심지어 화장실 변기물도 상수도를 사용한다. 대부분의 빗물은 그냥 흘려보내고 있다. '그린행정'의 관점에서 보면, 이제 고에너지 투입, 고비용이 드는 상수도사용을 줄여나가고, 빗물을 활용한 중수도를 활성화시켜야 한다. 세면이나 세척용, 변기물은 빗물을 활용하자는 것이다. 이렇게 되면, 수도요금이 낮아지는 것은 물론이고, 상수도 생산을 위해 들어가는 엄청난 화석연료 사용이 대폭 줄어들게된다. 이를 위해서는 아파트나 주요 건물마다 빗물을 저장할 수 있는 우수침투조 및 저장소를 설치하고 이를 자연친화적으로 정화하여 각 가정이나 사무실로 보내는 종합 우수활용시스템을 도입해야 한다. 또한, 인근에 하천이 있는 지자체의 경우, 하천수를 활용하여 냉난방수로 부분 활용하는 방법도 도입을 검토해 봐야 한다. 보통의 하천수는 여름철의 경우 18~20도, 겨울철의 경우 10~15도를 유지하고 있다고 하니, 약간의 에너지 투입으로 냉난방수로 활용 가능한 것이다.

여섯째, 문서의 전자발급 전면실시 및 Paperless, 즉 종이 없는 행정운용체계로의 전환이 필요하다. 지금까지의 '회색행정'은 모든 것을 시민들이 직접 방문하여 문서로 신고하고 허가를 받거나 문서발급을 통해 행정업무를 처리하는 시스템이었다. 그러다 보니 교통수단을 이용한 불필요한 이동이 많아지고 그만큼의 이산화탄소가 배출되어 온 것이다. 웬만한 집 하나 지으려면, 각종 매매를 하려면, 또는 취득을 하려면, 적게는 2~3가지의 서류부터 많게는 10여 가지의 서류까지 작성 또는 발급을 받아 제출해야 하고, 그것도 한 번 방문으로 해결되는 것이 아니라 2~3번 방문해야 일처리가 끝나는 등 행정편의 위주였다. 이 문제를 해결하기 위해서는 우선 각종 행정문서가 간소화되어야 한다. IT시스템상에서 통용되는 공인인증서를 활용하여 대부분의 서류를 간소화해버리고, 필요한 서류도 전자발급이 가능하도록 하며, 가능하다면 Paperless 행정을 실현하는 방향으로 일대 전환이 필요하다. 행정전산망을 금융거래망과 통합하고, 금융과 통신을 결합해간다면, 향후 모든 행정처리는 스마트폰상에서 처리되거나 인터넷상에서 처리될 수 있을 것이다. 일단, 지자체 단위에서 할 수 있는 행정문서 간소화와 같은 조치는 우선 실시하고, 단계적으로 인허가 처리, 각종 행정업무 시 유발되는 문서를 전자문서화하는 방향으로 발전시켜 나가야 한다. 문서간소화나 전자문서화를 통해 종이사용을 줄이면 그만큼 종이원료가 되는 펄프사용이 줄기 때문에 'Green'인 것이고, 문서발급을 위해 직접 이동하는 횟수가 대폭 줄기 때문에 이산화탄소 배출이 줄어서 'Green'인 것이다. 이러한 원리는 U-시티 조성을 통해 총체적으로 확산시켜 나갈 수 있다. 유비쿼터스 시티 구축을 통해, 고혈압, 당뇨 등이 있는 노인에 대한 원격진료가 가능해지고, 유비쿼터스 학습을 통해 원격교육이 활성화되며, 유비쿼터스 시스템을 통해 원격쇼핑이 가능해지고, 유비쿼터스 센서를 통해 건물이나 다리, 터널 등 구조물에 대한 원격안전진단이 가능해져서, 그만큼의 이동수요가 줄고, 그로 인해 이산화탄소 배출이 급격히 감소할 수 있다.

일곱째, 도시의 전체적인 녹지생태계를 복원하는 방향으로 녹지공간 정책이 전환되어야 한다. 지금까지의 녹지공간정책은 도시건설 시 의무로 준수해야 하는 정도의 도시공원 조성, 보기 좋은 수종으로의 가로수 변경, 실적 위주의 자연보호활동 등 의무행정, 전시행정의 수준을 벗어나지 못하였다. 그러나 이제, 도시 내외를 연결하는 모든 녹지생태계를 복원하는 방향으로 녹지공간정책이 변화해야 한다. 이를 위해서는 도시전체의 녹지축을 동서남북으로 연결하는 프로젝트나 잔류하는 도시 내 녹지 섬들을 연결하는 녹지회랑 조성사업, 탄소흡수력이 좋은 수종으로 가로수종 변경사업, 시민들의 참여에 의한 아파트, 주택의 옥상녹화, 벽면녹화사업 등 '그린행정' 정책들을 실천해야 한다.

여덟째, 시민들의 자발적 참여를 전제로 한 시민참여정책으로의 변화가 필요하다. 지금까지 소위 '시민참여'는 겉으로는 시민들이 참여한 것이어서 전시행정 차원에서는 성공적이었지만, 실제로는 행정의 들러리에 그치는 수준이었다. 언제든지 필요한 만큼의 시민들을 각종 행사에 동원하기 위한 행정지원에 의존하는 형식적인 관변조직들을 다수 만들어서 운용해 온 것도 사실이다. 이제, 진정한 시민참여가 전제된 그린네트워크 또는 그린커뮤니티가 자발적으로 조직되어 활성화될 수 있도록 측면 지원해야 한다. 이를 위해, '그린행정' 추진위원회에 자발적 참여를 신청한 시민들을 참여시켜야 한다. 저탄소 녹색의 삶을 모범적으로 살고 있는 시민들에게 그린인증을 수여하고 인센티브를 제공하는 것도 고려해 볼 만한 방안이다. 또한, 지자체 내 친환경단체나 대학, 학교, 기업을 잇는 그린네트워크를 구축하여 상설커뮤니티화하고, 다양한 지원체계를 통해 측면 지원하는 방안도 함께 강구되어야 한다. 이를 통해 그린시티 구축이 일시적인 이벤트로 그치지 않고 시민들에 의한 시민들의 작품으로 단계적으로 완성되어 갈 수 있는 지속발전가능 시스템을 구축해야 한다.

표 9-1. '회색행정'에서 '그린행정'으로 패러다임 변화

구분	회색행정	그린행정
도시건설정책	초고층 빌딩, 콘크리트 개발위주	인간과 자연의 조화 강조, 생태계 복원 도시재생, 친환경 건축 등
에너지정책	화석연료(석탄, 석유중심) 소비 중심, 석유수입 및 비축	신재생에너지(태양광, 풍력, 지열, 조력, 소수력 등) 중심, 패시브하우스 보급 확대 등
교통정책	교통량 증가, 도로건설 중심	전기차 등 친환경차 보급, 자전거 수송분담률 증가, 정맥물류 지원 등
폐자원정책	폐기물 수거, 매립, 소각 위주	자원재활용 및 재사용, 도시광산사업 확대, 폐기물 저감정책 등
물순환정책	상수도 중심, 초대형 댐건설	빗물 중수활용, 하수재처리 중수활용, 하천수 냉난방 활용 등
행정운용체계	문서 위주 행정처리, 허가 및 신고 위주, 행정편의 위주	U-시티 조성, 그린IT 강조(문서간소화, 인터넷 문서발급 확대, Paperless 행정 실현)
녹지공간정책	도시건설 의무수준의 도시공원 조성, 가로수 전시행정, 행정 위주 자연보호	녹지축 연결, 녹지회랑 조성, 탄소흡수 높은 수종으로 가로수종 변경, 시민참여 옥상녹화, 벽면녹화 추진 등
시민참여	행정 위주 시민들러리, 형식적인 관변 조직화	시민의 자발적 참여 강조, 친환경 그린인증제 확대, 그린시민커뮤니티 활성화 등

3. 그린행정의 지속적 추진, 시민의 참여와 지속 가능한 실천력이 관건이다

'그린행정' 실현은 중앙정부만의 몫이 아니다. 더군다나 '그린행정'은 행정이라는 말이 붙어 있지만, '행정'만의 몫도 아니다. '그린행정'은 시민과 행정기관이 조화를 이루며 가야 할 필수과업인 것이다. 왜냐하면, '그린행정'을 통해 우리가 살고 있는 지구, 우리나라, 우리 지자체, 우리 가정, 우리 생명이 다시금 생명력을 회복하느냐 마느냐를 결정짓기 때문이다. '그린행정'은 해도 되고 안 해도 되는 선택사항이 아니라 행정이 나아가야 할 필수코스이며, 시민이 참여해서 함께 추진해야 할 가장 중요하고도 시급한 과업인 것이다.

지금까지 저탄소 녹색정책은 중앙정부 중심으로 일방적으로 추진되어 온 측면이 있다. 보다 치밀하고도 체계적인 준비 없이 국가수준의 선언부터 먼저 해서 지자체 현장에서는 구호로 그치는 경우가 많았다. 물론 일부 단위지자체들은 자신들의 예산을 들여 저탄소 그린시티 구축을 위한 계획을 수립하고 단계적으로 실천해 오는 경우도 있기는 하다. 그렇지만 대부분의 지자체들은 매우 소극적인 자세를 견지하면서, 이전부터 해오던 사업들을 'Green'으로 포장만 바꾸어 추진하거나 전시행정에 그치는 경우가 많았다. 정부의 중앙부처마다 저탄소 녹색 관련 예산을 편성하고 다양한 사업들을 전개해 오고 있지만, 각종 녹색 관련 예산들이 중앙부처에서 잠자고 있거나 현장으로 내려간 예산들도 그 타당성이나 효율성을 검토하지 못하는 경우가 존재하고 있다.

이제 중앙정부를 넘어 전국의 단위시사체로, 시민들로 실천수준이 두 단계 이상 확실하게 더 내려가야 한다. 중앙정부 위주가 아닌 지자체 수준의 실천, 행정만이 아닌 시민참여형 실천이 절실히 요구되는 상황인 것이다.

우리나라에서도 정부 주도로 강릉시가 저탄소 녹색시범도시 종합계획(2010)을 수립하여 단계적으로 사업을 추진하고 있고, 자발적인 예산을 들여 서울시 성동구, 강북구, 경기도 부천시, 경남 창원시 등이 저탄소 그린시티 계획을 수립하여 구체적인 사업들을 전개하고 있다. 그러나 이 정도로 그칠 문제가 아니며 전국 모든 단위지자체로 확산되고, 시민들의 생활실천까지 이루어지려면, 보다 근본적인 지속적 확산-실천운동이 전개되어야 한다.

먼저, 그린행정의 지속가능한 발전을 위해서는, 저탄소 그린시티의 모델을 정립하고 이를 평가 점검할 수 있는 평가지표를 바탕으로 '저탄소 그린시티 인증제'를 도입해야 한다. '저탄소' 부문과 '그린시티' 부문으로 나누어 그린시티사업 추진 이전과 추진 후의 성과를 비교 평가하여 향상도에 가점을 주어야 한다. 왜냐하면 전국의 모든 지자체가 출발점이 다르며 형편과 여건이 다르기 때문에 전과 후의 향상도를 매우 중요하게 보아야 하는 것이다. 물론 절대적 수준도 중요하게 보아야 한다. 저탄소 그린시티에 근접하거나 이미 상당한 수준에 도달한 지자체들을 발굴하여 해당사례를 전파하기 위해서라도 절대적 수준을 평가해야 하는 것이다. 이러한 그린시티 인증제를 통해 향상도가 높거나 절대적 수준이 높은 지자체에 대해서는 다양한 인센티브를 부여하는 것도 연구되어야 한다.

다음으로, 단위지자체 내에 자발적으로 참여한 시민과 전문가, 그린행정전문가들이 연계된 저탄소 그린시티 추진위원회를 만들고 이를 일시적인 이벤트 조직이 아니라 상설조직화해야 한다. 물론 지자체 내에도 전문부서를 신설하고 내외부 공모를 거친 명실상부한 그린시티 전문가로 하여금 책임을 맡도록 해야 한다. 지속발전이 가능하도록 조례제정을 통한 시스템 구축도 필요하다. 그린시티 구축 시민네트워크도 만들어 시민참여를 공식화해야 한다.

그다음으로 그린행정의 지속가능한 발전을 위해서는, 저탄소 녹색을 지속적으로 퍼뜨릴 전문적, 지역별 에이전트를 육성하고 저탄소 그린행정 전문가를 육성해야 한다. 그린행정 추진도 결국은 사람이 하는 것이며, 이러한 사업에 인생과 열정을 바치는 사람들에 의해서 지속적으로 추진될 수 있도록 여건을 마련해야 한다. 그린행정이 행정부서나 지자체의 행정조직에 의해서만 추진되지 않도록 전문에이전트를 육성해야 한다. 과거, 벤처 붐이 일었을 때, 벤처기업을 인큐베이팅하는 벤처캐피탈을 집중 육성했던 것처럼 말이다. 그런 점에서 그린행정이나 저탄소 그린시티 추진 시에는 전문에이전트를 통한 저탄소 그린시티 컨설팅이나 그린행정 자문활동을 지원하는 것이 바람직하다. 더불어 저탄소전문가, 녹색전문가, 그린시티전문가, 그린행정전문가 등 다양한 형태의 전문가를 육성해야 한다. 국가자격화를 하는 것도 바람직하고, 전문협회나 전문에이전트를 통한 자격화 및 지속적 교육도 필요하다. 저탄소 그린시티 구축 및 그린행정의 필요성을 확산시키기 위해서는 대학, 초·중·고등학교까지 심지어 유치원까지 'Green'의 생활화와 체험, 녹색리더십 형성 등 'Green' 교육이 활성화되어야 한다. 'Green' 교육만이 미래의 녹색리더를 기르는 길이요, 우리의 지자체는 물론 우리의 녹색지구를 지속적으로 유지 발전시킬 수 있는 길인 것이다.

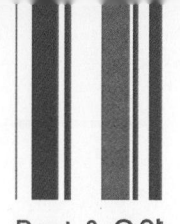

그린행정은 가깝게는 우리 가정, 우리 지자체, 우리나라가 다시금 친환경 'Green' 기반의 삶의 조건을 회복하기 위한 실천운동이요, 멀게는 60억 인류, 앞으로의 우리 후손들이 살아가야 할 지구를 살리는 실천운동이다. 자연의 원형을 비교적 잘 유지해 오던 지구는 근현대에 들어와 산업화과정을 거치면서 급속도로 파괴되었다. 불과 100여 년 동안 지구는 인류의 오만과 독선으로 중병을 앓을 정도로 심각하게 훼손되었다. 산업화과정에서 배출된 온실가스로 인하여 지구의 오존층이 파괴되고 기후변화가 심해지면서 대규모 자연재해들이 지구촌 곳곳에서 일어나고 있다. 그린행정을 통한 저탄소 녹색사회 건설은 어느 한 정부, 어느 한 민족만의 문제가 아니라 지구촌 이슈인 것이다. 저탄소 녹색정책은 앞으로도 우리나라에서 어느 정부를 막론하고 지속적으로 추진해야 할 국가적 과업이며, 선택이 아니라 오늘을 사는 우리의 필수과업인 것이다.

'그린행정'은 이제까지의 '회색행정'으로부터 벗어나고자 하는 필수적 대안이다. 지금까지의 행정을 모두 다 '회색행정'이라고 싸잡아 비판할 수는 없지만, 상당한 부분 '회색행정'이 중심이었음을 부정할 수는 없을 것이다. '그린행정'은 바로 그러한 회색개발 위주로부터 벗어나 진정한 반성과 성찰을 통한 인간과 자연이 조화를 이루는 도시의 생태계를 회복시키고자 하는 것이다.

과거의 '회색행정'에서는 도시를 건설함에 있어 '자연'은 무엇인가 미개하고 불편한 것이라는 관점을 견지하고 이를 콘크리트와 아스팔트로 대체하는 것에 세금과 예산을 우선 집행해 왔다. 콘크리트로 덮인 도시, 아스팔트로 뒤덮인 도시에는 사람 이외에는 그 어떤 생물도 살 수 없는 회색의 죽은 도시가 되었다. 도시를 흐르는 하천은 검은 폐수와 화학물질로 오염되었다. 이를 정화하기 위하여 대규모 하수종말처리장이 곳곳에 들어서 있지만, 이는 병 주고 약 주는 사후처방에 불과한 미봉책일 수밖에 없다.

이제, 자연을 파괴하고 인간의 생명조차 위협하는 '회색행정'은 '그린행정'

으로의 대대적이고 근본적인 변화를 요청받고 있다. 행정내부에서는 물론이요, 행정의 외부에서 그리고 시민들이 강력히 요청하고 있다. 더 늦기 전에 하루라도 빨리 '회색행정'에서 '그린행정'으로 패러다임을 전환해야 한다. 지구와 인류를 살리고, 우리나라를 살리고, 우리가 사는 지자체를 살리고, 우리 가정을 살리고, 우리의 생명을 살리는 '그린행정' 추진을 누구에게 미룰 것이 아니라 시민스스로 적극적으로 참여하고 이러한 에너지를 지속적인 실천력으로 모아주는 네트워크적 연대가 필요한 것이다.

1. '그린행정 실현'의 의미를 특정정부만의 정책적 어젠다로 보는 시각과 지구촌 이슈로 보는 시각으로 논리를 전개하고, 각각의 장단점을 비교하여 제시해 보자.

2. '그린행정'을 '회색행정'과 비교하되, 도시건설 측면, 에너지정책 측면, 교통정책 측면, 물순환정책 측면, 폐자원정책 측면, 행정운용체계 측면, 녹지공간조성 측면, 시민참여 측면으로 나누어 설명하고, 우리 지자체에 주는 시사점을 제시해 보자.

3. '그린행정'을 지속적으로 추진하기 위한 지속가능발전 방안을 제시하고 우리 지자체에 주는 시사점을 중심으로 논의해 보자.

부록

저탄소 그린시티 관련 조례 예시

가. 저탄소 녹색성장을 위한 온실가스 통합관리 조례(안) 의견제시 예

법률 제○○○○호 신규제정 ○○○○. 01. 01.

저탄소 녹색성장 기본법에 근거하여 지자체 지자체의 상황에 맞는 저탄소 녹색성장 조례(안)를 제시한다.

제1장 총칙

제1조 (목적)

이 조례(안)는 경제와 환경의 조화로운 발전을 위하여 저탄소(低炭素) 녹색성장에 필요한 기반을 조성하고 녹색기술과 녹색산업을 새로운 성장동력으로 활용함으로써 국민경제의 발전을 도모하며 저탄소 사회 구현을 통하여 국민의 삶의 질을 높이는 데 이바지함을 목적으로 한다.

제2조 (정의)

이 법에서 사용하는 용어의 뜻은 다음과 같다.

1. "저탄소"란 화석연료(化石燃料)에 대한 의존도를 낮추고 청정에너지의 사용 및 보급을 확대하며 녹색기술 연구개발, 탄소흡수원 확충 등을 통하여 온실가스를 적정수준 이하로 줄이는 것을 말한다.

2. "녹색성장"이란 에너지와 자원을 절약하고 효율적으로 사용하여 기후변화와 환경훼손을 줄이고 청정에너지와 녹색기술의 연구개발을 통하여 새로운 성장동력을 확보하며 새로운 일자리를 창출해 나가는 등 경제와 환경이 조화를 이루는 성장을 말한다.

3. "녹색기술"이란 온실가스 감축기술, 에너지 이용 효율화 기술, 청정생산 기술, 청정에너지 기술, 자원순환 및 친환경 기술(관련 융합기술을 포함한다) 등 사회·경제 활동의 전 과정에 걸쳐 에너지와 자원을 절약하고

효율적으로 사용하여 온실가스 및 오염물질의 배출을 최소화하는 기술을 말한다.

4. "녹색산업"이란 경제·금융·건설·교통물류·농림수산·관광 등 경제활동 전반에 걸쳐 에너지와 자원의 효율을 높이고 환경을 개선할 수 있는 재화(財貨)의 생산 및 서비스의 제공 등을 통하여 저탄소 녹색성장을 이루기 위한 모든 산업을 말한다.

5. "녹색제품"이란 에너지·자원의 투입과 온실가스 및 오염물질의 발생을 최소화하는 제품을 말한다.

6. "녹색생활"이란 기후변화의 심각성을 인식하고 일상생활에서 에너지를 절약하여 온실가스와 오염물질의 발생을 최소화하는 생활을 말한다.

7. "녹색경영"이란 기업이 경영활동에서 자원과 에너지를 절약하고 효율적으로 이용하며 온실가스 배출 및 환경오염의 발생을 최소화하면서 사회적, 윤리적 책임을 다하는 경영을 말한다.

8. "지속가능발전"이란 「지속가능발전법」 제2조 제2호에 따른 지속가능발전을 말한다.

9. "온실가스"란 이산화탄소(CO_2), 메탄(CH_4), 아산화질소(N_2O), 수소불화탄소(HFCs), 과불화탄소(PFCs), 육불화황(SF_6) 및 그 밖에 대통령령으로 정하는 것으로 적외선 복사열을 흡수하거나 재방출하여 온실효과를 유발하는 대기 중의 가스 상태의 물질을 말한다.

10. "온실가스 배출"이란 사람의 활동에 수반하여 발생하는 온실가스를 대기 중에 배출·방출 또는 누출시키는 직접배출과 다른 사람으로부터 공급된 전기 또는 열(연료 또는 전기를 열원으로 하는 것만 해당한다)을 사용함으로써 온실가스가 배출되도록 하는 간접배출을 말한다.

11. "지구온난화"란 사람의 활동에 수반하여 발생하는 온실가스가 대기 중에 축적되어 온실가스 농도를 증가시킴으로써 지구 전체적으로 지표 및 대기의 온도가 추가적으로 상승하는 현상을 말한다.

12. "기후변화"란 사람의 활동으로 인하여 온실가스의 농도가 변함으로써 상당 기간 관찰되어 온 자연적인 기후변동에 추가적으로 일어나는 기후 체계의 변화를 말한다.

13. "자원순환"이란 「자원의 절약과 재활용촉진에 관한 법률」 제2조 제1호에 따른 자원순환을 말한다.

14. "신·재생에너지"란 「신에너지 및 재생에너지 개발·이용·보급 촉진법」 제2조 제1호에 따른 신에너지 및 재생에너지를 말한다.

15. "에너지 자립도"란 국내 총소비에너지량에 대하여 신·재생에너지 등 국내 생산에너지량 및 우리나라가 국외에서 개발(지분 취득을 포함한다)한 에너지량을 합한 양이 차지하는 비율을 말한다.

제3조 (저탄소 녹색성장 추진의 기본원칙)

저탄소 녹색성장은 다음 각 호의 기본원칙에 따라 추진되어야 한다.

1. 지자체는 기후변화·에너지·자원 문제의 해결, 성장동력 확충, 기업의 경쟁력 강화, 국토의 효율적 활용 및 쾌적한 환경 조성 등을 포함하는 종합적인 국가 발전전략을 추진한다.

2. 지자체는 시장기능을 최대한 활성화하여 민간이 주도하는 저탄소 녹색성장을 추진한다.

3. 지자체는 녹색기술과 녹색산업을 경제성장의 핵심 동력으로 삼고 새로운 일자리를 창출·확대할 수 있는 새로운 경제체제를 구축한다.

4. 지자체는 국가의 자원을 효율적으로 사용하기 위하여 성장잠재력과 경쟁력이 높은 녹색기술 및 녹색산업 분야에 대한 중점 투자 및 지원을 강화한다.

5. 지자체는 사회·경제 활동에서 에너지와 자원 이용의 효율성을 높이고 자원순환을 촉진한다.

6. 지자체는 자연자원과 환경의 가치를 보존하면서 국토와 도시, 건물과 교

통, 도로 · 항만 · 상하수도 등 기반시설을 저탄소 녹색성장에 적합하게 개편한다.

제4조 (지방자치단체의 책무)

① 지자체는 저탄소 녹색성장 실현을 위한 국가시책에 적극 협력하여야 한다.

② 지자체는 저탄소 녹색성장대책을 수립 · 시행할 때 해당 지방자치단체의 지역적 특성과 여건을 고려하여야 한다.

③ 지자체는 관할구역 내에서의 각종 계획 수립과 사업의 집행과정에서 그 계획과 사업이 저탄소 녹색성장에 미치는 영향을 종합적으로 고려하고, 지역주민에게 저탄소 녹색성장에 대한 교육과 홍보를 강화하여야 한다.

④ 지자체는 관할구역 내의 사업자, 주민 및 민간단체의 저탄소 녹색성장을 위한 활동을 장려하기 위하여 정보 제공, 재정 지원 등 필요한 조치를 강구하여야 한다.

제5조 (다른 법률과의 관계)

① 저탄소 녹색성장에 관하여는 다른 법률에 우선하여 이 법을 적용한다.

② 저탄소 녹색성장과 관련되는 다른 법률을 제정하거나 개정하는 경우에는 이 법의 목적과 기본원칙에 맞도록 하여야 한다.

③ 국가와 지방자치단체가 다른 법령에 따라 수립하는 행정계획과 정책은 제3조에 따른 저탄소 녹색성장 추진의 기본원칙 및 제9조에 따른 저탄소 녹색성장 국가전략과 조화를 이루도록 하여야 한다.

제2장 저탄소 녹색성장 전략

제6조 (지방자치단체의 추진계획 수립 · 시행)

① 특별시장 · 광역시장 · 도지사 또는 특별자치도지사(이하 "시 · 도지사"라

한다)는 해당 지방자치단체의 저탄소 녹색성장을 촉진하기 위하여 대통령령으로 정하는 바에 따라 녹색성장국가전략과 조화를 이루는 지방녹색성장 추진계획(이하 "지방추진계획"이라 한다)을 수립 · 시행하여야 한다.

② 시 · 도지사는 지방추진계획을 수립하거나 변경하는 때에는 제20조에 따른 지방녹색성장위원회의 심의를 거친 후 지방의회에 보고하고 지체 없이 이를 제14조에 따른 녹색성장위원회에 제출하여야 한다. 다만, 대통령령으로 정하는 경미한 사항을 변경하는 경우에는 그러하지 아니하다.

제3장 녹색성장위원회 등

제7조 (지방녹색성장위원회의 구성 및 운영)

① 지방자치단체의 저탄소 녹색성장과 관련된 주요 정책 및 계획과 그 이행에 관한 사항을 심의하기 위하여 시 · 도지사 소속으로 지방녹색성장위원회(이하 "지방녹색성장위원회"라 한다)를 둘 수 있다.

② 지방녹색성장위원회의 구성, 운영 및 기능 등에 필요한 사항은 대통령령으로 정한다.

제21조 (녹색성장책임관의 지정)

저탄소 녹색성장의 원활한 추진을 위하여 중앙행정기관의 장 및 시 · 도지사는 소속 공무원 중에서 녹색성장책임관을 지정할 수 있다.

제4장 저탄소 녹색성장의 추진

제22조 (녹색경제 · 녹색산업 구현을 위한 기본원칙)

① 지자체는 화석연료의 사용을 단계적으로 축소하고 녹색기술과 녹색산업을 육성함으로써 국가경쟁력을 강화하고 지속가능발전을 추구하는 경제

(이하 "녹색경제"라 한다)를 구현하여야 한다.

② 지자체는 녹색경제 정책을 수립·시행할 때 금융·산업·과학기술·환경·국토·문화 등 다양한 부문을 통합적 관점에서 균형 있게 고려하여야 한다.

③ 지자체는 새로운 녹색산업의 창출, 기존 산업의 녹색산업으로의 전환 및 관련 산업과의 연계 등을 통하여 에너지·자원 다소비형 산업구조가 저탄소 녹색산업구조로 단계적으로 전환되도록 노력하여야 한다.

④ 지자체는 저탄소 녹색성장을 추진할 때 지역 간 균형발전을 도모하며 저소득층이 소외되지 않도록 지원 및 배려하여야 한다.

제23조 (녹색경제·녹색산업의 육성·지원)

① 지자체는 녹색경제를 구현함으로써 지자체경제의 건전성과 경쟁력을 강화하고 성장잠재력이 큰 새로운 녹색산업을 발굴·육성하는 등 녹색경제·녹색산업의 육성·지원 시책을 마련하여야 한다.

제24조 (자원순환의 촉진)

① 지자체는 자원을 절약하고 효율적으로 이용하며 폐기물의 발생을 줄이는 등 자원순환의 촉진과 자원생산성 제고를 위하여 자원순환 산업을 육성·지원하기 위한 다양한 시책을 마련하여야 한다.

② 제1항에 따른 자원순환 산업의 육성·지원 시책에는 다음 각 호의 사항이 포함되어야 한다.

1. 자원순환 촉진 및 자원생산성 제고 목표설정

2. 자원의 수급 및 관리

3. 유해하거나 재제조·재활용이 어려운 물질의 사용억제

4. 폐기물 발생의 억제 및 재제조·재활용 등 재자원화

5. 에너지자원으로 이용되는 목재, 식물, 농산물 등 바이오매스의 수집·활용

6. 자원순환 관련 기술개발 및 산업의 육성

7. 자원생산성 향상을 위한 교육훈련 · 인력양성 등에 관한 사항

제25조 (기업의 녹색경영 촉진)

① 지자체는 기업의 녹색경영을 지원 · 촉진하여야 한다.

② 지자체는 기업의 녹색경영을 지원 · 촉진하기 위하여 다음 각 호의 사항을 포함하는 시책을 수립 · 시행하여야 한다.

1. 친환경 생산체제로의 전환을 위한 기술지원

2. 기업의 에너지 · 자원 이용 효율화, 온실가스 배출량 감축, 산림조성 및 자연환경 보전, 지속가능발전 정보 등 녹색경영 성과의 공개

3. 중소기업의 녹색경영에 대한 지원

4. 그 밖에 저탄소 녹색성장을 위한 기업활동 지원에 관한 사항

제26조 (녹색기술의 연구개발 및 사업화 등의 촉진)

① 지자체는 녹색기술의 연구개발 및 사업화 등을 촉진하기 위하여 다음 각 호의 사항을 포함하는 시책을 수립 · 시행할 수 있다.

1. 녹색기술과 관련된 정보의 수집 · 분석 및 제공

2. 녹색기술 평가기법의 개발 및 보급

3. 녹색기술 연구개발 및 사업화 등의 촉진을 위한 금융지원

4. 녹색기술 전문인력의 양성 및 국제협력 등

② 지자체는 정보통신 · 나노 · 생명공학 기술 등의 융합을 촉진하고 녹색기술의 지식재산권화를 통하여 저탄소 지식기반경제로의 이행을 신속하게 추진하여야 한다.

③ 「과학기술기본법」에 따른 과학기술기본계획에 제1항의 시책이 포함되는 경우에는 미리 위원회의 의견을 들어야 한다.

제27조 (정보통신기술의 보급 · 활용)

① 지자체는 에너지 절약, 에너지 이용효율 향상 및 온실가스 감축을 위하여 정보통신기술 및 서비스를 적극 활용하는 다음 각 호에 대한 시책을 수립 · 시행하여야 한다.

1. 방송통신 네트워크 등 정보통신 기반 확대

2. 새로운 정보통신 서비스의 개발 · 보급

3. 정보통신 산업 및 기기 등에 대한 녹색기술 개발 촉진

② 지자체는 저탄소 녹색성장을 위한 생활문화를 조속히 확산시키기 위하여 재택근무 · 영상회의 · 원격교육 · 원격진료 등을 활성화하는 등의 방송통신 시책을 수립 · 시행하여야 한다.

③ 지자체는 정보통신기술을 활용하여 전력 네트워크를 지능화 · 고도화함으로써 고품질의 전력서비스를 제공하고 에너지 이용효율을 극대화하며 온실가스를 획기적으로 감축할 수 있도록 하여야 한다.

제28조 (금융의 지원 및 활성화)

지자체는 저탄소 녹색성장을 촉진하기 위하여 다음 각 호의 사항을 포함하는 금융 시책을 수립 · 시행하여야 한다.

1. 녹색경제 및 녹색산업의 지원 등을 위한 재원의 조성 및 자금 지원

2. 저탄소 녹색성장을 지원하는 새로운 금융상품의 개발

3. 저탄소 녹색성장을 위한 기반시설 구축사업에 대한 민간투자 활성화

4. 기업의 녹색경영 정보에 대한 공시제도 등의 강화 및 녹색경영 기업에 대한 금융지원 확대

5. 탄소시장(온실가스를 배출할 수 있는 권리 또는 온실가스의 감축 · 흡수 실적 등을 거래하는 시장을 말한다. 이하 같다)의 개설 및 거래 활성화 등

제31조 (녹색기술·녹색산업에 대한 지원·특례 등)

① 지자체는 녹색기술·녹색산업에 대하여 보조금의 지급 등 필요한 지원을 할 수 있다.

② 「신용보증기금법」에 따라 설립된 신용보증기금 및 「기술신용보증기금법」에 따라 설립된 기술신용보증기금은 녹색기술·녹색산업에 우선적으로 신용보증을 하거나 보증조건 등을 우대할 수 있다.

③ 지자체는 녹색기술·녹색산업과 관련된 기업을 지원하기 위하여 「조세특례제한법」과 「지방세법」에서 정하는 바에 따라 소득세·법인세·취득세·재산세·등록세 등을 감면할 수 있다.

④ 지자체는 녹색기술·녹색산업과 관련된 기업이 「외국인투자 촉진법」 제2조 제1항 제4호에 따른 외국인투자자를 유치하는 경우에 이를 최대한 지원하기 위하여 노력하여야 한다.

제32조 (녹색기술·녹색산업의 표준화 및 인증 등)

① 지자체는 국내에서 개발되었거나 개발 중인 녹색기술·녹색산업이 「국가표준기본법」 제3조 제2호에 따른 국제표준에 부합되도록 표준화 기반을 구축하고 녹색기술·녹색산업의 국제표준화 활동 등에 필요한 지원을 할 수 있다.

② 지자체는 녹색기술·녹색산업의 발전을 촉진하기 위하여 녹색기술, 녹색사업, 녹색제품 등에 대한 적합성 인증을 하거나 녹색전문기업 확인, 공공기관의 구매의무화 또는 기술지도 등을 할 수 있다.

③ 지자체는 다음 각 호의 어느 하나에 해당하는 경우에는 제2항에 따른 적합성 인증 및 녹색전문기업 확인을 취소하여야 한다.

  1. 거짓이나 그 밖에 부정한 방법으로 인증이나 확인을 받은 경우

  2. 중대한 결함이 있어 인증이나 확인이 적당하지 아니하다고 인정되는 경우

④ 제1항 내지 제3항에 따른 표준화, 인증 및 취소 등에 관하여 그 밖에 필요한 사항은 대통령령으로 정한다.

제33조 (중소기업의 지원 등)

지자체는 중소기업의 녹색기술 및 녹색경영을 촉진하기 위하여 다음 각 호의 시책을 수립 · 시행할 수 있다.

1. 대기업과 중소기업의 공동사업에 대한 우선 지원
2. 대기업의 중소기업에 대한 기술지도 · 기술이전 및 기술인력 파견에 대한 지원
3. 중소기업의 녹색기술 사업화의 촉진
4. 녹색기술 개발 촉진을 위한 공공시설의 이용
5. 녹색기술 · 녹색산업에 관한 전문인력 양성 · 공급 및 국외진출
6. 그 밖에 중소기업의 녹색기술 및 녹색경영을 촉진하기 위한 사항

제34조 (녹색기술 · 녹색산업 집적지 및 단지 조성 등)

① 지자체는 녹색기술의 공동연구개발, 시설장비의 공동활용 및 산 · 학 · 연 네트워크 구축 등의 사업을 위한 집적지와 단지를 조성하거나 이를 지원할 수 있다.

② 제1항에 따른 사업을 추진하는 경우에는 다음 각 호의 사항을 고려하여야 한다.

1. 산업단지별 산업집적 현황에 관한 사항
2. 기업 · 대학 · 연구소 등의 연구개발 역량강화 및 상호연계에 관한 사항
3. 산업집적기반시설의 확충 및 우수한 녹색기술 · 녹색산업 인력의 유치에 관한 사항
4. 녹색기술 · 녹색산업의 사업추진체계 및 재원조달방안

③ 지자체는 대통령령으로 정하는 기관 또는 단체로 하여금 녹색기술 · 녹

색산업 집적지 및 단지를 조성하게 할 수 있다.

④ 지자체는 제3항에 따른 기관 또는 단체가 같은 항에 따른 녹색기술·녹색산업 집적지 및 단지를 조성하는 사업을 수행하는 데에 소요되는 비용의 전부 또는 일부를 출연할 수 있다.

제35조 (녹색기술·녹색산업에 대한 일자리 창출 등)

① 지자체는 녹색기술·녹색산업에 대한 일자리를 창출·확대하여 모든 국민이 녹색성장의 혜택을 누릴 수 있도록 하여야 한다.

② 지자체는 녹색기술·녹색산업에 대한 일자리를 창출하는 과정에서 산업 분야별 노동력의 원활한 이동·전환을 촉진하고 국민이 새로운 기술을 습득할 수 있는 기회를 확대하며, 녹색기술·녹색산업에 대한 일자리 창출을 위한 재정적·기술적 지원을 할 수 있다.

제36조 (규제의 선진화)

① 지자체는 자원을 효율적으로 이용하고 온실가스와 오염물질의 발생을 줄이기 위한 규제를 도입하려는 경우에는 온실가스 또는 오염물질의 발생 원인자가 스스로 온실가스와 오염물질의 발생을 줄이도록 유도함으로써 사회·경제적 비용을 줄이도록 노력하여야 한다.

② 지자체는 온실가스와 오염물질의 발생을 줄이기 위한 규제를 도입하려는 경우에는 민간의 자율과 창의를 저해하지 않도록 하고, 기업의 규제에 대한 국내외 실태조사 등을 하여 산업경쟁력을 높일 수 있도록 규제의 중복을 피하는 등 규제 체계를 선진화하여야 한다.

제5장 저탄소 사회의 구현

제38조 (기후변화대응의 기본원칙)

지자체는 저탄소 사회를 구현하기 위하여 기후변화대응 정책 및 관련 계획을 다음 각 호의 원칙에 따라 수립·시행하여야 한다.

1. 지구온난화에 따른 기후변화 문제의 심각성을 인식하고 국가적·국민적 역량을 모아 총체적으로 대응하고 범지구적 노력에 적극 참여한다.

2. 온실가스 감축의 비용과 편익을 경제적으로 분석하고 국내 여건 등을 감안하여 국가온실가스 중장기 감축 목표를 설정하고, 가격기능과 시장원리에 기반을 둔 비용효과적 방식의 합리적 규제체제를 도입함으로써 온실가스 감축을 효율적·체계적으로 추진한다.

3. 온실가스를 획기적으로 감축하기 위하여 정보통신·나노·생명공학 등 첨단기술 및 융합기술을 적극 개발하고 활용한다.

4. 온실가스 배출에 따른 권리·의무를 명확히 하고 이에 대한 시장거래를 허용함으로써 다양한 감축수단을 자율적으로 선택할 수 있도록 하고, 국내 탄소시장을 활성화하여 국제 탄소시장에 적극 대비한다.

5. 대규모 자연재해, 환경생태와 작물상황의 변화에 대비하는 등 기후변화로 인한 영향을 최소화하고 그 위험 및 재난으로부터 국민의 안전과 재산을 보호한다.

제39조 (에너지정책 등의 기본원칙)

지자체는 저탄소 녹색성장을 추진하기 위하여 에너지정책 및 에너지와 관련된 계획을 다음 각 호의 원칙에 따라 수립·시행하여야 한다.

1. 석유·서탄 등 화석연료의 사용을 단계적으로 축소하고 에너지 자립도를 획기적으로 향상시킨다.

2. 에너지 가격의 합리화, 에너지의 절약, 에너지 이용효율 제고 등 에너지

수요관리를 강화하여 지구온난화를 예방하고 환경을 보전하며, 에너지 저소비 · 자원순환형 경제 · 사회구조로 전환한다.

3. 친환경에너지인 태양에너지, 폐기물 · 바이오에너지, 풍력, 지열, 조력, 연료전지, 수소에너지 등 신 · 재생에너지의 개발 · 생산 · 이용 및 보급을 확대하고 에너지 공급원을 다변화한다.

4. 에너지가격 및 에너지산업에 대한 시장경쟁 요소의 도입을 확대하고 공정거래 질서를 확립하며, 국제규범 및 외국의 법제도 등을 고려하여 에너지산업에 대한 규제를 합리적으로 도입 · 개선하여 새로운 시장을 창출한다.

5. 국민이 저탄소 녹색성장의 혜택을 고루 누릴 수 있도록 저소득층에 대한 에너지 이용 혜택을 확대하고 형평성을 제고하는 등 에너지와 관련한 복지를 확대한다.

6. 국외 에너지자원 확보, 에너지의 수입 다변화, 에너지 비축 등을 통하여 에너지를 안정적으로 공급함으로써 에너지에 관한 국가안보를 강화한다.

제42조 (기후변화대응 및 에너지의 목표관리)

① 지자체는 범지구적인 온실가스 감축에 적극 대응하고 저탄소 녹색성장을 효율적 · 체계적으로 추진하기 위하여 다음 각 호의 사항에 대한 중장기 및 단계별 목표를 설정하고 그 달성을 위하여 필요한 조치를 강구하여야 한다.

1. 온실가스 감축 목표

2. 에너지 절약 목표 및 에너지 이용효율 목표

3. 에너지 자립 목표

4. 신 · 재생에너지 보급 목표

제45조 (온실가스 종합정보관리체계의 구축)

① 지자체는 국가 온실가스 배출량·흡수량, 배출·흡수 계수(係數), 온실가스 관련 각종 정보 및 통계를 개발·검증·관리하는 온실가스 종합정보관리체계를 구축하여야 한다.

② 관계 중앙행정기관의 장은 제1항에 따른 종합정보관리체계가 원활히 운영될 수 있도록 에너지·산업공정·농업·폐기물·산림 등 부문별 소관 분야의 정보 및 통계를 작성하여 제공하는 등 적극 협력하여야 한다.

③ 지자체는 제1항에 따른 각종 정보 및 통계를 작성·관리하거나 종합정보관리체계를 구축함에 있어 국제기준을 최대한 반영하여 전문성·투명성 및 신뢰성을 제고하여야 한다.

④ 지자체는 제1항에 따른 각종 정보 및 통계를 분석·검증하여 그 결과를 매년 공표하여야 한다.

⑤ 제1항부터 제4항까지에서 규정한 사항 외에 세부적인 정보 및 통계 관리 방법, 관리기관 및 방법 등은 대통령령으로 정한다.

제47조 (교통부문의 온실가스 관리)

① 자동차 등 교통수단을 제작하려는 자는 그 교통수단에서 배출되는 온실가스를 감축하기 위한 방안을 마련하여야 하며, 온실가스 감축을 위한 국제경쟁 체제에 부응할 수 있도록 적극 노력하여야 한다.

② 지자체는 자동차의 평균에너지소비효율을 개선함으로써 에너지 절약을 도모하고, 자동차 배기가스 중 온실가스를 줄임으로써 쾌적하고 적정한 대기환경을 유지할 수 있도록 자동차 평균에너지소비효율기준 및 자동차 온실가스 배출허용기준을 각각 정하되, 이중규제가 되지 않도록 자동차 제작업체(수입업체를 포함한다)로 하여금 어느 한 기준을 택하여 준수토록 하고 측정방법 등이 중복되지 않도록 하여야 한다.

③ 지자체는 온실가스 배출량이 적은 자동차 등을 구매하는 자에 대하여 재

정적 지원을 강화하고 온실가스 배출량이 많은 자동차 등을 구매하는 자에 대해서는 부담금을 부과하는 등의 방안을 강구할 수 있다.

④ 지자체는 하이브리드 자동차, 수소연료전지 자동차 등 저탄소·고효율 교통수단의 제작·보급을 촉진하기 위하여 재정·세제 지원, 연구개발 및 관련 제도 개선 등의 방안을 강구할 수 있다.

제48조 (기후변화 영향평가 및 적응대책의 추진)

① 지자체는 기상현상에 대한 관측·예측·제공·활용 능력을 높이고, 지역별·권역별로 태양력·풍력·조력 등 신·재생에너지원을 확보할 수 있는 잠재력을 지속적으로 분석·평가하여 이에 관한 기상정보관리체계를 구축·운영하여야 한다.

② 지자체는 기후변화에 대한 감시·예측의 정확도를 향상시키고 생물자원 및 수자원 등의 변화 상황과 국민건강에 미치는 영향 등 기후변화로 인한 영향을 조사·분석하기 위한 조사·연구, 기술개발, 관련 전문기관의 지원 및 국내외 협조체계 구축 등의 시책을 추진하여야 한다.

③ 지자체는 관계 중앙행정기관의 장과 협의하여 기후변화로 인한 생태계, 생물다양성, 대기, 수자원·수질, 보건, 농·수산식품, 산림, 해양, 산업, 방재 등에 미치는 영향 및 취약성을 조사·평가하고 그 결과를 공표하여야 한다.

④ 지자체는 기후변화로 인한 피해를 줄이기 위하여 사전 예방적 관리에 우선적인 노력을 기울여야 하며 대통령령으로 정하는 바에 따라 기후변화의 영향을 완화시키거나 건강·자연재해 등에 대응하는 적응대책을 수립·시행하여야 한다.

⑤ 지자체는 국민·사업자 등이 기후변화 적응대책에 따라 활동할 경우 이에 필요한 기술적 및 재정적 지원을 할 수 있다.

제6장 녹색생활 및 지속가능발전의 실현

제49조 (녹색생활 및 지속가능발전의 기본원칙)

녹색생활 및 지속가능발전의 실현을 위한 국가의 시책은 다음 각 호의 기본 원칙에 따라 추진되어야 한다.

1. 국토는 녹색성장의 터전이며 그 결과의 전시장이라는 점을 인식하고 현세대 및 미래세대가 쾌적한 삶을 영위할 수 있도록 국토의 개발 및 보전·관리가 조화될 수 있도록 한다.

2. 국토·도시공간구조와 건축·교통체제를 저탄소 녹색성장 구조로 개편하고 생산자와 소비자가 녹색제품을 자발적·적극적으로 생산하고 구매할 수 있는 여건을 조성한다.

3. 국가·지방자치단체·기업 및 국민은 지속가능발전과 관련된 국제적 합의를 성실히 이행하고, 국민의 일상생활 속에 녹색생활이 내재화되고 녹색문화가 사회전반에 정착될 수 있도록 한다.

4. 국가·지방자치단체 및 기업은 경제발전의 기초가 되는 생태학적 기반을 보호할 수 있도록 토지이용과 생산시스템을 개발·정비함으로써 환경보전을 촉진한다.

제51조 (녹색국토의 관리)

① 지자체는 건강하고 쾌적한 환경과 아름다운 경관이 경제발전 및 사회개발과 조화를 이루는 국토(이하 "녹색국토"라 한다)를 조성하기 위하여 국토종합계획·도시기본계획 등 대통령령으로 정하는 계획을 제49조에 따른 녹색생활 및 지속가능발전의 기본원칙에 따라 수립·시행하여야 한다.

② 지자체는 녹색국토를 조성하기 위하여 다음 각 호의 사항을 포함하는 시책을 마련하여야 한다.

   1. 에너지·자원 자립형 탄소중립도시 조성

2. 산림 · 녹지의 확충 및 광역생태축 보전

3. 해양의 친환경적 개발 · 이용 · 보존

4. 저탄소 항만의 건설 및 기존 항만의 저탄소 항만으로의 전환

5. 친환경 교통체계의 확충

6. 자연재해로 인한 국토 피해의 완화

7. 그 밖에 녹색국토 조성에 관한 사항

제52조 (기후변화대응을 위한 물 관리)

지자체는 기후변화로 인한 가뭄 등 자연재해와 물 부족 및 수질악화와 수생
태계 변화에 효과적으로 대응하고 모든 국민이 물의 혜택을 고루 누릴 수 있도
록 하기 위하여 다음 각 호의 사항을 포함하는 시책을 수립 · 시행하여야 한다.

1. 깨끗하고 안전한 먹는 물 공급과 가뭄 등에 대비한 안정적인 수자원의
   확보

2. 수생태계의 보전 · 관리와 수질개선

3. 물 절약 등 수요관리, 빗물 이용 · 하수 재이용 등 순환 체계의 정비
   및 수해의 예방

4. 자연친화적인 하천의 보전 · 복원

5. 수질오염 예방 · 처리를 위한 기술 개발 및 관련 서비스 제공 등

제53조 (저탄소 교통체계의 구축)

① 지자체는 교통부문의 온실가스 감축을 위한 환경을 조성하고 온실가스
   배출 및 에너지의 효율적인 관리를 위하여 대통령령으로 정하는 바에 따
   라 온실가스 감축목표 등을 설정 · 관리하여야 한다.

② 지자체는 에너지소비량과 온실가스 배출량을 최소화하는 저탄소 교통체
   계를 구축하기 위하여 대중교통분담률, 철도수송분담률 등에 대한 중장
   기 및 단계별 목표를 설정 · 관리하여야 한다.

③ 지자체는 철도가 국가기간교통망의 근간이 되도록 철도에 대한 투자를 지속적으로 확대하고 버스·지하철·경전철 등 대중교통수단을 확대하며, 자전거 등의 이용을 활성화하여야 한다.

④ 지자체는 온실가스와 대기오염을 최소화하고 교통체증으로 인한 사회적 비용을 획기적으로 줄이며 대도시·수도권 등에서의 교통체증을 근본적으로 해결하기 위하여 다음 각 호의 사항을 포함하는 교통수요관리대책을 마련하여야 한다.

1. 혼잡통행료 및 교통유발부담금 제도 개선

2. 버스·저공해차량 전용차로 및 승용차진입제한 지역 확대

3. 통행량을 효율적으로 분산시킬 수 있는 지능형교통정보시스템 확대·구축

제54조 (녹색건축물의 확대)

① 지자체는 에너지이용 효율 및 신·재생에너지의 사용비율이 높고 온실가스 배출을 최소화하는 건축물(이하 "녹색건축물"이라 한다)을 확대하기 위하여 녹색건축물 등급제 등의 정책을 수립·시행하여야 한다.

② 지자체는 건축물에 사용되는 에너지소비량과 온실가스 배출량을 줄이기 위하여 대통령령으로 정하는 기준 이상의 건물에 대한 중장기 및 기간별 목표를 설정·관리하여야 한다.

③ 지자체는 건축물의 설계·건설·유지관리·해체 등의 전 과정에서 에너지·자원 소비를 최소화하고 온실가스 배출을 줄이기 위하여 설계기준 및 허가·심의를 강화하는 등 설계·건설·유지관리·해체 등의 단계별 대책 및 기준을 마련하여 시행하여야 한다.

④ 정부는 기존 건축물이 녹색건축물로 전환되도록 에너지 진단 및 「에너지이용 합리화법」 제25조에 따른 에너지절약사업과 이를 통한 온실가스 배출을 줄이는 사업을 지속적으로 추진하여야 한다.

⑤ 지자체는 신축되거나 개축되는 건축물에 대해서는 전력소비량 등 에너지의 소비량을 조절 · 절약할 수 있는 지능형 계량기를 부착 · 관리하도록 할 수 있다.

⑥ 지자체는 중앙행정기관, 지방자치단체, 대통령령으로 정하는 공공기관 및 교육기관 등의 건축물이 녹색건축물의 선도적 역할을 수행하도록 제1항부터 제5항까지의 규정에 따른 시책을 적용하고 그 이행사항을 점검 · 관리하여야 한다.

⑦ 지자체는 대통령령으로 정하는 일정 규모 이상의 신도시의 개발 또는 도시 재개발을 하는 경우에는 녹색건축물을 확대 · 보급하도록 노력하여야 한다.

⑧ 지자체는 녹색건축물의 확대를 위하여 필요한 경우 구청장령으로 정하는 바에 따라 자금의 지원, 조세의 감면 등의 지원을 할 수 있다.

제55조 (친환경 농림수산의 촉진 및 탄소흡수원 확충)

① 지자체는 에너지 절감 및 바이오에너지 생산을 위한 농업기술을 개발하고, 기후변화에 대응하는 친환경 농산물 생산기술을 개발하여 화학비료 · 자재와 농약사용을 최대한 억제하고 친환경 · 유기농 농수산물 및 나무제품의 생산 · 유통 및 소비를 확산하여야 한다.

② 지자체는 농지의 보전 · 조성 등을 통하여 탄소흡수원을 확충하여야 한다.

③ 지자체는 산림의 보전 및 조성을 통하여 탄소흡수원을 대폭 확충하고, 산림바이오매스 활용을 촉진하여야 한다.

④ 지자체는 기후변화에 적극 대응할 수 있는 신품종 개량 등을 통하여 식량자립도를 높일 수 있는 시책을 수립 · 시행하여야 한다.

제56조 (생태관광의 촉진 등)

지자체는 동 · 식물의 서식지, 생태적으로 우수한 자연환경자산, 지역의 특색 있는 문화자산 등을 조화롭게 보존·복원 및 이용하여 이를 관광자원화하고 지역경제를 활성화함으로써 생태관광을 촉진하고, 구민 모두가 생태체험·교육의 장으로 활용할 수 있도록 하여야 한다.

제57조 (녹색성장을 위한 생산·소비 문화의 확산)

① 지자체는 재화의 생산·소비·운반 및 폐기(이하 "생산 등"이라 한다)의 전 과정에서 에너지와 자원을 절약하고 효율적으로 이용하며 온실가스와 오염물질의 발생을 줄일 수 있도록 관련 시책을 수립·시행하여야 한다.

② 지자체는 재화 및 서비스의 가격에 에너지 소비량 및 탄소배출량 등이 합리적으로 연계·반영되고 그 정보가 소비자에게 정확하게 공개·전달될 수 있도록 하여야 한다.

③ 지자체는 재화의 생산 등의 전 과정에서 에너지와 자원의 사용량, 온실가스와 오염물질의 배출량 등을 분석·평가하고 그 결과에 관한 정보를 축적하여 이용할 수 있는 정보관리체계를 구축·운영할 수 있다.

④ 지자체는 녹색제품의 사용·소비의 촉진 및 확산을 위하여 재화의 생산자와 판매자 등으로 하여금 그 재화의 생산 등의 과정에서 발생되는 온실가스와 오염물질의 양에 대한 정보 또는 등급을 소비자가 쉽게 인식할 수 있도록 표시·공개하도록 하는 등의 시책을 수립·시행할 수 있다.

제58조 (녹색생활 운동의 촉진)

① 지자체는 구민 및 기업들이 녹색생활에 친숙할 수 있도록 하는 시책을 마련하고 지방자치단체·기업·민간단체 및 기구 등과 협력체계를 구축하며 교육·홍보를 강화하는 등 범국민적 녹색생활 운동을 적극 전개하여야 한다.

② 지자체는 녹색생활 운동이 민간주도형의 자발적 실천운동으로 전개될 수 있도록 관련 민간단체 및 기구 등에 대하여 필요한 재정적·행정적

지원 등을 할 수 있다.

제59조 (녹색생활 실천의 교육 · 홍보)

① 지자체는 저탄소 녹색성장을 위한 교육 · 홍보를 확대함으로써 산업체와 구민 등이 저탄소 녹색성장을 위한 정책과 활동에 자발적으로 참여하고 일상생활에서 녹색생활 문화를 실천할 수 있도록 하여야 한다.

② 지자체는 녹색생활 실천이 어릴 때부터 자연스럽게 이루어질 수 있도록 교과용 도서를 포함한 교재 개발 및 교원 연수 등 저탄소 녹색성장에 관한 학교교육을 강화하고 일반 교양교육, 직업교육, 기초평생교육 과정 등과 통합 · 연계한 교육을 강화하여야 한다.

③ 지자체는 녹색생활 문화의 정착과 확산을 촉진하기 위하여 신문 · 방송 · 인터넷포털 등 대중매체를 통한 교육 · 홍보 활동을 강화하여야 한다.

나. 지자체 자전거 이용 활성화에 관한 조례개정(안) 의견제시 예

지자체 자전거 이용 활성화에 관한 조례를 지자체만의 저탄소 그린시티 구축에 적합한 구체적이고 현실적인 조례로 수정 · 보완(개정)하고자 한다.

지자체 자전거 이용 활성화에 관한 조례 중 제4장 '자전거 이용의 활성화 시책'을 서울특별시의 자전거 이용 활성화에 관한 조례와의 비교를 통해 개정안을 제시하였다. 다음의 제시사항은 개정안으로서 지자체 저탄소 그린시티 구축에 적합도록 참고자료로 활용할 수 있다.

표 1. 지자체 자전거 이용 활성화에 관한 조례 개정(안)

현재(As is)	개정안(To be)	개정안 제시근거
제4장 자전거 이용의 활성화 시책	제4장 자전거 이용의 활성화 시책	
제11조 (자전거 보관소, 자전거 정비소 등의 설치) ① 단체장은 자전거 이용이 활성화 될 수 있도록 자전거 보관소, 자전거 정비소, 자전거 대여소를 설치할 수 있다. ② 자전거 보관소·정비소·대여소의 이용요금 및 운영방법 등은 자전거 주차장에 준하여 구청장이 따로 정할 수 있다.	제11조 (자전거 보관소, 자전거 정비소 등의 설치) – 좌동 ③ 단체장은 자전거의 이용이 많거나 많을 것으로 예상되는 장소임에도 불구하고 자전거 주차장이 설치되어 있지 않거나 설치되어 있더라도 규모가 부족한 경우에는 자전거 보관소를 설치하여 자전거의 이용을 활성화하여야 한다.	– ○○도의 자전거 이용 활성화에 관한 조례(해당항목의 경우 2009.4.22 개정) 개정의 내용을 보강함은 물론 지자체가 수변을 중심으로 한 자전거도로 구축 시 그에 따른 적극적인 활성화 정책을 시행하기 위함
제12조 (자전거 주차장·보관소·정비소·대여소 등의 통합운영) 단체장은 생활권이나 여가활동권 단위(이하 "권역"이라 한다)로 자전거 이용이 활성화될 수 있도록 자전거 주차장·보관소·정비소·대여소 등을 권역별로 통합하여 운영하기 위한 시책을 개발하여 추진하여야 한다.	제12조 (자전거 주차장·보관소·정비소·대여소 등의 통합운영) – 좌동	
제13조 (자전거교통안전 체험교육장의 설치운영) ① 단체장은 자전거를 이용하는 학생 및 주민을 대상으로 올바른 자전거 이용에 필요한 교육을 실시하기 위하여 자전거 교통안전 체험교육장을 설치·운영할 수 있다. ② 단체장은 자전거교통안전 체험교육장에 자전거의 수리 및 일시적인 보관을 위하여 자전거교통안전 체험교육장을 설치·운영할 수 있다. ③ 민간단체 등 단체장 이외의 자가 자전거교통안전 체험교육장 및 자전거정비소 등의 시설을 설치·운영하고자 할 경우에는 그 시설에 소요되는 비용을 예산의 범위 안에서 보조할 수 있다.	제13조 (자전거교통안전 체험교육장의 설치운영) – 좌동	

제14조 (시범기관의 지정·운영) ① 단체장은 자전거 이용의 생활화를 위하여 공공기관, 민간기업, 학교, 민간단체 등을 시범기관으로 지정, 운영할 수 있다. ② 단체장은 제1항의 규정에 따라 지정된 시범기관에서는 자전거 보관소·정비소 등의 설치 등에 필요한 행정적·재정적 지원을 할 수 있다. ③ 단체장은 자전거시범학교로 지정한 경우 학생들이 주로 이용하는 통학로에 대하여는 교통안전표지판, 안전시설 등을 우선적으로 설치하여야 한다. ④ 단체장은 제1항의 규정에 따라 지정된 시범기관의 지원을 위해 필요할 경우에는 인접 자치단체와 적극 협력하여 지원방안을 모색하여야 한다.	제14조 **(시범지역 및 시범기관의 지정·운영)** ① 단체장은 자전거 이용의 생활화를 위하여 수변을 중심으로 한 자전거 이용도로 시범지역을 선정하고 공공기관, 민간기업, 학교, 민간단체 등을 시범기관으로 지정, 운영할 수 있다. ② 단체장은 제1항의 규정에 따라 지정된 시범지역 및 시범기관에서는 자전거 보관소·정비소 등의 설치 등에 필요한 행정적·재정적 지원을 할 수 있다. ③ 단체장은 자전거시범학교로 지정한 경우 학생들이 주로 이용하는 통학로에 대하여는 교통안전표지판, 안전시설 등을 우선적으로 설치하여야 한다. ④ 단체장은 제1항의 규정에 따라 지정된 시범지역 및 시범기관의 지원을 위해 필요할 경우에는 인접 자치단체와 적극 협력하여 지원방안을 모색하여야 한다.	– 현재 지자체의 자전거 이용 활성화에 관한 조례는 단순 시범기관의 지정·운영에 관하여 언급이 되어 있으나 지자체의 수변을 활용한 자전거 이용도로 시범지역을 선정하여 운영해 봄으로써 지자체만의 특화된 자전거도로를 구축하고 활성화시키고자 함
제15조 (자전거 이용자에 대한 지원) ① 단체장은 자전거 이용 활성화를 위해 자전거 이용자에 대한 지원시책을 강구하여야 한다. ② 법 제22조의 규정에 의해 자전거를 구청에 등록하여 그 이용 확인이 가능한 자전거 이용자에 대하여는 단체장이 직접 운영하거나 민간단체 등에 위탁한 자전거 주차장·보관소·정비소 등의 시설 이용 시 요금할인 등 혜택을 부여할 수 있다.	제15조 (자전거 이용자에 대한 지원) – 좌동	
제16조 (민간단체 등 지원) 단체장은 자전거 이용의 활성화를 위한 시책을 발굴하고 실천하는 민간단체 등에 대하여 비용을 보조하거나 그 업무 수행에 필요한 사항을 지원할 수 있다.	제16조 (민간단체 등 지원) – 좌동	
제17조 (자전거 이용의 날 지정·운영) 단체장은 자전거 이용의 중요성을 홍보하고 자전거 이용의 생활화 분위기를 조성하기 위하여 자전거 이용의 날을 지정·운영할 수 있다.	제17조 (자전거 이용의 날 지정·운영) – 좌동	

다. 건축조례에 관한 개정(안) 의견제시 예

건축조례를 지자체 저탄소 그린시티 구축에 적합하도록 관련 조항을 추가하고자 한다. 다음의 제시사항은 개정안으로서 지자체 저탄소 그린시티 구축에 적합하도록 참고자료로 활용할 수 있다.

표 2. OO도 건축 조례에 관한 개정(안)

현재(As is)	개정안(To be)	개정안 제시근거
제25조(식재 등 조경기준) 대지 안에 설치하는 조경의 식재기준, 조경시설물의 종류 및 설치 방법 등 조경기준은 다음 각 호와 같으며, 그 밖에 기준은 법 제42조 제2항에 따라 국토해양부장관이 고시한 기준에 따른다. 1. 식재면적은 조경면적의 100분의 60 이상 (개정 2002.05.20.) 2. 옥상조경을 제외한 인공지반 조경의 식재토심은 1.2미터 이상 (개정 2002.05.20.) 3. 지장물은 가급적 돌출되지 않을 것 (개정 2002.05.20., 2009.11.11.)	제25조(식재 등 조경기준) – 좌동	
	4. 집단 건축물의 재축 또는 신축 시 1, 2, 3항에 의거하여 옥상조경을 의무화함	– 집단 건축물의 옥상녹화를 의무화함으로써 지자체의 저탄소 그린시티구축 정책에 활용하고자 함

참고사이트

http://en.wikipedia.org/wiki/File:Freiburg_Schlossbergturm_Panorama_2010.
jpg

http://en.wikipedia.org/wiki/File:BedZED_2007.jpg

http://en.wikipedia.org/wiki/File:Freiburg_Baechle.jpg

http://en.wikipedia.org/wiki/File:Heliotrop_(Geb%C3%A4ude).jpg

http://ko.wikipedia.org/wiki/%ED%8C%8C%EC%9D%BC:Cornelis_anthonisz_
vogelvluchtkaart_amsterdam.JPG#filehistory

http://en.wikipedia.org/wiki/File:Combino_Freiburg.jpg

http://en.wikipedia.org/wiki/File:Tram_in_Amsterdam.jpg

http://en.wikipedia.org/wiki/File:Conducteur_Combino_Amsterdam.jpg

http://en.wikipedia.org/wiki/File:Bus_Stops_2_curitiba_brasil.jpg

http://www.renovert.co.kr/board/view.php?id=wellbeing&no=51&page=1&sn=
&ss=&sc=&old_no=&old_id=wellbeing&skin=&keyword=&category=0&s
el_order=&desc=desc&cmt_page=1&cmt_order=&cmt_desc=asc

http://blog.naver.com/mltm2008/130110604216

http://www.biotope.co.kr/example/example_view.asp?page=&idx=171

http://www.kefico.co.kr/community/data_product_view.asp?IDX=11316&page
=1&searchType=&searchValue=&tbCode=lib01

http://spp.seoul.go.kr/main/news/news_report.jsp?search_boardId=1959

http://http://blog.naver.com/PostView.nhn?blogId=06rnftkrrl&logNo=5012257
6858&redirect=Dlog&widgetTypeCall=true

http://www.gnsnews.net/news/article.html?no=2204

http://www2.korea.kr/newsWeb/pages/brief/categoryNews2/view.
do;JSESSIONID_KOREA=5y2SPd5WjD4JTxv0cWjpLc17n1Gs9NvPy
M0z6cZLTgtHLYPjNJ2Q!232221732?call_from=extlink&category_
id=subject&section_id=EDS0206002&newsDataId=148693067

http://blog.paran.com/blog/detail/postBoard.kth?pmcId=landscape21&blogDat
aId=25187136&hrefMark=

http://blog.daum.net/_blog/BlogTypeView.do?blogid=0Acv0&articleno=172065
55#ajax_history_home

http://greenae.tistory.com/entry/%EB%82%A8%EC%9B%90%EC%97%90%EC%8
4%9C-

http://www.iamsterdam.com/en/visiting/things-to-do/cycling

http://goamsterdam.about.com/od/gettingaroundamsterdam/ig/Photos--
Amsterdam-Bike-Safety

http://newsiswire.co.kr/news/print.php?db=news2007&uid=6308)

아이씨엔(2011. 4. 2.), 오승모 기자